"十三五"国家重点图书
Springer 精选翻译图书

数据挖掘原理（第2版）

Principles of Data Mining（2th Edition）

［英］Max Bramer　著
武 悦　赵东来　王 钢　郑黎明　译

哈爾濱工業大學出版社
HARBIN INSTITUTE OF TECHNOLOGY PRESS

内容简介

Principles of Data Mining 是数据挖掘领域具有重要影响的国外著名教材之一，原为斯普林格出版社计算机科学本科生系列教材中的一本。在读者的期待中，本书的译本得以出版。从数据集本身特性的探讨，到分类、规则挖掘及聚类等基本方法的阐明，再到数据科学的工程场景的融合，本书可帮助数据挖掘学习者形成清晰的学科观。

本书具备如下特色：

本书并未依赖数学工具和语言，而是通过对案例的精细剖析向读者传递了具有相当技术深度的内容，是一本对初学者友好并且技术足够有深度的专业基础书籍。

本书侧重于数据挖掘技术领域通用原理的讲解，作者对数据挖掘中的分类、关联规则挖掘及聚类等基本问题中的共性原则基于案例进行了深入分析，对于数据技术初学者来说，这部分内容的理解比流行技术介绍有更重要的意义和价值。

总之，本书是一部历久弥新的优秀数据挖掘教材，既适合数据挖掘初学者探索数据挖掘的趣味，也适合数据挖掘从业者补遗学科知识体系、深入理解学科知识的内涵和外延。

黑版贸审字 08-2018-082 号

Translation from the English language edition:
Principles of Data Mining
by Max Bramer

图书在版编目(CIP)数据

数据挖掘原理(第2版)/(英)马科斯·布拉默(Max Bramer)著；武悦等译. —哈尔滨：哈尔滨工业大学出版社，2021.1
书名原文：Principles of Data Mining
ISBN 978-7-5603-8650-8

Ⅰ.①数… Ⅱ.①马… ②武… Ⅲ.①数据采集-教材 Ⅳ.①TP274

中国版本图书馆 CIP 数据核字(2020)第 017701 号

策划编辑 许雅莹
责任编辑 李长波
封面设计 高永利
出版发行 哈尔滨工业大学出版社
社　　址 哈尔滨市南岗区复华四道街 10 号　邮编 150006
传　　真 0451-86414749
网　　址 http://hitpress.hit.edu.cn
印　　刷 哈尔滨市工大节能印刷厂
开　　本 660mm×980mm　1/16　印张 24　字数 445 千字
版　　次 2021 年 1 月第 1 版　2021 年 1 月第 1 次印刷
书　　号 ISBN 978-7-5603-8650-8
定　　价 55.00 元

译者序

数据挖掘(Data mining)一个来自网络的解释是数据库知识发现(Knowledge-Discovery in Databases,KDD)中的一个步骤。数据挖掘一般是指从大量的数据中通过算法搜索隐藏于其中信息的过程。数据挖掘通常与计算机科学有关,并通过统计、在线分析处理、情报检索、机器学习、专家系统(依靠过去的经验法则)和模式识别等诸多方法来实现上述目标。我们生活在一个永远不缺少流行的时代,从数据挖掘、大数据、机器学习、深度学习到人工智能不停地占领着IT技术领域的概念注意力中心,如果时间过了几十年,眼前的时代褪去了层层粉饰,我们面前技术洪流澎湃的这数十年可能会被统一看作数据及数据处理技术爆发的时代,我们应该会深为生活在这个时代感觉到幸运。但客观来说,在面向知识发现这一更为里程碑式的目标来说,我们还没有找到那个关键性的技术手段。

如果在过去和未来相当长的一段时间,人们面对的都是如何处理信息化带来的数据这一统一的命题,这就需要初学者在一开始面对这个技术体系时就要对其基本问题进行审视和思考。我认为作者写作《数据挖掘原理》的初衷(至少客观上达到了这一效果)之一也正是为了向那些打算夯实基础并致力于在数据洪流中挖掘知识的读者在一定程度上揭示这一问题。在电商网站上使用“数据挖掘”这一关键词对图书进行搜索大概会出现数千个结果,相信随着时间的推移也会有越来越多的数据挖掘技术相关书籍不断面世。这些图书的大部分侧重于各种新的相关技术的介绍,令人眼花缭乱甚至流连忘返。但遗憾的是,就像只是看过无数的菜单也无法成为优秀的厨师,仅仅看过这类介绍性的图书也无法让一个技术的“观众”成为一名合格的数据工程师。成功的途径只有一个,那就是不断实践,从中总结出重要的原理和原则,再将它们应用在下一个实践中。

可以说,本书大部分篇幅都在讲解一个在数据挖掘领域最为常用的决策树方法,但每一个新的章节都会根据处理真实世界数据可能遇到的问题不断地深化这一问题。例如怎样处理缺失值、怎样将连续属性离散化、怎样进行冲突消解、怎样克服过度拟合问题、怎样评估分类器性能、怎样对分类器之间性能进行比较、怎样使用信息理论熵的概念和其他统计方法提升性能,以及处理大规模数据等一系列问题。这些问题在当前和未来被广泛使用的各种数据处理的方法中都是最重要的课题，它们构成了当今数据时代技术工具的基本原理和原则，对这些问题的态度和处理能力也是工程师和技术评论员之间的分水岭。可以说本书的内容会在很长的一段时间不断地给读者以启发，从这部分内容开始学习数据处理相关的技术是一个非常好的选择。

除了译者列表中的几位以外，还有很多人一同完成了本书的翻译工作，包括许尧、邹昳琨、张文硕、蔡中元、卜杰、宁爽及殷昊等，没有各位的认真、细致和努力，也就没有这本译著的完成。也相信各位未来会在心中培育出一片属于自己的技术森林，希望这本书的内容能成为孕育这片森林的一颗小小的种子，在此送上对各位的感谢和祝福。最后还要感谢其他对本书翻译和出版过程中给予帮助的所有人。

最后，要把这本书送给我的女儿，既然六岁的你职业规划是医生，那么本书的内容在你未来也是用得到的。感谢你给我们生活带来的全新而奇妙的体验。

武悦

2020 年 11 月

前　言

本书适用于本科及硕士阶段的数据挖掘学科知识导入。作为教材，它可以被广泛应用于很多领域的大学教育中，包括且不限于计算机、商学、市场学、人工智能、生物信息乃至法医学等学科。同时，本书也可以作为那些不满足浅尝辄止的相关技术及管理岗位人士的自学教材。可以说本书在数据挖掘技术深度及丰富性上是超越很多其他入门书籍的，但不同之处在于，读者并不需要有数学相关的专业背景，甚至不需要太深厚的数学基础，即可顺利理解本书的内容。

数学是一种在精确表达非常复杂且深刻思想及概念方面有力的语言工具，但人们在学校经历了数学基本理论教育之后，还有99%的人仍然不能自如地运用这种语言。作为本书作者的我曾经是一名数学家，但现在我已经越来越倾向于用浅显语言来表达自己的观点，并且坚信一个好的例子胜过一百个数学符号。

本书作者的写作目的之一就是尽可能地在表意准确的前提下不使用数学公式，但并未完全抛开数学。读者可以参考附录A，复习必要的基础数学，这部分内容同高中数学非常接近。如果读者不能很好地领会某些部分的数学表述内容，也可以暂时忽略这部分内容，但是请关注相关结论以及书中给出的具体例子。对于那些希望进一步深入理解数据挖掘技术的读者可以参阅附录C。

任何导入性的数据挖掘相关书籍都无法在一本书内把一个人变成资深数据挖掘科研人员。本书给读者提供的是对元技术理解的基础，而不是展示最新的"时髦"技术。流行总会过去，时髦的技术不久可能就会被淘汰。而读者一旦懂得了基本的方法论，本领域的各种知识"大门"都会向读者敞开，读者可以很轻易地接触到学科中每一个前沿的、最新的进展。我也把其中一部分放在了附录C。

本书附录还包括一些书中例子使用的主要数据集，读者也可应用于相关工作中。本书包含的技术词汇术语表也作为附录收录在后。

本书每章的自测题可以帮助读者检查对本书内容的理解情况，自测题的答案在附录E中给出。

第 2 版增加了四个新的章节,包括第 13 章大规模数据集处理、第 14 章集成分类、第 15 章分类器性能比较及第 18 章关联规则挖掘三:频繁模式树。并对第 6 章的内容进行了扩展,增加了使用频率表进行属性选择的方法。

在此感谢我的女儿布里妮绘制了大量复杂的图表并且给出了意见。也要感谢我的妻子道恩对本书初稿非常有价值的建议,并且和我共同准备了本书的大纲。

Max Bramer

2013 年 2 月

目　　录

第1章　数据挖掘介绍

1.1　数据爆炸

现代计算机系统以几乎无法想象的速度从各种各样的来源积累数据：商业街记录交易记录的售卖机；银行提现和信用卡交易记录；太空中的地球观测卫星；信息量不断增长的互联网。

下面的一些示例将用于指示所涉及的数据量（当读者阅读本书时，其中一些数字已大幅增加）：

（1）目前的NASA地球观测卫星每天产生1 T字节的数据。这超过了以前所有观测卫星传输的总数据量。

（2）人类基因项目用数千字节存储每个遗传基因，基因总量有数十亿个。

（3）许多公司维护大型客户交易数据仓库。一个相当小的数据仓库可能包含超过一亿交易。

（4）每天在自动记录设备上记录大量数据，例如信用卡交易文件和网络日志，以及CCTV录音等非符号数据。

（5）估计有超过6.5亿个网站，其中一些非常大。

（6）Facebook拥有超过9亿用户（仍在快速增长中），估计每天有30亿个帖子。

（7）据估计，Twitter有大约1.5亿用户，每天发送3.5亿条推文。

随着存储技术的进步，无论是在商业数据仓库、科研实验室还是其他地方，越来越多地以相对较低的成本存储大量数据，人们越来越认识到这些数据所包含的知识对公司的成长或衰退至关重要。知识可以导致科学上的重要发现，可以使我们准确地预测天气和自然灾害，可以使我们确定致命疾病的原因和可能的治疗方法，知识可能意味着生与死的区别。

然而，海量数据中的大部分数据仅仅被存储，甚至没有用最简单的方法进行分析和挖掘。可以说，世界正变得“数据丰富但知识贫乏”。而机器学习技术有可能解决围绕组织、政府和个人的数据浪潮问题。

1.2 知识发现

知识发现被定义为“从数据中提取隐含的、未知的、可能有用的信息”。数据挖掘只是这一过程的一个组成部分,尽管是一个核心部分。

图1.1显示了一种理想化的完整的知识发现过程。

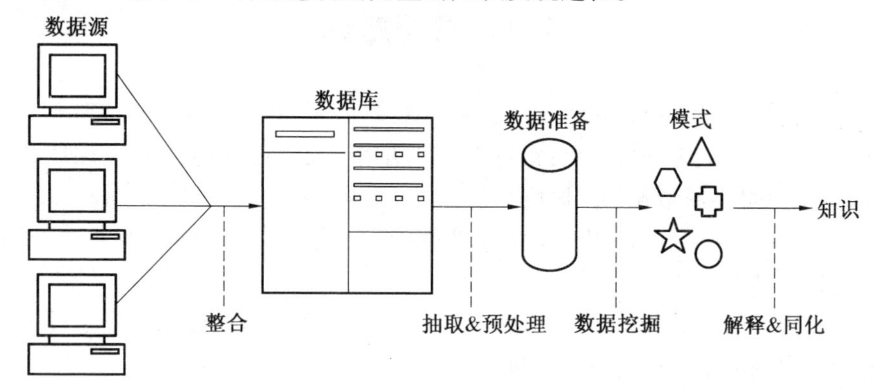

图1.1 知识发现过程

数据可能来自许多数据源。它们被集成并放置在一些通用数据存储媒介中,然后将其中的一部分数据预处理成标准格式,再将这个“准备好的数据”传递给数据挖掘算法,算法以规则集或其他类型的“模式”产生输出,并将输出比喻为“知识发现的圣杯”,即新的潜在的有用知识。

这个简短的描述清楚地表明,尽管作为本书主题的数据挖掘算法是知识发现的核心,但它们并不是全部。数据的预处理和结果的解释都非常重要,它们不仅是熟练的技巧,更像是一门艺术(从经验中学到技能),而不是精确的科学技术。虽然本书也涉及它们,但知识发现中数据挖掘阶段的算法将是本书的主要关注点。

1.3 数据挖掘的应用

1. 数据挖掘的应用

数据挖掘的应用领域越来越广泛,主要有如下领域:

(1)卫星图像分析。

(2)有机化合物的分析。

(3)自动提取。

(4)信用卡欺诈检测。

(5)电力负荷预测。

(6)财务预测。

(7)医疗诊断。

(8)电视观众预测。

(9)产品设计。

(10)房地产估价。

(11)有针对性的营销。

(12)文本综述。

(13)热电厂优化。

(14)有毒危害分析。

(15)天气预测。

2. 应用示例

(1) 超市连锁店挖掘其客户交易数据,以发掘高价值客户。

(2) 信用卡公司可以使用其客户交易数据仓库进行欺诈检测。

(3) 一家大型连锁酒店可以使用调查数据库来识别“高价值”潜在客户的属性。

(4) 通过提高预测不良贷款的能力来预测消费者贷款申请的违约概率。

(5) 减少 VLSI 芯片的制造缺陷。

(6) 筛选在半导体制造过程中收集的大量数据,以识别导致质量问题的因素。

(7) 预测电视节目的收视率,使电视管理人员合理安排节目时间表,以最大化市场份额并增加广告收入。

(8) 预测癌症患者对化疗的反应概率,从而降低医疗费用而不影响护理质量。

(9) 分析老年人的动作捕捉数据。

(10) 社交网络中的趋势挖掘和可视化。

应用程序可分为四个主要类型:分类、预测、关联和聚类。这些概念下面将简要解释,但是首先需要区分两种类型的数据。

1.4　标记和未标记数据

通常,有一个示例数据集(称为实例),每个示例都包含许多变量的值,这些变量在数据挖掘中通常称为属性。有两种类型的数据,它们以完全不同的方式处理。

对于第一种类型,存在特殊指定的属性,目的是使用给定的数据来预测不可见实例中此属性的值,这种数据称为标记数据。使用标记数据的数据挖掘称为监督学习。如果指定的属性是类别型的,即它必须采用许多不同值中的一个,例如“非常好”“好”或“差”,或者(在物体识别应用中)“汽车”“自行车”“人”“公共汽车”或“出租车”,这个任务称为分类。如果指定的属性是数值型的,例如,房屋的预期售价或明天股票市场的开盘价,该任务称为回归。

没有任何特殊指定属性的数据称为未标记数据。未标记数据的数据挖掘称为无监督学习。挖掘的目的就是从可用数据中提取尽可能多的信息。

1.5 监督学习:分类

分类是数据挖掘最常见的应用之一,它对应于日常生活中经常发生的任务。例如,医院可能希望将医疗患者分为患有某种疾病高、中或低风险的人;意见调查公司可能希望将受访者分类为可能投票或弃权的人;我们可能希望将一个学生项目归类为极好、优秀、良好或失败。

图1.2中给出了一个典型示例,这是一个表格形式的数据集,其中包含五个科目的学生成绩(属性值SoftEng、ARIN、HCI、CSA和Project)及其整体学位分类(Class)。点行表示省略了多行。我们希望找到一些方法来预测其他只给出学科成绩的学生的分类,可以通过多种方式实现此目标,包括以下方法。

SoftEng	ARIN	HCI	CSA	Project	Class
A	B	A	B	B	SECOND
A	B	B	B	B	SECOND
B	A	A	B	A	SECOND
A	A	A	A	B	FIRST
A	A	B	B	A	FIRST
B	A	A	B	B	SECOND
......	......	......	......	......	......
A	A	B	A	B	FIRST

图1.2 degrees分类数据

(1)最近邻匹配。该方法依赖于识别与未分类实例“最近”的五个实例。如果五个“最近点”的等级分别为SECOND、FIRST、SECOND、SECOND和SECOND,可以合理地得出结论,新实例应该被归类为“SECOND”。

(2)分类规则。寻找可用于预测不可见实例分类的规则,例如:

IF SoftEng = A AND Project = A THEN Class = FIRST

IF SoftEng = A AND Project = B AND ARIN = B THEN Class = SECOND

IF SoftEng = B THEN Class = SECOND

(3)分类树。生成分类规则的一种方式是通过称为分类树或决策树的中间树状结构。

图 1.3 显示了与学位分类数据相对应的决策树。

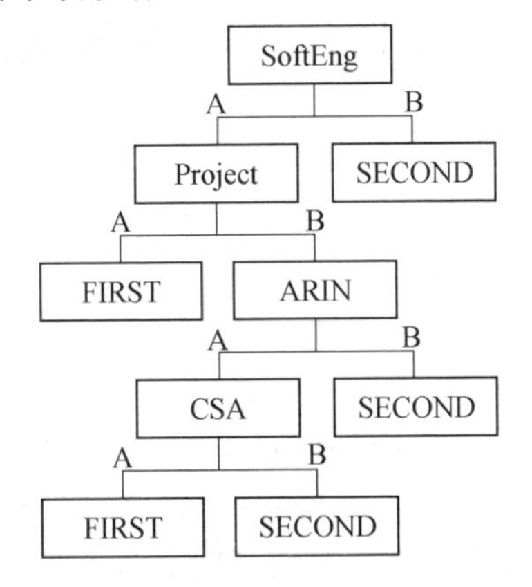

图 1.3　degrees 分类数据的决策树

1.6　监督学习:数值预测

分类是预测的一种形式,其中要预测的值是标签。数值预测(通常称为回归)是另一种形式。在这种情况下,我们希望预测一个数值,例如公司的利润或股价。

一种非常流行的方法是使用神经网络,如图 1.4 所示。

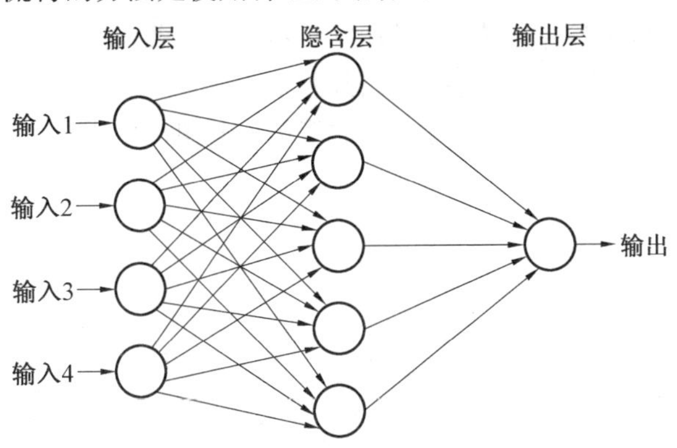

图 1.4　一个神经网络示例

这是一种基于人类神经元模型的复杂建模技术,神经网络被赋予一组输入并用于预测一个或多个输出。

虽然神经网络是一种重要的数据挖掘技术,但它非常复杂,需要一本书来介绍,这里不再进一步讨论。附录C中列举了几本关于神经网络的书籍。

1.7 非监督学习:关联规则

有时我们希望使用训练集来查找变量值之间存在的任何关系,通常以称为关联规则的规则形式给出。对于给定的数据集可导出许多可能的关联规则,其中大多数是没有价值的,因此通常会使用一些附加信息来说明关联规则,这些信息用于表明它们的可靠性,例如:

IF variable 1 > 85 and switch 6 = open

THEN variable 23 < 47.5 and switch 8 = closed (probability = 0.8)

这种应用的常见形式称为"市场购物篮分析"。如果知道商店中所有客户一周内购买的商品,我们可能会找到有助于商店在未来更有效地推销其产品的手段,例如,规则:

IF cheese AND milk THEN bread (probability = 0.7)

表明购买奶酪和牛奶的顾客中有70%也购买面包,所以如果以方便客户购物为目标,可以将面包摆在靠近奶酪和牛奶的柜台;如果以利益最大化为目标,可将它们分开摆放,以鼓励客户购买其他商品。

1.8 非监督学习:聚类

聚类算法检查数据以查找相似的项目组。例如,保险公司可以根据收入、年龄、购买的政策类型或先前的索赔经验对客户进行分组。在故障诊断应用中,电气故障可以根据某些关键变量的值进行分组(图1.5)。

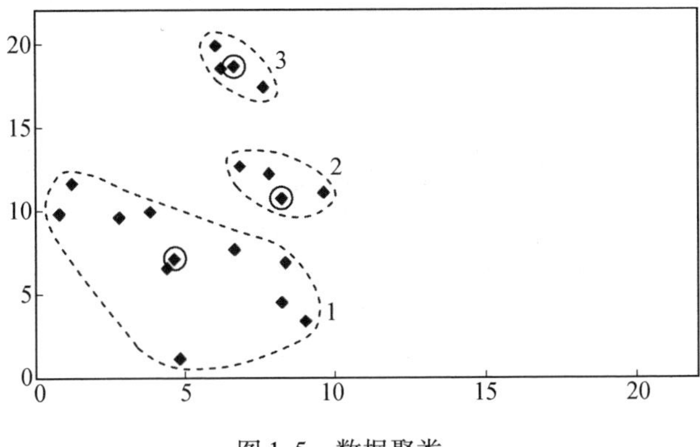

图 1.5　数据聚类

第 2 章　数据挖掘中的数据

用于数据挖掘的数据有多种形式:从人工操作员输入的计算机文件,数据库中的商业信息或一些其他标准数据库格式,由故障记录设备等设备自动记录的信息到从卫星发送的二进制数据流。出于数据挖掘的目的,假设数据采用特定的标准形式。在 2.3 节讨论关于数据准备的一些实际问题。

2.1　标准制定

假设对于任何数据挖掘应用程序,都有一系列感兴趣的对象。这个相当宽泛的术语通常指的是一群人,可能是所有活着或死亡的人,或者可能是医院里所有病人,或者适用于无生命的物体,例如所有从伦敦到伯明翰的火车旅行,月球上的所有岩石或万维网上存储的所有页面。

对象物体的范围通常非常大,可掌握的只是其中的一小部分。通常我们希望从可用的数据中提取信息,并希望这些信息适用于尚未看到的大量数据。

每个对象由与其特性对应的许多变量进行描述。在数据挖掘中,变量通常称为属性。本书使用这两个术语。

对应于每个对象的变量值集称为记录或(更常见地)实例。为应用程序提供的完整数据集合称为数据集。数据集通常被描述为表,每行代表一个实例。每列包含每个实例的一个变量(属性)的值。数据集的典型示例是第 1 章中给出的 degrees 数据集(图 2.1)。

SoftEng	ARIN	HCI	CSA	Project	Class
A	B	A	B	B	SECOND
A	B	B	B	B	SECOND
B	A	A	B	A	SECOND
A	A	A	A	B	FIRST
A	A	B	B	A	FIRST
B	A	A	B	B	SECOND
......	......	......	......	......	......
A	A	B	A	B	FIRST

图 2.1　degrees 数据集

此数据集是标注数据的示例,其中每一个属性都具有特殊意义,数据挖掘的目的就是预测它的值。在本书中,将对此属性指定标准名称“Class”。当没有这样重要的属性时,将数据称为未标注的数据。

2.2　变量类型

通常,有许多类型的变量可用于测量对象的特性。如不能充分理解不同类型变量间的差异,将导致对数据的分析处理出现问题。变量可分为六种主要类型。

2.2.1　变量类型

(1)名义变量。

名义变量是指用于将对象分类的变量,例如对象的名称或颜色。名义变量可以是数字形式,但数值没有数学解释,它们只是标签。例如,将 10 个人标记为数字 1,2,3,…,10,但任何具有这些值的算术,例如 1+2=3 将毫无意义。分类可被视为已被指定为特别重要的名义变量。

(2)二元变量。

二元变量是名义变量的特殊情况,它只需要两个可能的值:true 或 false,1 或 0 等。

(3)序数变量。

序数变量类似于名义变量,但序数变量的值是以有意义的顺序排列的,例如:小号、中号、大号。

(4)整数变量。

整数变量是采用真正整数值的变量,例如"孩子个数"。与形式数字的名义变量不同,使用整数变量的算术是有意义的(1 个孩子+ 2 个孩子= 3 个孩子等)。

(5)区间缩放变量。

区间缩放变量是采用从零点或原点以相等间隔测量的数值的变量,但原点并不意味着缺乏测量的特征。区间缩放变量的两个众所周知的例子是华氏温度和摄氏温度。若描述以摄氏度(℃)测量的一个温度大于另一个或大于诸如 25 ℃的恒定值是明显有意义的,但若描述以摄氏度测量的一个温度是另一个温度的两倍是无意义的。如果以 10 ℃为零值,20 ℃的温度是零值的两倍,但零值是任意选择的,并不意味着"没有温度"。如果将温度转换为等效的等级,例如华氏度,则"两倍"关系将不再适用。

(6)比例缩放变量。

比例缩放变量类似于区间缩放变量,不同之处在于,零点反映了测量特征的不存在,例如开尔文温度和分子质量。在前一种情况下,零值对应于最低可能温度“绝对零度”,因此 20 K 的温度是 10 K 的两倍。又如 10 kg 的质量是 5 kg的两倍,100 美元的价格是 50 美元的两倍。

2.2.2　分类属性和连续属性

虽然在某些情况下不同类别的变量之间的区别很重要,但许多实际数据挖掘系统仅将属性分为两种类型:

① 分类型。对应于名义、二元和序数变量。

② 连续型。对应于整数、区间缩放和比例缩放变量。

本书将按这两种类型分类。对于许多应用程序,有一个第三类属性,即“ignore”属性,对应于对应用程序没有意义的变量,例如医院中患者的姓名或实例的序列号, 但这些是不希望(或无法)从数据集中删除的。

对于特定应用程序,选择适合于存储的变量类型的方法非常重要。本书中描述的方法适用于如上定义的分类和连续属性。还有其他类型的变量在没有修改的情况下不适用,例如任何以对数标度测量的变量。对数尺度的两个例子是用于测量地震的里氏震级(6 级地震比 5 级地震强 10 倍,比 4 级地震强 100 倍。)和用于测量观察者在地球上观看的恒星亮度的恒星量值标度。

2.3　数据准备

虽然本书是关于数据挖掘而不是数据准备,但是关于数据准备的一些通用解释可能会有所帮助。

对于许多应用程序,有时可以简单地以 2.1 节中描述的形式从数据库中提取数据,可能使用标准访问方法(如 ODBC)。但对于某些应用程序,最困难的任务可能是将数据转换为可以对其进行分析的标准形式。例如,可能必须从故障记录系统生成的文本输出中提取数据值,或者(在犯罪分析应用程序中)从与证人的访谈记录中提取数据值。

即使数据是标准格式,也不能假定它没有错误。在现实世界的数据集中,可以出于各种原因记录错误值,包括测量误差、主观判断以及自动记录设备的故障或误用。

错误的值可以分为属性的可能值和非属性的值。尽管术语噪声在不同情况下的使用方式各不相同,但本书将采用噪声来表示对数据集来说是有效的但其数值是不正确的数据。例如,数字 69.72 可能意外地输入为 6.972,或者诸如棕色的分类属性值可能被记录为另一个可能的值,例如蓝色。这种噪声是现实世界数据的永久性问题。

对于数据集无效的噪声值比较容易解决,例如 69.7X 表示 6.972 或 bbrown 表示棕色。将这些视为无效值,而不是噪声。无效值可以轻松检测到,并进行更正或拒绝。

当变量值被“掩埋”在 100 000 个其他值中时,很难看到变量值中非常“明显”的错误。在尝试“清理”数据时,有一系列软件工具是有用的,特别是当某些异常值或意外浓度值可能突出时,可以给出数据的整体视觉印象。然而,在没有特殊软件的情况下,仅对变量值进行一些非常基本的分析也会有所帮助。简单地将值按升序排序(对于相当小的数据集,只需使用标准电子表格即可完成)可能会得到意外结果。此数据准备阶段的处理方法如下。

① 数值变量可能只取六个不同的值,所有值都相隔很远。将此视为分类变量而不是连续变量可能是最好的。

② 变量的所有值可能相同,该变量应被视为“ignore”属性。

③ 除一个变量之外的所有变量值可能相同,那么有必要确定这个不同的值是错误还是确实是不同的值。在后一种情况下,变量应被视为仅具有两个值的分类属性。

④ 可能有一些值超出变量的正常范围。例如,连续属性的值可以都在 200 到 5 000 的范围内,除了最高的三个值 22 654.8、38 597 和 44 625.7。如果手动输入数据值,则合理的猜测是这些异常值中的第一个和第三个是由于偶然按下初始键两次,而第二个是遗漏小数点的结果。如果数据是自动记录的,则可能是设备出现故障。情况可能并非如此,但对于这些值需要调查清楚。

⑤ 我们可能会发现某些值出现异常大量的次数。例如,如果分析注册用户的数据信息,这些用户通过填写在线表格来获取网络服务,可能会注意到他们地址的“国家”选项有 10% 选取了某一个国家。这可能是我们找到了一种对该国居民特别有吸引力的服务。另一种可能性是注册的用户未能从国家/地区字段中的选项中进行选择,导致系统选取默认值,或者不希望提供其国家/地区详细信息并仅选择列表中的第一个值选项。在任何一种情况下,这些用户提供的其余地址数据也可能是可疑的。

⑥ 如果我们正在分析 2002 年收集的在线调查的结果,可能会注意到,大部分受访者的记录年龄是 72 岁。这似乎不太可能,特别是如果调查的是学生满意度。一种可能的解释是,调查有一个“出生日期”字段,包括日、月和年的子字段,许多受访者都没有去修改此字段的默认值 01(日)、01(月)和 1930(年)。设计不够严谨的程序将出生日期转换为 72 岁,然后将其存储在数据

库中。

在处理上述例子中的异常值时,例如22 654.8、38 597和44 625.7,需要仔细认真。它们可能只是错误,或者它们可以是异常值,即与其他值明显不同的真实值。识别异常值及其意义可能是重大发现的关键,特别是在医学和物理学等领域,因此我们需要在选择丢弃它们或将它们调整回“正常”值之前足够认真。

2.4 缺失值

在许多现实世界的数据集中,不会记录所有属性的数据值。因为存在一些不适用于某些情况的属性(例如,某些医疗数据可能仅对女性患者或超过一定年龄的患者有意义)。这里最好的方法是将数据集分成两个(或更多)部分,例如分成男性和女性。

还可能发生缺失应记录的属性值的情况,这可能是由于某些原因造成的,例如:① 用于记录数据的设备故障。② 数据收集表格在收集一些数据后添加了其他字段。③ 无法获得的信息,例如,关于医院病人。

处理缺失值有几种可能的策略,最常用的有如下两种策略。

2.4.1 丢弃实例

丢弃实例是最简单的策略,即删除至少有一个缺失值的所有实例并使用剩余数据。

这种策略非常保守,具有避免引入任何数据错误的优点。它的缺点是丢弃数据可能会损害从数据中得到的结果的可靠性。虽然在缺失值的比例很小时可能值得尝试,但一般不建议这样做,特别当所有或大部分实例都缺少值时,它显然不可用。

2.4.2 用众数/平均值代替

一个不太谨慎的策略是使用数据集中存在的值估计每个缺失值。

对分类属性执行此操作的直接而有效的方法是使用其最常出现(非缺失)的值。如果属性值非常不平衡,这很容易证明是合理的。例如,如果属性X具有可能的值a、b和c,它们分别以80%、15%和5%的比例出现,则通过值a估计属性X的任何缺失值应该是合理的。如果值更均匀地分布,比如40%、30%和30%,则这种方法的有效性就不太明确了。

在连续属性的情况下,很可能不会有经常出现的具体数值。在这种情况下,使用的估计值通常是平均值。

通过估计其真值来替换缺失值会将噪声引入数据中,但如果变量的缺失值的比例很小,则不会对从数据中得到的结果产生很大影响。但是,需要强调的是,如果变量值对于给定实例或实例集没有意义,那么任何用估计值替换“缺失”值的尝试都可能导致无效结果。与本书中的许多方法一样,必须谨慎使用“用众数/平均值代替”策略。

还有其他处理缺失值的方法,例如使用第 16 章中描述的“关联规则”方法来对每个缺失值进行更可靠的估计。然而,正如本领域的情况一样,对于所有可能的数据集,没有一种方法比所有其他方法更可靠,并且在实践中,几乎很难找到一个通用的方法,只能通过尝试一系列替代策略来找到能够为所考虑的数据集提供最佳结果的方式。

2.5　减少属性数量

在一些数据挖掘应用领域,以低廉的价格就可获得很大的存储容量,这导致了每个实例都存储大量属性值。例如,有关超市客户三个月内所有购买的信息或有关医院每位患者的大量详细信息。对于某些数据集,可能存在比实例多得多的属性,可能多达 10 比 1,甚至 100 比 1。

尽管存储关于每个实例的更多信息是诱人的(特别是它避免了对需要存储什么信息做出艰难的取舍),但也可能会弄巧成拙。假设我们有关于每个超市客户的 10 000 条信息,并希望预测哪些客户将购买新品牌的狗食,与此相关的属性数量可能非常小。许多不相关的属性将在数据挖掘算法上产生不必要的计算开销。在最坏的情况下,它们可能会导致算法结果不佳。

当然,对于超市、医院和其他数据收集者而言,他们不一定知道什么是相关的或将来会被认为是相关的。他们记录所有内容比丢弃可能重要信息更安全。

虽然更快的处理速度和更大的存储器可以处理更多数量的属性,但从长远来看,相对于数据的爆炸式增长,这不可避免地是一个失败的解决方案。即使不是这样,当属性数量变大时,总是存在这样的风险:获得的结果只是看似准确,实际上不如使用只有一小部分属性的可靠。

在处理数据集之前,有几种方法可以减少属性(或“特征”)的数量。一般来说减少特征或减少维度通常用于形容该过程。我们将在第 10 章讨论这个问题。

2.6 数据集的 UCI 资源库

公司用于数据挖掘的大多数商业数据集,通常不能供其他人使用,但有许多数据集“库”可供任何人免费从万维网上下载。

其中最著名的是由加州大学欧文分校维护的数据集“资源库”,通常称为“UCI 资源库”[1]。资源的 URL 是 http://www.ics.uci.edu/~mlearn/MLRepository.html。它包含大约 120 个主题的数据集,包括物理测量预测鲍鱼的年龄,预测好的和坏的信用风险,根据移动机器人的传感器数据对不同病情的患者进行分类。有些数据集是完整的,即包括所有可能的实例。但大多数是来自于所有可能实例的相对较小的样本,包含缺失值和噪声的数据集。

UCI 网站还链接到其他数据集和数据库,由其他机构维护,如(美国)国家空间科学中心、美国人口普查局和多伦多大学。

收集 UCI 存储库中的数据集主要是为了使数据挖掘算法能够在标准范围的数据集上进行比较。每年都会发布许多新算法,标准做法是在 UCI 存储库中的一些知名的数据集上测试它们的性能。其中一些数据集将在本书后面章节中介绍。

标准数据集的可用性对于数据挖掘包的新用户也非常有用,在将其应用于自己的数据集之前,他们可以使用已发布性能测试结果的数据集来熟悉数据挖掘包的使用。

近年来,建立如此广泛使用的标准数据集的潜在弱点已变得显而易见。在绝大多数情况下,当使用本书中描述的标准算法处理时,UCI 存储库中的数据集会给出良好的结果。导致结果不佳的数据集往往与不成功的项目有关,因此可能无法添加到资源库中。在资源库中数据集上取得良好测试结果的算法,并不能保证在新数据集上取得成功,但是对这些数据集的实验可能是开发新方法的重要步骤。

一个很受欢迎的数据集是在 http://kdd.ics.uci.edu 上创建的 UCI“数据库档案中的知识发现”。这包含一系列大型和复杂的数据集,这是对数据挖掘研究社区的一个挑战,即随着存储数据集(尤其是商业数据集)的规模不断增大而扩展相应的数据挖掘算法。

2.7 本章总结

本章介绍了数据挖掘算法的输入数据的标准格式。讨论了如何区分不同类型的变量，并考虑了数据使用前与数据准备有关的问题，特别是数据值丢失和噪声存在的情况。介绍了 UCI 数据集存储库。

2.8 自测题

1. 标记和未标记数据的区别是什么？

2. 在 employee 数据集中有如下信息：

姓名、出生日期、性别、体重、身高、婚姻状况、孩子的数量。

每个变量分别是什么类型？

3. 给出两种处理缺失值的方法。

参考文献

[1] Blake, C. L. ,& Merz, C. J. (1998). UCI repository of machine learning databases. Irvine: University of California, Department of Information and Computer Science. http://www.ics.uci.edu/~mlearn/MLRepository.html.

第3章　分类简介:朴素贝叶斯与最近邻算法

3.1　分类定义

分类是日常生活中经常发生的任务。本质上,它涉及分割对象,使得每个对象都被分配为许多互斥且周延的类别中的一个。术语“互斥性”和“周延性”意味着每一个对象都必须精确地分配到一个类中,既不超过一个类,也不会不为其分配类。

许多实际的决策任务可以被描述为分类问题,例如,将人员或对象分配给多个类别之一。

(1)在超市购买或不购买某一特定产品的顾客。

(2)具有高、中、低患病风险的人。

(3)为学生评分,分为良好、及格、不及格。

(4)雷达显示器上与车辆、人员、建筑物或树木相对应的影像。

(5)很可能、可能、不太可能有犯罪嫌疑的人。

(6)在12个月内有可能升值、贬值、价值不变的房屋。

(7)在未来12个月内具有高、中、低车祸风险的人。

(8)有可能投票(或没有)的人。

(9)天气预报第二天下雨的可能性(很大可能、有可能、不太可能、非常不可能)。

我们已经在第2章中看到了一个(虚构的)分类任务,即“degree数据集分类”例子。

本章介绍两种分类算法:一种用来处理所有属性都是类别型的分类任务,另一种用来处理所有属性都是连续型的分类任务。在接下来的章节中,将介绍用于生成分类树和规则的算法(在第1章中已经进行了说明)。

3.2　朴素贝叶斯分类器

本节将讨论一种不使用规则、决策树或任何其他显式表示的分类方法。相反,它使用被称为概率论的数学分支来找到最可能的分类。本节标题“朴素”的意义将在后面解释。第二个词“贝叶斯”是指英国长老会牧师和数学家 Thomas Bayes(1702—1761),其出版物包括“Divine Benevolence, or an Attempt to Prove That the Principal End of the Divine Providence and Government Is the Happiness of His Creatures”以及有关概率的开创性工作。他被认为是第一位以归纳方式使用概率的数学家。

3.2.1　概率的估计

关于概率论的详细讨论超出了本书的范围,将不再叙述。

事件的可能性,例如下午 6 点 30 分从伦敦到当地车站的列车按时到达的可能性,是一个从 0 到 1 的数字,0 表示“不可能”,1 表示“确定”,0.7 的概率意味着如果进行了一系列长时间的试验,例如连续 N 天记录下午 6 点 30 分到达的时间,我们将可以预估列车在 $0.7\times N$ 天内准时到达。试验的次数越多,这个估计就越可靠。

通常我们对一个事件并不感兴趣,而是对一系列互斥性和周延性的可能事件感兴趣,这意味着必然有且仅有一个事件发生或者存在。用 $E1$、$E2$、$E3$、$E4$ 表示事件,并定义如下:

$E1$—列车取消;$E2$—列车晚点十分钟或更长时间;$E3$—列车晚点不到十分钟;$E4$—准时或早到的列车。

事件的概率通常用大写字母 P 表示,所以一个可能的概率分布为

$$P(E1)=0.05$$
$$P(E2)=0.1$$
$$P(E3)=0.15$$
$$P(E4)=0.7$$

(读为“事件 $E1$ 的概率为 0.05”等)

这些概率中的每一个概率都介于 0 和 1 之间,因为它必须是符合概率定义的。它们还满足第二个重要条件:四个概率之和必须为 1,因为其中一个事件必须发生。在这种情况下

$$P(E1)+P(E2)+P(E3)+P(E4)=1$$

一般而言,一组互斥且周延事件的概率总和必须是 1。

一般来说,我们无法知道事件发生的真正概率。对于列车的例子,我们将不得不尽量在列车运行的日子里记录列车的到达时间,然后计算事件 $E1$、$E2$、$E3$ 和 $E4$ 发生的次数并除以总天数,给出四个事件的概率。在实践中,这通常是非常困难或不可能的,特别是(如在本例中)当试验可能永远持续下去时。相反,我们保存 100 天的样本记录,计算 $E1$、$E2$、$E3$ 和 $E4$ 发生的次数,并除以

100(天数),以给出四个事件的频率并将它们用作对四个事件概率的估计。

3.2.2　训练集

本书中讨论的分类问题,“事件”是一个实例且有一个特殊的分类。请注意,分类满足“互斥性和周延性”。

每个试验的结果记录在表中的一行。每一行必须有且仅有一个分类。

对于分类任务,通常的术语是表(数据集),如图3.1所示的训练集。训练集的每一行称为一个实例。一个实例包含若干属性的值和相应的分类。

训练集是我们可以用来预测其他实例分类的试验样本。

假设训练集由20个实例组成,每个实例记录四个属性的值以及分类。我们将使用分类:列车取消、严重晚点、列车晚点、列车准点,以对应前面描述的事件 $E1$、$E2$、$E3$ 和 $E4$。

日期	季节	风速	雨量	类别
工作日	春	无	无	列车准点
工作日	冬	无	轻微	列车准点
工作日	冬	无	轻微	列车准点
工作日	冬	高	大	列车晚点
周六	夏	正常	无	列车准点
工作日	秋	正常	无	严重晚点
假期	夏	高	轻微	列车准点
周日	夏	正常	无	列车准点
工作日	冬	高	大	严重晚点
工作日	夏	无	轻微	列车准点
周六	春	高	大	列车取消
工作日	夏	高	轻微	列车准点
周六	冬	正常	无	列车晚点
工作日	夏	高	无	列车准点
工作日	冬	正常	大	严重晚点
周六	秋	高	轻微	列车准点
工作日	秋	无	大	列车准点
假期	春	正常	轻微	列车准点
工作日	春	正常	无	列车准点
工作日	春	正常	轻微	列车准点

图3.1　train数据集

应该如何利用概率找到一个如下所示的未知实例的最可能的分类呢?

工作日	冬	高	大	????

一个直接的(但有缺陷的)方法是查看训练集中每个分类的频率并选择最常见的分类。在这种情况下,最常见的分类是列车准点,所以会选择列车准点。

这种方法的缺陷在于,对于所有未知实例将按照相同的方式进行分类,在这种情况下分类就是列车准点。这种分类方法并不一定是不好的:如果准时的概率是0.7,并且猜测每个未知实例为准点,那么预测70%是正确的。然而,我们的目标是尽可能多地做出正确的预测,这就需要更复杂的方法。

训练集中的实例不仅记录了分类,还记录了四个属性的值:日期、季节、风速和雨量。它们被记录下来是因为我们认为这四个属性的值在某种程度上影响了结果(可能不一定是这种情况,但为了本章的介绍,将假设它是正确的)。要有效使用属性值所表示的附加信息,首先需要引入条件概率的概念。

使用训练集中的列车准时频数除以总次数计算的列车准时的概率被称为先验概率。在这种情况下,P(类别=列车准点)= 14/20=0.7。如果没有其他信息,我们只能获得这个结果。如果有其他(相关的)信息,情况是不同的。

如果知道季节是冬季,那么列车准时的概率是多少?将类别=列车准点且季节=冬(在同一实例中)的次数,除以季节为冬季的次数,即2/6 = 0.33。这比0.7的先验概率小得多,并且看起来合理。列车在冬季不太可能准时。

如果我们知道一个属性具有特定值(或者几个变量具有特定值),则发生事件的概率被称为事件发生的条件概率,并被写为P(类别=列车准点|季节=冬)。

竖线可以理解为“给定的”,所以整个术语可以理解为“季节是冬季的前提下,列车准时的概率”。

P(类别=列车准点|季节=冬)也被称为后验概率,是在获得季节为冬季的信息之后,我们计算分类的概率。相比之下,先验概率是在获得任何其他信息之前估计的。

为了计算前面给出的“未知”实例的最可能分类,我们可以计算出这个概率为

P(类别=准时|日期=周日且季节=冬且风速=高且雨量=大)

并为其他三种可能的分类做类似的工作。然而,在训练集中具有这些属性值组合的实例只有两个,所以基于这些属性值组合的任何概率估计都不太可能

有帮助。

为了获得对四个分类的可靠估计,需要采用更加间接的方法。可以从基于单个属性的条件概率开始。

对于火车数据集:

P(类别 = 列车准点 | 季节 = 冬) = 2/6 = 0.33

P(类别 = 列车晚点 | 季节 = 冬) = 1/6 = 0.17

P(类别 = 严重晚点 | 季节 = 冬) = 3/6 = 0.5

P(类别 = 列车取消 | 季节 = 冬) = 0/6 = 0

第三个为最大值,所以可以得出结论,最可能的分类结果是列车严重晚点,这与以前使用先验概率的结果不同。

我们可以用日期、雨量和风速属性进行类似的计算,并得到其他属性下的最大值。那么哪一个是最好的选择呢?

3.2.3　朴素贝叶斯算法

朴素贝叶斯算法为我们提供了一种将先验概率和条件概率结合在一个公式中的方法,可以用它来依次计算每种可能分类的概率。然后再选择具有最大值的分类。

朴素贝叶斯的第一个词“朴素”指的是该方法所做的假设,即一个属性的值对给定分类概率的影响与其他属性的值无关。实际上,情况可能并非如此。尽管存在这种理论上的弱点,但朴素贝叶斯方法在实际应用中经常会给出好的结果。

该方法使用条件概率,与以前的方法不同。(这似乎是一种奇怪的方法,但它遵循的方法是合理的,因它基于著名的数学结论,即贝叶斯规则。)

相对于冬季时列车严重晚点的概率 P(类别 = 严重晚点 | 季节 = 冬),我们使用列车严重晚点条件下季节是冬天的条件概率,即 P(季节 = 冬 | 类别 = 严重晚点)。可以将季节 = 冬季和类 = 严重晚点出现在同一实例的次数,除以严重晚点类别的实例数。

以类似的方式,可以计算其他条件概率,例如 P(雨量 = 无 | 类别 = 严重晚点)。

对于列车数据,可以列出所有的条件和先验概率,如图 3.2 所示。

项目	列车准点	列车晚点	严重晚点	列车取消
日期=工作日	9/14=0.64	1/2=0.5	3/3=1	0/1=0
日期=周六	2/14=0.14	1/2=0.5	0/3=0	1/1=1
日期=周日	1/14=0.07	0/2=0	0/3=0	0/1=0
日期=假期	2/14=0.14	0/2=0	0/3=0	0/1=0
季节=春	4/14=0.29	0/2=0	0/3=0	1/1=1
季节=夏	6/14=0.43	0/2=0	0/3=0	0/1=0
季节=秋	2/14=0.14	0/2=0	1/3=0.33	0/1=0
季节=冬	2/14=0.14	2/2=1	2/3=0.67	0/1=0
风速=无	5/14=0.36	0/2=0	0/3=0	0/1=0
风速=高	4/14=0.29	1/2=0.5	1/3=0.33	1/1=1
风速=正常	5/14=0.36	1/2=0.5	2/3=0.67	0/1=0
雨量=无	5/14=0.36	1/2=0.5	1/3=0.33	0/1=0
雨量=轻微	8/14=0.57	0/2=0	0/3=0	0/1=0
雨量=大	1/14=0.07	1/2=0.5	2/3=0.67	1/1=1
先验概率	14/20=0.70	2/20=0.10	3/20=0.15	1/20=0.05

图 3.2 条件和先验概率:train 数据集

例如,条件概率 P(日期=工作日|类别=列车准点)是将训练数据集中日期=工作日和类型=列车准点的实例的数量除以类型=列车准点的实例总数得到的。这些数字可以从图 3.1 中得到,分别为 9 和 14。所以条件概率是 9/14=0.64。

类别=严重晚点的先验概率是将图 3.1 中类别=严重晚点的实例数,除以实例总数,即 3/20=0.15。

现在可以使用这些值来计算我们真正感兴趣的概率。这些是特定实例中及给定属性值条件下,每个可能类别发生的后验概率。可以使用图 3.3 中给出的方法计算这些后验概率。

朴素贝叶斯分类

给定一组分别具有先验概率 $P(c_1)$，$P(c_2)$，…，$P(c_k)$ 的 k 个互斥且周延的分类 c_1，c_2，…，c_k。对于 n 个属性 a_1，a_2，…，a_n 的值分别为 v_1，v_2，…，v_n 的特定实例,类别 c_i 出现的后验概率与下式成比例:

$P(c_i) \times P(a_1 = v_1 \text{ and } a_2 = v_2 \cdots \text{ and } a_n = v_n \mid c_i)$

假设属性是独立的,可以使用如下的乘积计算该表达式的值:

$P(c_i) \times P(a_1 = v_1 \mid c_i) \times P(a_2 = v_2 \mid c_i) \times \cdots \times P(a_n = v_n \mid c_i)$

计算 i 从1到 k 的每个表达式的值,选择具有最大值的分类。

图3.3　朴素贝叶斯分类算法

图3.3中的公式将 c_i 的先验概率与 n 个可能的条件概率的值相结合,涉及对单个属性值的测试。它经常写作

$$P(c_i) \times \prod_{j=1}^{n} P(a_j = v_j \mid \text{class} = c_i)$$

请注意,上述公式中的希腊字母 $\prod$ 与数学常数3.141 59没有关系。它表示将 $P(a_1 = v_1 \mid c_i)$，$P(a_2 = v_2 \mid c_i)$ 等 n 个值相乘。

当使用朴素贝叶斯方法对一系列未知实例进行分类时,首先计算所有先验概率以及涉及一个属性的所有条件概率,但并不是所有条件概率都可能用于对任何特定实例进行分类。依次使用图3.2的每一列中的值,获得对于未知实例的每种可能分类的后验概率:

周日	冬	高	大	????

类别=列车准点

$0.70 \times 0.64 \times 0.14 \times 0.29 \times 0.07 = 0.001\ 3$

类别=列车晚点

$0.10 \times 0.50 \times 1.00 \times 0.50 \times 0.50 = 0.012\ 5$

类别=严重晚点

$0.15 \times 1.00 \times 0.67 \times 0.33 \times 0.67 = 0.022\ 2$

类别=列车取消

$0.05 \times 0.00 \times 0.00 \times 1.00 \times 1.00 = 0.000\ 0$

类别=严重晚点概率值最大。

请注意,计算出的四个值本身并不是概率,因为它们相加不等于1。这就是图3.3中"类别 c_i 出现的后验概率与下式成比例……"的意思。只需将其除

以所有四个值的总和即可将每个值"归一化"为有效的后验概率。在实践中，我们感兴趣的是找到最大值，所以标准化步骤不是必需的。

朴素贝叶斯方法是一种非常流行的方法，通常效果很好。然而，它也存在一些潜在的问题，最明显的是它依赖于所有属性都是分类属性。在实践中，许多数据集具有分类属性和连续属性的组合，甚至只有连续属性。这个问题可以通过将连续属性转换为分类属性来克服，可使用第8章描述的方法或其他方法。

第二个问题是，如果具有给定属性/值组合的实例的数量很小，那么通过相对频率估计概率的性能很差。在数量为0的极端情况下，后验概率将不可避免地计算为零。在上面的例子中，对于类型=列车取消就出现了这一情况。这个问题可以通过使用更复杂的估计概率公式来克服，但这里不再进一步讨论。

3.3　最近邻分类

最近邻分类主要在所有属性都为连续型属性时使用，但它也可以进行修改来处理分类属性。主要思想是使用最接近它的实例的分类或实例来估计不可见实例的分类。

假设有一个只有两个实例的训练集，如下所示：

a	b	c	d	e	f	类型
是	否	否	6.4	8.3	低	负
是	是	是	18.2	4.7	高	正

有六个属性值分类（正或负）。

然后给出第三个实例：

是	否	否	6.6	8.0	低	????

它的分类应该是什么？

即使不知道这六个属性代表什么，但看起来不可见的实例更接近第一个实例。在没有任何其他信息的情况下，可以根据第一个实例合理地预测其分类，即作为"负"。

在实践中，训练集中可能会有更多的实例，但同样适用这个原则。通常将

分类基于 k 个最近邻(k 是一个小整数,如 3 或 5)的实例,而不仅仅是最近的一个。该方法被称为 k-最近邻或者 k-NN 分类(图 3.4)。

基本 k-最近邻分类算法
— 找到最接近不可见实例的 k 个训练实例。
— 采取 k 个实例中最常见的分类。

图 3.4　基本 k-最近邻分类算法

当维数(即属性数量)很小时,可以图解说明 k-NN 分类。以下示例说明了维度仅为 2 的情况。在实际的数据挖掘应用程序中,它当然大得多。

图 3.5 显示了一个包含 20 个实例的训练集,每个训练集给出两个属性的值和一个相关的分类。

如何估计一个"不可见的"实例的分类,其中第一个和第二个属性分别是 9.1 和 11.0。

对于维度较少的属性,可以将训练集表示为二维图上的 20 个点,其中第一个属性和第二个属性的值分别对应水平轴和垂直轴。每个点用+或-符号标记以表明分类是正或负,结果如图 3.6 所示。

属性 1	属性 2	类型
0.8	6.3	-
1.4	8.1	-
2.1	7.4	-
2.6	14.3	+
6.8	12.6	-
8.8	9.8	+
9.2	11.6	-
10.8	9.6	+
11.8	9.9	+
12.4	6.5	+
12.8	1.1	-
14.0	19.9	-
14.2	18.5	-
15.6	17.4	-
15.8	12.2	-
16.6	6.7	+
17.4	4.5	+
18.2	6.9	+
19.0	3.4	-
19.6	11.1	+

图 3.5　k-最近邻的训练集示例

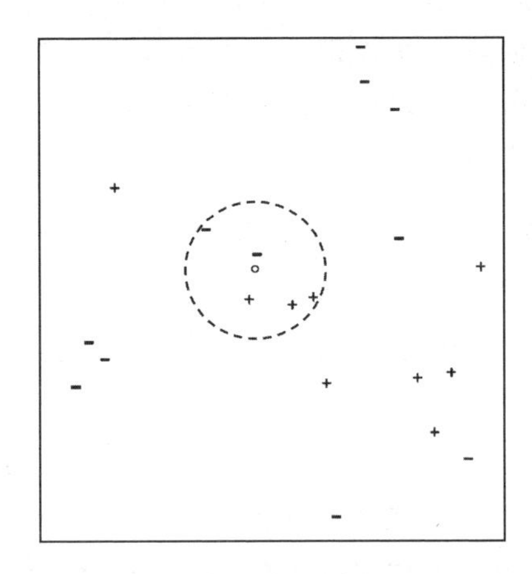

图3.6 图3.5中的训练数据的二维表示

添加了一个位于中心的圆圈来包围不可见实例的五个最邻近点,不可见实例用一个小圆圈表示。

最近的五个邻近点有三个+号和两个-号,所以一个基本5-NN分类器将通过多数投票的形式将不可见实例分类为“正”。还有其他的可能性,例如,可以对 k 个最近点中每个点的“票数”进行加权,使得较近点的分类被赋予比较远点的分类更大的权重。

在二维空间将两个点表示为(a_1, a_2)和(b_1, b_2),并将它们可视化为平面上的点。

当有三个属性时,可以用(a_1, a_2, a_3)和(b_1, b_2, b_3)来表示这些点,并将它们想象成一个三维直角坐标系中的点。随着维数(属性)的增加,对于非物理学专业的人来说,它们将变得难以想象。

当有 n 个属性时,可以用 n 维空间中的点$(a_1, a_2, \cdots, a_n)$和$(b_1, b_2, \cdots, b_n)$来表示实例。

3.3.1 距离测量

有许多方法测量两个具有 n 个属性值的实例之间的距离,即 n 维空间中的两个点之间的距离。将使用符号 $\text{dist}(X,Y)$ 来表示 X 和 Y 两个点之间的距离。通常对使用的任何距离测量方法有三个基本要求。

(1)任何点 A 与其自身的距离为零,即 $\text{dist}(A,A)=0$。

(2)从 A 到 B 的距离与从 B 到 A 的距离相同,即 $\text{dist}(A,B)=\text{dist}(B,A)$(对称条件)。

(3)三角不等式(图3.7)。它对应于“两点之间的最短距离是直线”这一

直观的想法。对于任何点 A、B 和 Z:

$$\text{dist}(A,B) \leqslant \text{dist}(A,Z) + \text{dist}(Z,B)$$

最容易在二维中对其进行可视化。

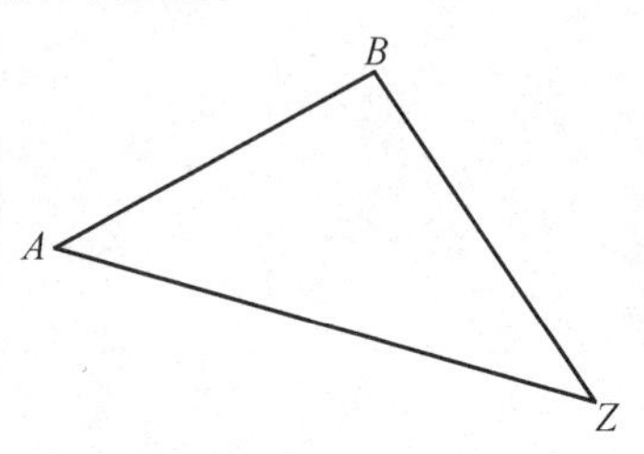

图 3.7　三角不等式

只有当 Z 与 A 或 B 的点相同或者在它们之间的直线上时,才会出现相等的情况。

有很多可能的距离度量,但最流行的是欧几里得距离(图 3.8)。这种测量方法是用希腊数学家欧几里得的名字命名,他被誉为几何学的奠基人。这是图 3.6 中采用的距离度量方法。

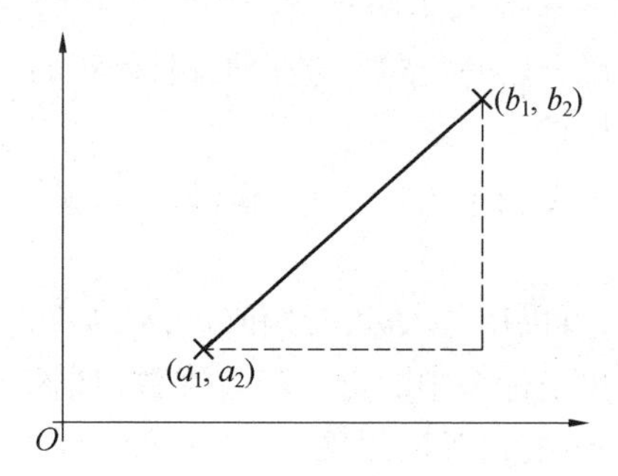

图 3.8　欧几里得距离示例

我们将从二维的欧氏距离公式开始。如果用(a_1,a_2)和(b_1,b_2)表示训练集中的一个实例,由毕达哥拉斯定理,表示连接点的直线的长度为

$$\sqrt{(a_1 - b_1)^2 + (a_2 - b_2)^2}$$

如果在三维空间中有两个点(a_1,a_2,a_3)和(b_1,b_2,b_3),则相应的公式是

$$\sqrt{(a_1 - b_1)^2 + (a_2 - b_2)^2 + (a_3 - b_3)^2}$$

在 n 维空间中的点$(a_1,a_2,\cdots,a_n)$和$(b_1,b_2,\cdots,b_n)$之间的欧几里得距离的公式是这两个结果的推广。欧几里得距离如下:

$$\sqrt{(a_1 - b_1)^2 + (a_2 - b_2)^2 + \cdots + (a_n - b_n)^2}$$

有时使用的另一个度量称为曼哈顿距离或城市距离。类似于在曼哈顿这

样的城市旅行,你通常不能直接从一个地方走到另一个地方,只能沿着水平和垂直排列的街道移动。

图3.9中点(4,2)和(12,9)之间的城市街区距离为(12-4)+(9-2)=8+7=15。

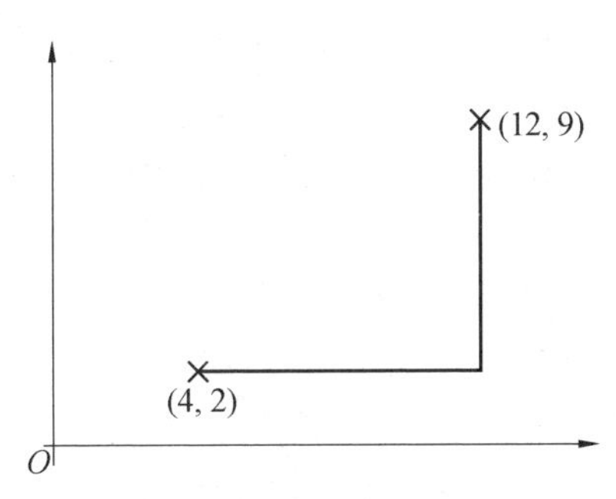

图3.9　城市街区距离示例

第三种方法是最大尺寸距离。这是任何一对相应属性值之间的最大绝对差异(如果绝对差值为负值,转换为正值)。例如实例之间的最大尺寸距离

6.2	-7.1	-5.0	18.3	-3.1	8.9

和

8.3	12.4	-4.1	19.7	-6.2	12.4

是12.4 - (-7.1)= 19.5。

对于许多应用,欧几里得距离似乎是测量两个实例之间距离的最适用的方法。

3.3.2　标准化

使用欧几里得距离公式(以及许多其他距离度量)时的一个主要问题是较大的数值经常会掩盖较小的数值。

假设对于与汽车相关的一些分类问题,两个实例如下(分类本身被省略):

英里数①	门的数量	年龄	拥有者数量
18 457	2	12	8
26 292	4	3	1

注:①1英里(mi)= 1.609 344 km。

当计算这些实例与不可见实例之间的距离时,里程属性几乎肯定会将几千平方的值(即数百万)贡献到平方和中。门的数量可能会贡献一个小于 10 的值。显然,在实践中,使用欧几里得距离公式确定哪些为邻近点时唯一的属性就是里程。这是不合理的,因为测量单位(这里是英里)完全是任意的,可以选择一个距离,例如毫米或者光年;也可能用其他单位测量年龄,如毫秒或千年。选择的单位不应影响邻近点的选择。

为了克服这个问题,通常标准化连续属性的值。这个想法是让每个属性的值都位于 0 到 1 的区间。假设对于某个属性 A,训练数据中的最小值是 -8.1,最大值是 94.3。首先将 A 的每个值加上 8.1,所以这些值是从 0 到 94.3+8.1=102.4。最大值与最小值的差值现在是 102.4,因此将所有值除以该值使得取值范围为从 0 到 1。一般而言,如果属性 A 的最小值为 min 并且最大值为 max,将 A 的每个值(例如 a)转换为(a-min)/(max-min)。

使用这种方法,所有连续的属性都被转换为从 0 到 1 的小数,因此测量单位的选择对结果的影响大大降低。

请注意,不可见实例的值可能小于 min 或大于 max。如果想将调整后的数字保持在 0 到 1 的范围内,可以将属性 A 小于 min 或大于 max 的任何值分别转换为"0"或"1"。

测量两点之间距离时出现的另一个问题是不同属性贡献的权重。我们可能认为,汽车的里程比它所拥有的门的数量更重要(但不像未标准化时那样重要 1 000 倍)。为了实现这一点,可以调整欧几里得距离公式

$$\sqrt{w_1(a_1-b_1)^2+w_2(a_2-b_2)^2+\cdots+w_n(a_n-b_n)^2}$$

式中,$w_1,w_2,\cdots,w_n$是权重。通常缩放权重值以使所有权重的总和为 1。

3.3.3 处理分类属性

最近邻分类方法的缺点之一是没有完全令人满意的处理分类属性的方法。一种可能的处理方法是令任何两个相同的属性值之间的差值为零,任何两个不同值之间的差值为 1。例如(对于颜色属性)red-red = 0,red-blue = 1,blue-green = 1 等。

有时会有一个属性值的排序(或部分排序),例如,对于 good、average 和 bad,可以把 good 与 average 之间或者 average 与 bad 之间的差别看作 0.5,把 good 与 bad 之间的差别看作 1。这看起来似乎不完全正确,但可能是我们在实践中最好的处理方式。

3.4　迫切和惰性学习

第 3.2 节和第 3.3 节描述的朴素贝叶斯算法和最邻近算法分别说明了两种可供选择的自动分类方法,分别是迫切学习(eager learning)和懒惰学习(lazy learning)的代表。

在迫切学习系统中,训练数据被"急切"地推广到一些表示或模型中,例如概率表、决策树或神经网络,而不等待新的(不可见)实例出现。

在惰性学习系统中,训练数据"懒惰"地保持不变,直到不可见实例出现,并只执行对单个实例进行分类所需的必要计算。

惰性学习方法有一些热衷的拥护者,但是如果有大量的不可见实例,那么与朴素贝叶斯等其他迫切学习方法相比,惰性学习法所需要的计算量是巨大的。

惰性学习方法的一个更根本的弱点是,它不考虑任务域的潜在因果关系。基于概率的朴素贝叶斯迫切学习算法也是如此,但程度较低。你计算出 X 就是答案,而不需要给出更深层次的解释。现在,我们转向一种对不可见实例分类的更明确的方法,它独立于用于生成它的训练数据,我们称之为基于模型的方法。

3.5　本章总结

本章介绍了分类,这是最常见的数据挖掘任务之一。详细描述了两种分类算法:朴素贝叶斯算法,其使用概率理论来找到最可能的分类;以及最邻近分类,其使用实例"最接近"的分类来估计不可见实例的分类。这两种方法通常分别假定所有属性是分类和连续的。

3.6　自 测 题

1. 对训练数据集使用朴素贝叶斯分类算法,计算以下不可见实例的最可能的分类。

工作日	夏	高	大	????

周日	夏	正常	轻微	????

2. 使用图3.5中显示的训练集和欧几里得距离度量,分别计算第一和第二属性分别为9.1和11.0的实例的5个最邻近点。

第4章　使用决策树进行分类

本章将介绍一种广泛使用的方法，即以决策树或(等同)一组决策规则的形式从数据集构建模型。人们普遍认为这种数据表示方式与其他方法相比具有优势，这种方法是有意义且易于解释的。

4.1　决策规则和决策树

在许多领域中，有大量可用实例。对于这些任务，自动生成分类规则(通常称为决策规则)已经被证明是标准专家系统方法的一种替代方法，标准专家系统方法是从专家那里获取规则。英国学者 Donald Michie[1] 研究了两个需要2 800 和30 000 +条规则的大规模应用，采用自动化技术开发的工作量分别为1 人/年和9 人/年，而开发著名的专家系统 MYCIN 和 XCON 分别需要100 人/年和180 人/年。

在许多(但不是全部)情况下，可以方便地将决策规则组合在一起以形成下文示例中的树结构。

4.1.1　决策树:golf 示例

许多学者使用一个虚构的例子来说明分类算法，例如 Quinlan[2] 构造了一个运动员根据天气决定是否打高尔夫的例子(the golf example)。

图4.1 显示了两周(14 天)的天气以及是否打高尔夫的决定。

假设高尔夫球员的表现一致，决定每天是否打的规则是什么？如果明天天气、温度、湿度和有风的值分别为晴、74 °F①、77% 和否，那么决策是什么？

回答这个问题的一种方法是构建一个如图4.2 所示的决策树。这是一个决策树的典型例子，它是本书后几章的主要研究内容。

对于给定的一组天气条件做出决策(分类)，首先查看天气的值，有三种可能性。

---

① °F为华氏度，与摄氏度的换算关系为：摄氏度=(华氏度-32)÷1.8。

天气	温度/°F	湿度/%	是否有风	类别
晴	75	70	是	打
晴	80	90	是	不打
晴	85	85	否	不打
晴	72	95	否	不打
晴	69	70	否	打
多云	72	90	是	打
多云	83	78	否	打
多云	64	65	是	打
多云	81	75	否	打
有雨	71	80	是	不打
有雨	65	70	是	不打
有雨	75	80	否	打
有雨	68	80	否	打
有雨	70	96	否	打

类别:
打,不打
天气:
晴天,多云,雨
温度:
数值
湿度:
数值
是否有风:
是,否

图 4.1　golf 示例的数据

(1) 如果天气的值是晴天,那么考虑湿度值。如果该值小于或等于 75,则决定打;否则,决定不打。

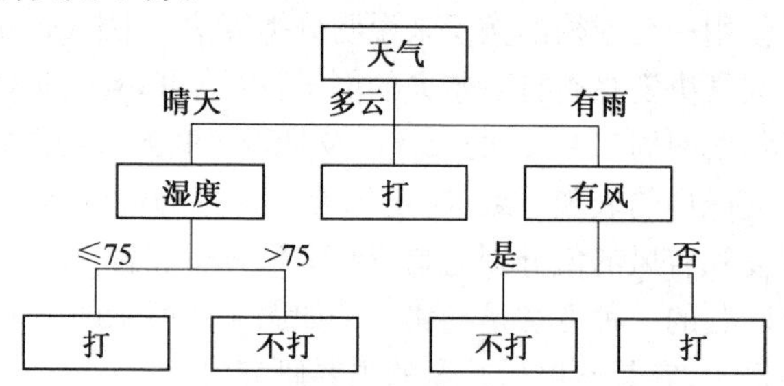

图 4.2　golf 示例的决策树

(2) 如果天气的值是多云,那么决定就是打。

(3) 如果天气的值是下雨,那么再考虑是否有风。如果该值为是,则决定不打;否则决定打。

请注意,我们并未使用温度的值。

4.1.2　术语

假设第 2 章给出的数据的“标准形式”是适用的，每一个对象（人、房屋等）都可以用其属性集的值来描述。具有有限（通常相当小）值的属性（如晴天、阴天和雨水）称为分类属性。数值属性（如温度和湿度）通常称为连续属性。我们将一个专门指定的分类属性称为分类，使用术语“属性”来指代其他属性值。

许多对象的描述以表格的形式保存在训练集中。表的每一行包括一个实例，即对应于一个对象的属性值和分类。

目标是根据训练集中的数据发掘分类规则，这通常以决策树的形式给出。

决策树是通过分裂属性值（或仅分割属性）的过程创建的，例如，测试诸如“天气”之类的属性的值，然后为其每个可能值创建一个分支。对于连续属性的情况，通常是以“小于或等于”或“大于”一个给定的值的方式分割属性值。分裂过程持续进行，直到每个分支都被一个分类标记。

决策树有两个不同的功能：数据压缩和预测。图 4.2 可以看作是表示图 4.1 中数据的一种更紧凑的方式。这两种表示是等价的，即对于 14 个实例中的每一个，给定四个属性的值，两种表示方式将给出相同的分类。

但是，决策树不仅仅是与训练集等价的表示方式，它也可以用来预测不在训练集中的其他实例的分类，例如前面给出的四个属性的值分别为晴、74 °F、77% 和否。从决策树中很容易看出，在这种情况下，决定是不打。需要强调的是，这个“决定”只是一个预测，可能正确也可能不正确。没有绝对正确的方法来预测未来。

因此，决策树不仅可视为原始训练集的同价表示形式，而且是可以用来预测其他实例分类的泛化形式。对于不可见的实例，它们的集合通常被称为测试集或不可见的测试集。

4.1.3　degrees 数据集

图 4.3 所示的训练集（取自一所虚构的大学）显示了学生 SoftEng、ARIN、HCI、CSA 和 Project 五个科目的成绩及相应的学位分类结果，在这个简化的例子中，分类结果是 FIRST 或 SECOND。在 26 个实例中什么规则决定谁被归类为 FIRST 或 SECOND？

图 4.4 显示了一个对应于这个训练集的决策树。它由多个分支组成，每个分支以分类标记的叶节点结尾，即 FIRST 或 SECOND。每个分支包括从根节点（即树的顶部）到叶节点的路径。既不是根也不是叶节点的节点称为内

SoftEng	ARIN	HCI	CSA	Project	Class
A	B	A	B	B	SECOND
A	B	B	B	B	FIRST
A	A	A	B	A	SECOND
B	A	A	A	B	SECOND
A	A	B	B	A	FIRST
B	A	A	B	B	SECOND
A	B	B	B	B	SECOND
A	B	B	B	B	SECOND
A	A	A	A	A	FIRST
B	A	A	B	B	SECOND
B	A	A	B	B	SECOND
A	B	B	A	B	SECOND
B	B	B	B	A	SECOND
A	A	B	A	B	FIRST
B	B	B	B	A	SECOND
A	A	B	B	B	SECOND
B	B	B	B	B	SECOND
A	A	B	A	A	FIRST
B	B	B	A	A	SECOND
B	B	A	A	B	SECOND
B	B	B	B	A	SECOND
B	A	B	A	B	SECOND
A	B	B	B	A	FIRST
A	B	A	B	B	SECOND
B	A	B	B	B	SECOND
A	B	B	B	B	SECOND

Classes
FIRST SECOND
SoftEng
A,B
ARIN
A,B
HCI
A,B
CSA
A,B
Project
A,B

图 4.3　degrees 数据集

部节点。

我们可以将根节点视为原始训练集。所有其他节点对应于训练集的一个子集。

在叶节点中,子集中的每个实例具有相同的分类。有五个叶节点,因此有五个分支。

每个分支对应一个分类规则。五种分类规则可以完整地写成:

IF SoftEng = A AND Project = A THEN Class = FIRST

IF SoftEng = A AND Project = B AND ARIN = A AND CSA = A THEN Class = FIRST

IF SoftEng = A AND Project = B AND ARIN = A AND CSA = B THEN Class = SECOND

IF SoftEng = A AND Project = B AND ARIN = B

THEN Class = SECOND

IF SoftEng = B THEN Class = SECOND

每条规则的左侧(称为前提)包含由逻辑运算符 AND 连接的多个项。每一项是关于分类属性(例如 SoftEng = A)或连续属性(例如,在图 4.2 中,湿度>75)的值的简单测试。

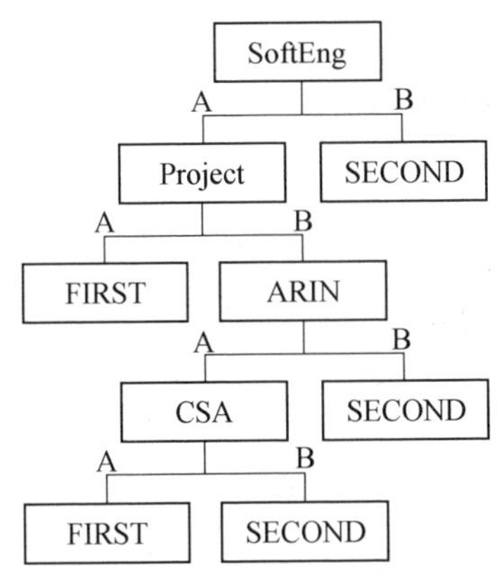

图 4.4　degrees 数据集的决策树

这种规则的集合是析取范式(Disjunctive Normal Form,DNF)。单独的规则有时被称为析取(disjuncts)。

从数据压缩的角度来看这个例子,决策树可以写成 5 个决策规则,共 14 个规则项,每个规则平均 2.8 项。原始 degrees 训练集中的每个实例也可以被视为一个规则,例如:

IF SoftEng = A AND ARIN = B AND HCI = A AND CSA = B

AND Project = B THEN Class = SECOND

有 26 个这样的规则,每个实例对应一个,每个规则有 5 项,共计 130 项。即使对于这个非常小的训练集,从训练集(130 个术语)到决策树(14 个术语)需要存储的规则项的数量减少了约 90%。

由决策树生成的规则的顺序是任意的,所以上面给出的五条规则可以重新排列,即

IF SoftEng = A AND Project = B AND ARIN = A AND CSA = B

THEN Class = SECOND

IF SoftEng = B THEN Class = SECOND

IF SoftEng = A AND Project = A THEN Class = FIRST

IF SoftEng = A AND Project = B AND ARIN = B

THEN Class = SECOND

IF SoftEng = A AND Project = B AND ARIN = A AND CSA = A

THEN Class = FIRST

而规则集对不可见实例的预测不会改变。

为了实际应用,规则可以简化为一个等效的 IF…THEN…ELSE 形式以进一步压缩,例如(对于原始规则集):

```
if (SoftEng=A){
  if (Project=A) Class=FIRST
  else{
    if(ARIN=A){
    if(CSA=A) Class=FIRST
    else Class=SECOND
    }
  else Class=SECOND
   }
}
else Class=SECOND
```

4.2　TDIDT 算法

决策树作为一种产生分类规则的手段被广泛使用,一种简单且有效的决策树算法为 TDIDT(Top-Down Induction of Decision Trees)。这一算法自 20 世纪 60 年代中期以来就非常著名,并且是许多分类系统的基础,其中两个最著名的是 ID3[3] 和 C4.5[2],并且被用于许多商业数据挖掘包中。

该方法以决策树的形式产生决策规则。决策树是通过反复分割属性值生成的。这个过程被称为递归分割。

在 TDIDT 算法的标准形式中,需要一组训练集。每个实例对应一个由一组分类属性值描述的对象。(该算法也可以处理连续属性,这将在第 8 章讨论)

TDIDT 基本算法如图 4.5 所示。在每个非叶节点中,选择一个属性用于分割,可选择任何属性,但相同的属性不能在同一个分支中选择两次。这种限制是有必要的,例如在某个不完整规则的分支中:

IF SoftEng = A AND Project = B……

不允许选择 SoftEng 或 Project 作为下一个要分割的属性,因为它们的值是已知的了,所以这样做没有意义。

TDIDT:基本算法
IF 如果训练集中的所有实例属于同一类
THEN 那么返回这个类的值
ELSE(a)选择一个属性 A 进行分割+
(b)对应于属性 A 的每个取值,将训练集中的实例分为子集
(c)为每个非空子集返回一个具有一个分支的树,每个分支递归地应用算法以产生后代子树或类值

+不要在同一分支中选择两次属性

图 4.5　TDIDT 算法

这种限制非常有用。分割每个属性值将相应分支的长度扩展了一项。若共有 *M* 个属性,则分支的最大可能长度是 *M* 个项,这可以保证算法会终止。

在 TDIDT 算法应用之前,必须确保重要条件,即充分条件:不存在所有属性值都相同但属于不同类的两个实例。这只是确保训练集一致的一种方法。处理不一致的训练集是第 9.1 节的主题。

TDIDT 算法的一个主要问题是处理细节描述不详尽(underspecified)。该算法指定"选择离散的属性 A",但没有给出如何选择的方法。

如果满足充分条件,则保证算法会终止,并且任何属性选择(甚至是随机选择)都会生成决策树,前提是在同一属性不被选择两次用于同一分支中。

这种规格不足看起来可能是合理的,但是许多由此产生的决策树(以及相应的决策规则)对于预测不可见实例分类的价值(即使有的话)很少。

因此,选择属性的一些方法可能比其他方法更有用。在每个阶段对属性进行合理的选择对于 TDIDT 方法是至关重要的。这将是第 5 章和第 6 章的主要内容。

4.3　推理的类型

从示例自动生成决策规则被称为规则归纳或自动规则归纳。

以决策树的隐式形式生成决策规则通常称为规则归纳,但有时会使用术语,将其称为树归纳或决策树归纳。我们以解释这些短语中"归纳"一词的意思结束这一章,并引出第 5 章中的属性选择主题。

逻辑学家区分不同类型的推理。例如,最熟悉的就是演绎(deduction),结

论是根据正确前提得出的,例如:

所有男人都是人类
约 翰 是 个 男 人

所以约翰是人类

如果前两个陈述(前提)是真的,那么结论必须是真实的。

这种推理是完全可靠的,但实际上 100% 确定的规则(比如"所有男人都是人类")往往不可用。

第二种推理称为回溯(abduction)。一个例子是:

所有狗追逐猫
Fido 追 逐 猫

所以 Fido 是一只狗

此时,结论与前提保持一致,但它不一定是正确的。Fido 可能是一些追逐猫的其他动物,或者根本不是动物。这种推理在实践中通常非常成功,但有时会导致错误的结论。

第三种推理称为归纳(induction)。这是一个基于重复观察的泛化过程。

> 在多次观察到 x 和 y 一起出现后,学习规则
> if x then y

例如,如果我看到有 1 000 条四条腿的狗,可以合理地得出结论:"如果 x 是狗,那么 x 有 4 条腿"(或者更简单来说,"所有的狗都有 4 条腿")。从 golf 和 degrees 数据集得出的决策树就属于这种类型。它们是通过反复观察(训练集中的实例)而生成的,并且我们希望它们足以用于预测大多数情况下不可见实例的分类,但它们并非没有错误。

4.4 本章总结

本章介绍了通过决策树的表示方式来归纳分类规则的 TDIDT 算法。只要训练集中的实例具有"充分条件",就可以应用该算法。本章最后区分了三种推理类型:演绎、回溯和归纳。

4.5 自测题

1. 训练集中实例的充分条件是什么?

2. 给定数据集不能满足条件的最可能原因是什么?

3. 充分条件对使用 TDIDT 算法自动生成规则的意义何在?

4. 如果将基本 TDIDT 算法应用于不满足充分条件的数据集,会发生什么情况?

参考文献

[1] Michie, D. (1990). Machine executable skills from 'silent' brains. In Research and development in expert systems VII. Cambridge: Cambridge University Press.

[2] Quinlan, J. R. (1993). C4.5: programs for machine learning. San Mateo: Morgan Kaufmann.

[3] Quinlan, J. R. (1986). Induction of decision trees. Machine Learning, 1, 81-106.

第5章　决策树归纳:使用熵进行属性选择

5.1　属性选择:一个试验

第4章已介绍,在满足充分条件下 TDIDT 算法可确保终止,并给出一个正确对应于数据的决策树。充分条件是不存在两个具有相同属性值,但分类不同的实例。

也有人指出,TDIDT 算法没有给出详细说明:如果满足充分条件,任何选择属性的方法都会产生一个决策树。我们以使用一些欠佳的选择策略获得的决策树来开始本章,然后描述一种广泛使用的方法,并对比结果。

首先看看使用下面列出的三种属性选择策略产生的决策树。

(1)takefirst。对于每个分支,按照它们在训练集中出现的顺序从左到右进行操作。例如,对于 degrees 数据集,顺序为 SoftEng、ARIN、HCI、CSA 和 Project。

(2)takelast。类似 takefirst,但从右到左进行。例如,对于 degrees 数据集,顺序为 Project、CSA、HCI、ARIN 和 SoftEng。

(3)random。进行随机选择(选择每个属性的概率相等)。

同样,在同一分支中不能两次选择同一属性。

注意:这里给出的这三种策略仅用于说明目的。它们不用于实际使用,而是与稍后介绍的其他方法进行比较的基础。

图5.1显示了运用带有属性选择策略的 TDIDT 算法的结果,这些策略依次为 takefirst、takelast 和 random,为七个数据集 contact_lenses、lens24、chess、vote、monk1、monk2 和 monk3 生成决策树。这些数据集将在本书中经常提及。有关它们的全部信息在附录 B 中给出。对每个数据集使用随机策略五次,在每种情况下,表中给出的值都是生成的决策树中的分支数。

最后两列记录了为每个数据集生成的最大和最小树的分支数。在所有情况下都有相当大的差异。这表明尽管原则上可以以任意方式选择属性,但好的选择和差的选择之间的差别可能是相当大的。下一节将从不同的角度来看这个问题。

数据集	takefirst	takelast	random					最多	最少
			1	2	3	4	5		
contact_lenses	42	27	34	38	32	26	35	42	26
lens24	21	9	15	11	15	13	11	21	9
chess	155	56	94	52	107	90	112	155	52
vote	40	79	96	78	116	110	96	116	40
monk1	60	75	82	53	87	89	80	89	53
monk2	142	112	122	127	109	123	121	142	109
monk3	69	69	43	46	62	55	77	77	43

图 5.1　使用三种属性选择方法的 TDIDT 生成的分支数量

5.2　替代决策树

尽管(如上一节所述)任何选择属性的方法都会产生一个决策树,但这并不意味着所选择的方法是无关紧要的,某些属性选择方法可能比其他更有效。

5.2.1　Football/Netball 示例

一所(虚构的)大学要求学生参加一个体育俱乐部,足球(Football)俱乐部或投球(Netball)俱乐部。禁止同时加入两个俱乐部。任何没有加入俱乐部的学生都无法取得学位(这被认为是一项重要的违纪行为)。

图 5.2 给出了一组关于 12 名学生的训练数据集,并列出了与加入的俱乐部相关的四项数据(眼睛颜色、婚姻状况、性别和头发长度)。

什么决定了谁加入哪个俱乐部?

使用 TDIDT 算法可以从这些数据生成许多不同的树。一个可能的决策树如图 5.3 所示(括号中的数字表示每个叶节点对应的实例的数量)。

由图 5.3 中的决策树,可获知一些有规律性的结论。所有蓝眼睛的学生都踢足球。对于棕眼睛的学生来说,关键因素是他们是否结婚。如果是,那么长发的人都踢足球,而短发的人都打投球;如果他们没有结婚,则短发的人踢足球,长发的人打投球。

眼睛颜色	婚姻状况	性别	头发长度	类别
棕色	是	男性	长发	足球
蓝色	是	男性	短发	足球
棕色	是	男性	长发	足球
棕色	否	女性	长发	投球
棕色	否	女性	长发	投球
蓝色	否	男性	长发	足球
棕色	否	女性	长发	投球
棕色	否	男性	短发	足球
棕色	是	女性	短发	投球
棕色	否	女性	长发	投球
蓝色	否	男性	长发	足球
蓝色	否	男性	短发	足球

图 5.2　Football/Netball 示例的训练集

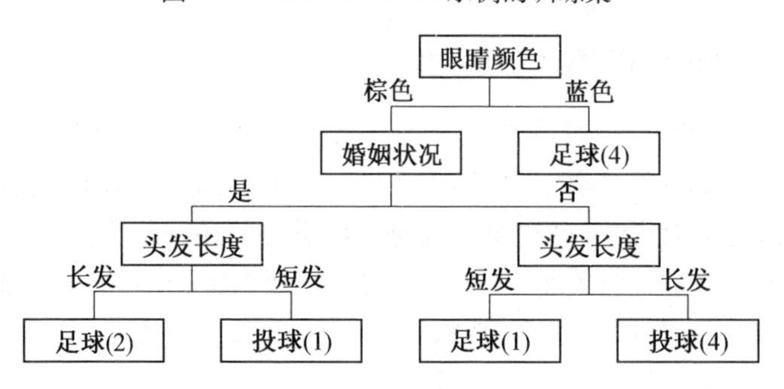

图 5.3　Football/Netball 示例:决策树 1

这是一个惊人的发现,如果它是正确则可能会引起全世界的关注,但是它是正确的吗?

从训练集中生成的另一个决策树是图 5.4。这个看起来更可信,但它是否正确?

尽管这很吸引人,但最好避免在这种情况下使用诸如“正确”和“不正确”之类的术语。我们只能说,两个决策树都与它们生成的数据相兼容。要知道哪一个能够为不可见的数据提供更好的结果,唯一的方法就是同时使用它们并比较结果。

尽管如此,很难避免产生图 5.4 是正确的、图 5.3 是错误的想法。我们将

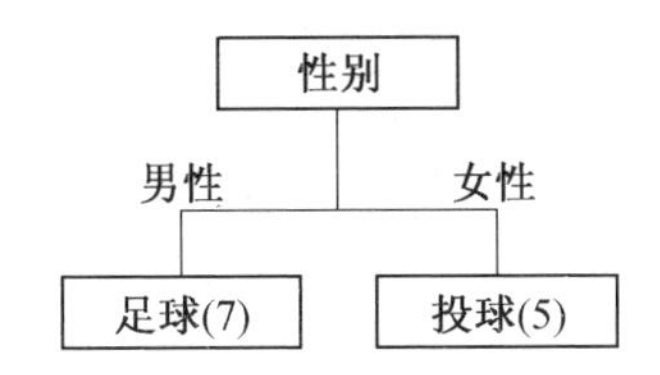

图 5.4　Football/Netball 示例:决策树 2

回到这一点。

5.2.2　anonymous 数据集

现在考虑图 5.5 中的不同例子。

a1	a2	a3	a4	类别
a 11	a 21	a 31	a 41	c1
a 12	a 21	a 31	a 42	c1
a 11	a 21	a 31	a 41	c1
a 11	a 22	a 32	a 41	c2
a 11	a 22	a 32	a 41	c2
a 12	a 22	a 31	a 41	c1
a 11	a 22	a 32	a 41	c2
a 11	a 22	a 31	a 42	c1
a 11	a 21	a 32	a 42	c2
a 11	a 22	a 32	a 41	c2
a 12	a 22	a 31	a 41	c1
a 12	a 22	a 31	a 42	c1

图 5.5　anonymous 数据集

这里有一个 12 个实例的训练集。有四个属性:a1、a2、a3 和 a4,其值分别为 a11、a12 等,以及两个类 c1 和 c2。

可以从这些数据中生成一个可能的决策树,如图 5.6 所示。

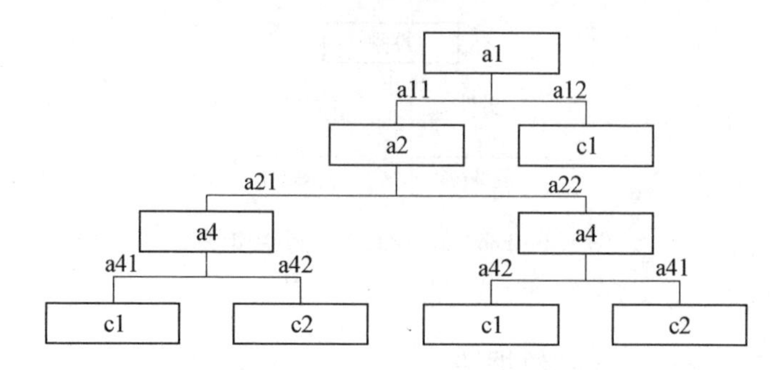

图 5.6 anonymous 数据:决策树 1

另一种可能的树如图 5.7 所示。

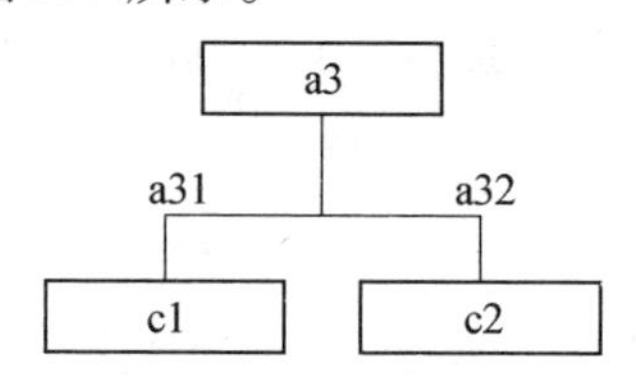

图 5.7 anonymous 数据:决策树 2

哪棵树更好?

当然,这是以 anonymous 形式出现的足球/投球比赛的例子,用像 a1 和 a3 这样毫无意义的名称替换诸如眼睛颜色和性别这样有意义的属性。尽管我们可能会说更喜欢图 5.7,因为它比较小,但似乎没有理由认为图 5.6 不应该被接受。

数据挖掘算法通常不允许用户使用数据所描述领域的任何背景知识,例如属性的"含义"和相对重要性,或者确定一个实例分类最可能或最不可能的属性。

很容易看出,当涉及眼睛颜色、头发长度等测试的决策树单独给出时没有意义,但如果这些属性是实际应用中很多属性(可能是数千)的一部分,那么如何防止生成无意义的决策规则?

除了警惕和良好的选择算法之外,没有其他答案。在每个阶段用来选择待拆分属性的策略质量是至关重要的。

5.3 选择要拆分的属性:使用熵

第 5.1 节中介绍的属性选择技术(takefirst,takelast 和 random)仅供参考。对于实际应用,可以使用几种更优的方法。一种常用的方法是选择最小化熵值的属性,从而使信息增益最大化。这个方法将在本章介绍,其他常用的方法将在第 6 章中讨论。

图 5.8 基于图 5.1,给出了树的大小,其中最大和最少的分支由 takefirst、takelast 和 random 属性选择策略产生。最后一列显示由“熵”属性选择方法(尚未介绍)生成的分支数。几乎在所有情况下,分支数都大幅减少。最小数量的分支,即每个数据集的规则,以粗体和下划线表示。

数据集	非熵		熵
	最大	最小	
contact lenses	42	26	**<u>16</u>**
lens24	21	**<u>9</u>**	**<u>9</u>**
chess	155	52	**<u>20</u>**
vote	116	40	**<u>34</u>**
monk1	89	53	**<u>52</u>**
monk2	142	109	**<u>95</u>**
monk3	77	43	**<u>28</u>**

图 5.8　来自图 5.1 的最大和最小情况(利用熵属性选择的信息增强)

在所有情况下,使用“熵”方法生成的决策树的规则数量都小于或等于使用迄今引入的任何其他属性选择标准生成的最小数量。在某些情况下,例如 chess 数据集,它会少得多。

不能保证使用熵总能得到一个小的决策树,但经验表明它产生的树通常比其他属性选择标准(不仅仅是 5.1 节中使用的基本方法)要少。经验还表明,小型树往往能够提供比大型树更准确的预测,尽管不能保证无误。

5.3.1　lens24 数据集

在解释使用熵的属性选择方法之前,有必要再介绍一下图 5.1 和图 5.8 中使用的数据集。lens24 数据集是隐形眼镜的眼科数据,它包括 24 个实例,每个实例包含四个属性 age(即年龄组)、specRx(眼镜处方)、astig(是否散光)和 tears(眼泪产生率)及三个类别 1、2 和 3(分别表示患者应该配备硬性隐形眼镜、软性隐形眼镜或不配眼睛)之一。完整的训练集如图 5.9 所示。

属性值				类别
age	specRx	astig	tears	
1	1	1	1	3
1	1	1	2	2
1	1	2	1	3
1	1	2	2	1
1	2	1	1	3
1	2	1	2	2
1	2	2	1	3
1	2	2	2	1
2	1	1	1	3
2	1	1	2	2
2	1	2	1	3
2	1	2	2	1
2	2	1	1	3
2	2	1	2	2
2	2	2	1	3
2	2	2	2	3
3	1	1	1	3
3	1	1	2	3
3	1	2	1	3
3	1	2	2	1
3	2	1	1	3
3	2	1	2	2
3	2	2	1	3
3	2	2	2	3

类别
1:硬性隐形眼镜
2:软性隐形眼镜
3:没有隐形眼镜
age
1:年轻
2:老花眼前期
3:老花眼
specRx
1:近视
2:高度远视
astig
1:否
2:是
tears
1:减少
2:正常

图 5.9　lens24 数据的训练集

5.3.2　熵

注意:这个描述依赖于对数学函数 $\log_2 X$ 的理解。如果你不熟悉这个函数,附录 A.3给出了关键要点的简要概述。

由于存在多种可能的分类,熵是训练集中包含的“不确定性”的信息理论测量。

如果有 K 个类别,可以用 p_i表示分类 i 的实例的比例,$i=1\sim k$。p_i的值是第 i 类别出现的次数除以实例总数,介于 0 和 1 之间。

训练集的熵用 E 表示。它是用信息的“比特”度量的,并由如下公式定义:

$$E=-\sum_{i=1}^{K} p_i \log_2 p_i$$

仅对非空类进行加和,即 $p_i\neq 0$ 的类。

这个公式的解释将在第 10 章中给出。目前最简单的方法是接受公式,并关注它的属性。

如附录 A 所示,对于 p_i大于零且小于 1 的值,$p_i \log_2 p_i$ 的值为正。当 $p_i=1$ 时,$p_i \log_2 p_i$ 的值为零。这意味着对于所用训练集 E 为正值或零。当且仅当所有实例具有相同的分类时,它才取最小值(零),在这种情况下,只有一个非空类,其概率为 1。

当实例在 K 个可能的类中均等分布时,熵取最大值。

在这种情况下,每个 p_i的值是 $1/K$,这与 i 无关

$$\begin{aligned}E&=-\sum_{i=1}^{K}(1/K)\log_2(1/K)\\&=-K(1/K)\log_2(1/K)\\&=-\log_2(1/K)=\log_2 K\end{aligned}$$

如果有 2、3 或 4 个类别,这个最大值分别是 1、1.5850 或 2。

对于 24 个实例的初始 lens24 训练集,有 3 个类。分类 1 有 4 个实例,分类 2 有 5 个实例,分类 3 有 15 个实例。所以 $p_1=4/24$,$p_2=5/24$,$p_3=15/24$。

熵 E_{start} 为

$$\begin{aligned}E_{\text{start}}&=-(4/24)\log_2(4/24)-(5/24)\log_2(5/24)-(15/24)\log_2(15/24)\\&=0.4308+0.4715+0.4238\\&=1.3261\ (\text{bit})\end{aligned}$$

(这些数字和本章中后续数字都保留四位小数)。

5.3.3 使用熵进行属性选择

通过反复分割属性来生成决策树的过程等同于将初始训练集反复划分为更小的训练集,直到这些子集中的每一个的熵都为零(即子集中的实例都属于同一类)。

在这个过程的任何阶段,任何属性的分裂都具有这样的性质,即所得到的子集的平均熵将小于(或偶尔等于)前一训练集的平均熵。这是一个重要的结果,此处未给证明,将在第 10 章中再进行讨论。

对于 lens24 训练集,在属性 age 上的分割将给出三个子集,如图 5.10(a)、图 5.10(b)和图 5.10(c)所示。

训练集 1(age = 1)

$$E_1 = -(2/8)\log_2(2/8) - (2/8)\log_2(2/8) - (4/8)\log_2(4/8)$$
$$= 0.5 + 0.5 + 0.5 = 1.5$$

训练集 2(age = 2)

$$E_2 = -(1/8)\log_2(1/8) - (2/8)\log_2(2/8) - (5/8)\log_2(5/8)$$
$$= 0.375 + 0.5 + 0.4238 = 1.2988$$

训练集 3(age = 3)

$$E_3 = -(1/8)\log_2(1/8) - (1/8)\log_2(1/8) - (6/8)\log_2(6/8)$$
$$= 0.375 + 0.375 + 0.3113 = 1.0613$$

属性值				类别
age	specRx	astig	tears	
1	1	1	1	3
1	1	1	2	2
1	1	2	1	3
1	1	2	2	1
1	2	1	1	3
1	2	1	2	2
1	2	2	1	3
1	2	2	2	1

图 5.10(a)　lens24 示例的训练集 1

属性值				类别
age	specRx	astig	tears	
2	1	1	1	3
2	1	1	2	2
2	1	2	1	3
2	1	2	2	1
2	2	1	1	3
2	2	1	2	2
2	2	2	1	3
2	2	2	2	3

图 5.10(b) lens24 示例的训练集 2

属性值				类别
age	specRx	astig	tears	
3	1	1	1	3
3	1	1	2	3
3	1	2	1	3
3	1	2	2	1
3	2	1	1	3
3	2	1	2	2
3	2	2	1	3
3	2	2	2	3

图 5.10(c) lens24 示例的训练集 3

虽然这三个训练集中的第一个（E_1）的熵大于 E_{start}，但加权平均值会更小。值 E_1、E_2 和 E_3 需要通过每个子集在原始实例集中的比例来加权。在这种情况下,所有权重是相同的,即 8/24。

如果通过分割年龄属性产生的三个训练集合的平均熵由 E_{new} 表示,则 $E_{new} = (8/24)E_1 + (8/24)E_2 + (8/24)E_3 = 1.2867$ bit(至小数点后四位)。

如果定义信息增益 $= E_{start} - E_{new}$,那么通过分割年龄属性得到的信息增益为 $1.3261 - 1.2867 = 0.0394$(bit)(见图 5.11)。

属性选择的“熵方法”是选择分割属性后(平均)熵降低程度最大的属性,是使信息增益最大的属性。这等同于 E_{start} 固定时,最小化 E_{new}。

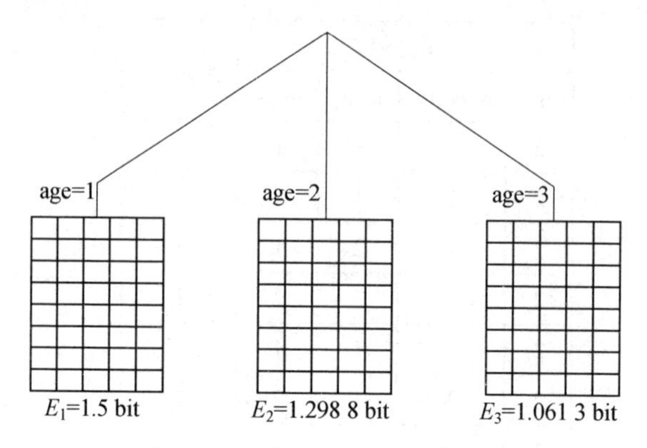

图 5.11　分割属性 age 的信息增益

5.3.4　最大化信息增益

分别在四个属性 age、specRx、astig 和 tears 上分裂后，E_{new} 和信息增益的值如下所示：

(1)属性 age。

E_{new} = 1.286 7

信息增益= 1.326 1−1.286 7 = 0.039 4 (bit)

(2)属性 specRx。

E_{new} = 1.286 6

信息增益= 1.326 1 − 1.286 6 = 0.0395 (bit)

(3)属性 astig。

E_{new} = 0.949 1

信息增益= 1.326 1−0.941 1 = 0.377 0 (bit)

(4)属性 tears。

E_{new} = 0.777 3

信息增益= 1.326 1−0.777 73 = 0.548 8 (bit)

因此，信息增益的最大值(和 E_{new} 的最小值)是由属性 tears 分裂得到的(参见图 5.12)。

决策树的每个分支中持续进行节点分裂，直到每个叶节点上子集的熵为零。

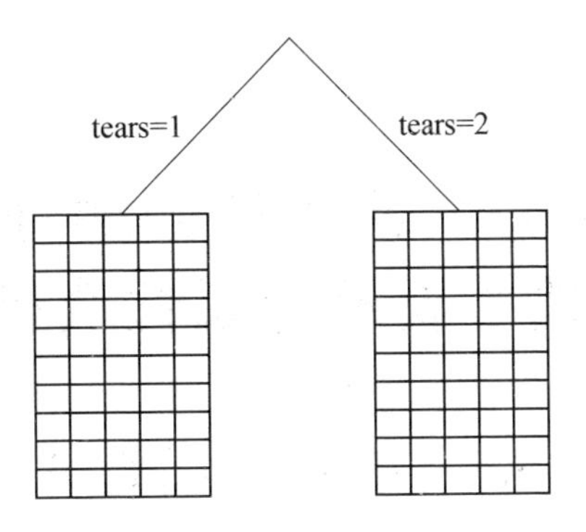

图 5.12　分割属性 tears

5.4　本章总结

本章探讨了在 TDIDT 决策树生成算法的每个阶段选择属性的一些替代策略,并比较了大量数据集生成树的大小。产生无意义的决策树的风险是很高的,一个优良的属性选择策略是很重要的。本章详细介绍了一种广泛使用的策略是基于最小化熵(等价于最大化信息增益)的方法。

5.5　自测题

1. 通过构建电子表格或其他方式,计算 4.1.3 节中图 4.3 中给出的 degrees数据集的以下值:

(1)初始熵 E_{start} 。

(2)依次对属性 SoftEng、Arin、HCI、CSA 和 Project 进行分裂产生的训练(子)集的加权平均熵 E_{new} 以及每种情况下相应的信息增益。

使用这些结果,验证 TDIDT 算法使用熵选择标准时,对数据进行第一次拆分所选择的属性是 SoftEng。

2. 阐述使用 TDIDT 树生成算法时熵(或信息增益)是最有效的属性选择方法之一的原因。

第6章　决策树归纳：使用频率表进行属性选择

6.1　在实践中计算熵

在5.3.3节中说明了在演化决策树中的节点上选择分裂属性的详细计算过程。在每个节点上需要计算一个值表，来显示每个分类属性的每个取值，例如图5.10(a)所示的表格，此处将其复制为图6.1。

属性值				类别
age	specRx	astig	tears	
1	1	1	1	3
1	1	1	2	2
1	1	2	1	3
1	1	2	2	1
1	2	1	1	3
1	2	1	2	2
1	2	2	1	3
1	2	2	2	1

图6.1　lens24示例的训练集1(age=1)

对于实际应用，可以使用更有效的方法，该方法仅需要为每个节点上的每个分类属性构建单个表。这种方法等价于前面给出的方法(等价证明见第6.1.1节)，它使用频率表。该表中的单元格显示训练集中每个类别和属性值组合出现的次数。对于lens24数据集，对应于属性年龄分割的频率表如图6.2所示。

类别	age = 1	age = 2	age = 3
类别 1	2	1	1
类别 2	2	2	1
类别 3	4	5	6
列和	8	8	8

图 6.2　lens24 示例的属性 age 的频率表

我们将用 N 来表示实例的总数,所以 $N=24$。

现在可以通过如下形成的加和来计算 E_{new} 的值,即由指定属性分裂产生的训练集的平均熵。

(1)对于表格主体中的每个非零值 V(即"列和"行上面的部分),减去 $V \times \log_2 V$。

(2)对于列总和行中的每个非零值 S,添加 $S \times \log_2 S$。

最后,将总数除以 N。

图 6.3 给出了用于参考的小整数 x 的 $\log_2 x$ 值。

x	$\log_2 x$
1	0
2	1
3	1.585 0
4	2
5	2.321 9
6	2.585 0
7	2.807 4
8	3
9	3.169 9
10	3.321 9
11	3.459 4
12	3.585 0

图 6.3　$\log_2 x$ 的一些值(小数点后 4 位)

使用图 6.2 给出的频率表,分割属性 age 得到了一个 E_{new} 值:

$$E_{new} = -2\log_2 2 - 1\log_2 1 - 1\log_2 1 - 2\log_2 2 - 2\log_2 2 - 1\log_2 1 - 4\log_2 4 - 5\log_2 5 - 6\log_2 6 + 8\log_2 8 + 8\log_2 8 + 8\log_2 8$$

除以 24,可重新排列为

$$E_{new} = (-3\times 2\log_2 2 - 3\log_2 1 - 4\log_2 4 - 5\log_2 5 - 6\log_2 6 + 3\times 8\log_2 8)/24$$
$$= 1.2867\ (\text{bit})$$

(小数点后保留 4 位)与之前计算的值一致。

6.1.1　等价证明

需要证明的是,这种方法得到的 E_{new} 值与第 5 章中描述的基本方法相同。

假设有 N 个实例,每个实例将许多分类属性的值与 K 个可能分类中的一个相关联(对于之前使用的 lens24 数据集,$N = 24$ 和 $K = 3$)。

将具有 V 个可能值的分类属性分割产生训练集的 V 个子集,第 j 个子集包含属性取其第 j 个值的所有实例。设 N_j 表示该子集中的实例数,然后

$$\sum_{j=1}^{V} N_j = N$$

(对于图 6.2 中所示的频率表,属性 age 有三个值,所以 $V=3$。三个列的和分别为 N_1、N_2 和 N_3,它们都具有相同的值(8)。N 的值是 $N_1 + N_2 + N_3 = 24$)

令 f_{ij} 表示第 i 个分类,且该属性取第 j 个值时的实例数(例如,对于图6.2,$f_{32} = 5$),然后

$$\sum_{i=1}^{K} f_{ij} = N_j$$

上面给出的 E_{new} 加和的频率表方法相当于使用公式

$$E_{new} = -\sum_{j=1}^{V}\sum_{i=1}^{K}(f_{ij}/N)\log_2 f_{ij} + \sum_{j=1}^{V}(N_j/N)\log_2 N_j$$

第 5 章描述了使用指定属性分裂产生的 j 个子集的熵来计算 E_{new} 的基本方法。

第 j 个子集的熵是 E_j,即

$$E_j = -\sum_{i=1}^{K}(f_{ij}/N_j)\log_2(f_{ij}/N_j)$$

E_{new} 的值是 V 个子集的熵的加权和。

权重是子集包含的实例数在原始 N 个实例中的比例,即第 j 个子集为 N_j/N。所以

$$E_{new} = \sum_{j=1}^{V} N_j E_j / N$$
$$= -\sum_{j=1}^{V}\sum_{i=1}^{K}(N_j/N)(f_{ij}/N_j)\log_2(f_{ij}/N_j)$$

$$= -\sum_{j=1}^{V}\sum_{i=1}^{K}(f_{ij}/N_j)\log_2(f_{ij}/N_j)$$

$$= -\sum_{j=1}^{V}\sum_{i=1}^{K}(f_{ij}/N_j)\log_2 f_{ij} + \sum_{j=1}^{V}\sum_{i=1}^{K}(f_{ij}/N_j)\log_2 N_j$$

$$= -\sum_{j=1}^{V}\sum_{i=1}^{K}(f_{ij}/N)\log_2 f_{ij} + \sum_{j=1}^{V}(N_j/N)\log_2 N_j$$

证明结束。

6.1.2　关于零的注释

第 5.3.2 节给出的熵公式不包括空值。它们对应于频率表中为零的条目,这些条目也从计算中排除。

如果频率表的某列都为零,这样的列都会被忽略。(这对应于在生成决策树时忽略空子集,如 4.2 节的图 4.5 中所述)

6.2　其他属性选择标准:基尼指数

除了熵(或信息增益)之外,还有许多其他方法用于在 TDIDT 算法的每个阶段选择要分裂的属性。Mingers[1] 对几种方法进行了回顾。

常用的一种方法是基尼指数。如果有 K 个类别,第 i 个类别的概率为 p_i ,则基尼指数定义为 $1 - \sum_{i=1}^{K} p_i^2$ 。

这是数据集“杂质”的一种度量。它的最小值是零,当所有的分类相同时,这个值就是零。当类在实例之间均匀分布,即每个类的频率为 $1/K$ 时,它取最大值 $1 - 1/K$ 。

在选定的属性上进行分裂会降低所得子集的平均基尼指数(就像它对于熵所做的那样)。新的平均值 $Gini_{new}$ 可以使用 6.1 节中用于计算新熵值的相同频率表来计算。

使用该节中介绍的符号,对指定属性进行分割后得到的第 j 个子集的基尼指数的值为 G_j ,其中

$$G_j = 1 - \sum_{i=1}^{K}(f_{ij}/N_j)^2$$

由于属性分裂而产生的子集的基尼指数的加权平均值为

$$
\begin{aligned}
Gini_{\text{new}} &= \sum_{j=1}^{V} N_j G_j / N \\
&= \sum_{j=1}^{V} (N_j/N) - \sum_{j=1}^{V}\sum_{i=1}^{K} (N_j/N)\,(f_{ij}/N_j)^2 \\
&= 1 - \sum_{j=1}^{V}\sum_{i=1}^{K} f_{ij}{}^2/(N \cdot N_j) \\
&= 1 - (1/N)\sum_{j=1}^{V}(1/N_j)\sum_{i=1}^{K} f_{ij}{}^2
\end{aligned}
$$

在属性选择过程的每个阶段选择降低基尼指数程度最大的属性,即 $Gini_{\text{start}} - Gini_{\text{new}}$。

再次以 lens24 数据集为例,第 5 章给出的三个类别的初始概率分别为 $p_1 = 4/24$、$p_2 = 5/24$ 和 $p_3 = 15/24$。因此,基尼指数的初始值为 $G_{\text{start}} = 0.538\ 2$。

为了分割属性 age,频率表如图 6.4 所示。

类别	age = 1	age = 2	age = 3
类别 1	2	1	1
类别 2	2	2	1
类别 3	4	5	6
列和	8	8	8

图 6.4　lens24 的年龄属性频率表示例

现在可以按如下步骤计算基尼系数的新值。

(1)对于每个非空列,将表格主体中值的平方和除以列和。

(2)将所有列求得的值加和并除以 N(实例数)。

(3)用 1 减去求得的总和。

对于图 6.4,有

age = 1:(22 + 22 + 42)/8 = 3

age = 2:(12 + 22 + 52)/8 = 3.75

age = 3:(12 + 12 + 62)/8 = 4.75

$$G_{\text{new}} = 1-(3 + 3.75 + 4.75)/\ 24 = 0.520\ 8$$

因此,与基于年龄的分裂相对应的基尼指数值的下降为:0.538 2 - 0.520 8 = 0.017 4。

对于其他三个属性,相应的值为

specRx:$G_{\text{new}} = 0.527\ 8$,所以减少量为 0.538 2 - 0.527 8 = 0.010 4;

astig: G_{new} = 0.465 3,所以减少量为 0.538 2 − 0.465 3 = 0.072 9;

tears: G_{new} = 0.326 4,所以减少为 0.538 2 − 0.326 4 = 0.211 8。

所选择的属性将是使基尼指数值降低程度最大的属性,即 tears,这与使用熵选择的属性相同。

6.3　χ^2 属性选择标准

使用频率表计算的另一个有用的属性选择度量是 χ^2 值。χ 是希腊字母,通常用罗马字母表示为 Chi。它通常用于统计,与属性选择有很强的相关性。

该方法将在后面的对连续属性的离散化章节中进行更详细的描述,因此这里只给出一个相当简短的描述。

假设对于有三个可能分类 c1、c2 和 c3 的数据集,有一个属性 A,其中有四个值 a1、a2、a3 和 a4,频率表如图 6.5 所示。

分类	a1	a2	a3	a4	行和
c1	27	64	93	124	308
c2	31	54	82	105	272
c3	42	82	125	171	420
列和	100	200	300	400	1 000

图 6.5　属性 A 的频率表

首先假设 A 的值对分类没有任何影响,并寻找这种假设(统计学家称为零假设)是错误的证据。

很容易设想四值属性肯定或几乎肯定与分类不相关。例如,每行中的值可以对应于某种医学治疗可获得大收益、小收益或无收益(分类 c1、c2 和 c3)的患者的数量,属性值 a1 至 a4 表示根据患者拥有的兄弟姐妹的数量(例如零个、一个、两个、三个或更多)分成的四个组,这一属性很可能与分类不太相关。其他更有可能相关的四值属性包括年龄和体重,在这种情况下,每个属性都转换为四个范围。

举例来说,c1、c2 和 c3 是在某种智力测验中达到的水平,而 a1、a2、a3 和 a4 代表已婚男性、已婚女性、未婚男性、未婚女性,不必一定按此顺序。那么,测试得分是否取决于您所在的类别?请注意,在本书中并没有试图解决这样敏感的问题,只是(尤其是在本章中)关心在构建决策树时应该选择哪个属性。

从现在开始,将数据视为测试结果,但为了避免争议,不会对属于 a1 至

a4 四类的人进行评价。

第一点需要注意的是,通过检查列和行,我们可以看到参加测试具有属性值 a1 至 a4 的人数比例为 1 : 2 : 3 : 4。这只是示例数据集恰好满足的条件,并且本身对零假设没有任何意义,即将测试对象分为四组是无关紧要的。

接下来考虑 c1 行。可以看到共有 308 人属于分类 c1。如果属性 A 的值不相关,可以期望单元格中的 308 以 1 : 2 : 3 : 4 的比例分割。

在单元格 c1 / a1 中,我们预计的值为 308×100/1 000 = 30.8。

在 c1 / a2 中,我们期望值是上一值的两倍,即 308×200/1 000 = 61.6。

在 c1 / a3 中,我们预计的值为 308×300/1 000 = 92.4。

在 c1 / a4 中,我们预计的值为 308×400/1 000 = 123.2。

(请注意,这四个值的总和达到了 308,当然也必须如此。)

将这四个计算值称为每个类/属性值组合的预期值。c1 行中的实际值:27、64、93 和 124 与这些预期值相差不大,它们和 c2、c3 行的期望值是否支持或否定了属性 A 是不相关的零假设?

虽然“理想”情况是所有期望值与相应的实际值,即观测值相同。这里需要注意,如果你曾读过的研究论文、报纸文章等文献资料中,某些数据的期望值都是与所有分类/属性值组合的观测值完全相同的精确整数,那么可能的解释是公布的数据存在造假行为,在现实世界中,无法实现如此完美的准确度。在本例中,与大多数实际数据一样,在任何情况下,期望的值都不可能完全相同于所观察到的值,因为前者通常不是整数,而后者必须是整数。

图 6.6 是前面给出的频率表的更新版本,c1 / a1 到 c3 / a4 的每个单元中的是观察值,括号中的是期望值。

分类	a1	a2	a3	a4	行和
c1	27 (30.8)	64 (61.6)	93 (92.4)	124 (123.2)	308
c2	31 (27.2)	54 (54.4)	82 (81.6)	105 (108.8)	272
c3	42 (42.0)	82 (84.0)	125 (126.0)	171 (168.0)	420
列和	100	200	300	400	1 000

图 6.6　加入期望值后的属性 A 的频率表

通常使用的表示法是用 O 表示每个单元格的观测值,用 E 表示每个单元格的期望值。每个单元格的 E 值只是相应列和与行和的乘积再除以表格右下角的实例总数。例如,单元格 c3 / a2 的 E 值是 200×420/1 000 = 84.0。

对于每个单元格,可以使用 O 和 E 值来计算频率表与预期的相差多大。如果零假设(属性 A 与分类不相关)是正确的,我们希望在每个单元格中的 E

值都与相应的 O 值相同的情况下,度量值为零。

通常使用的度量是 χ^2 值,定义为所有单元 $(O-E)^2/E$ 值的总和。

计算上面图 6.6 频率表的 χ^2 值,可得 $\chi^2=(27-30.8)^2/30.8+\cdots+(171-168.0)^2/168.0=1.35$(小数点后保留两位)。

这个 χ^2 值是否足够小以支持属性 A 与分类无关的零假设?还是足以说明零假设是错误的?

在后面章节,使用这一方法来处理连续属性的离散化时,上面这个问题将会很重要。但就本章而言,我们将忽略零假设有效性的问题,只记录 χ^2 的值。

然后,我们对决策树中所有待分裂属性重复一过程,并选择 χ^2 值最大的属性作为区分三个分类能力最强的属性。

6.4　归纳偏置

在进一步描述属性选择方法之前,将引入归纳偏置(inductive bias)的概念,这将有助于解释为什么需要其他方法。

考虑下面的问题,这曾是(可能现在仍是)一道儿童"智力测验"题。

查找序列中的下一项:

1,4,9,16,…

在继续阅读之前,请给出你的答案。

大多数读者可能得出的答案是 25,但这是错误的。正确的答案是 20,该系列的第 n 项是从如下公式计算得到的:

第 n 项 $=(-5n^4+50n^3-151n^2+250n-120)/24$

选择 25,是因为你更偏爱于完全平方式。

这个例子当然不是很严谨,但它正在试图提出一个严谨的观点。在数学上,可以找到一些公式来证明序列的进一步发展,即

1,4,9,16,20,187,-63,947

一个序列中的一项甚至可以不是一个数字,比如序列

1,4,9,16,狗,36,49

在数学上是完全有效的(对数值的限制显示了人们相对于动物类型的名称,更偏好于数字)。

尽管如此,任何人对原始问题得出的答案是 20 将被认为是错误的(回答"狗"一定不被推荐)。

在实践中,我们强烈倾向于某种事先假定的解决方案。一个序列如

1,4,9,16,25(完全平方)

或　　　　1,8,27,64,125,216(三次方)

或　　　　5,8,11,14,17,20,23,26(差值为3)

似乎是合理的,而诸如

1,4,9,16,20,187,-63,947

这样的序列则被认为是不合理的。

不能肯定地说这是对还是错,这取决于具体情况。它说明了一种归纳偏置,即对某种选择的偏好,这种偏好不是由数据(示例中序列已给出的值)本身决定的,而是由外部因素决定的,比如我们对简单性的偏好或对完全平方式的熟悉。在学校里,我们知道出题者对诸如完全平方这样的序列有强烈的偏好,因此我们给出匹配这种偏好的答案。

回到属性选择的任务,我们使用的任何公式都会引入一种不是由数据决定的归纳偏置。这种偏置是有益的还是有害的取决于数据集。我们可以选择一种偏向于我们的倾向的方法,但是不能完全消除归纳偏置。没有完全中立的、没有偏置的方法。

显然,能够说出选择属性的方法引入了哪些偏置是很重要的。对于许多方法来说,这并不容易,但是我们采用的最有名的方法之一——熵选择算法,偏向于具有大量值的属性。

对于许多数据集来说,这并没有什么坏处,但对于一些数据集来说,这可能是不可取的。例如,我们可能有一个关于人的数据集,其中包含一个"出生地"属性,并根据人们对某种医学治疗做出的反馈,包括"有效""糟糕""根本没作用",进行分类。虽然"出生地"可能对分类有一些影响,但它只是次要的。信息增益选择方法会选择它作为在决策树中分裂的第一个属性,为每个可能的出生地点生成一个分支。决策树将会非常大,许多分支(规则)对于分类的价值很低。

6.5　使用增益比进行属性选择

为了减少因使用信息增益导致偏置的影响,澳大利亚学者罗斯 · 昆兰(Ross Quinlan)在其有影响力的C4.5系统中引入了一种称为增益比的改进方法[2]。增益比调整每个属性的信息增益,以消除属性值宽度的影响。

该方法将使用6.1节给出的频率表进行说明。E_{new} 的值,由于分割属性age而产生的训练集的平均熵为1.286 7,而原始训练集 E_{start} 的熵为1.326 1。由此,有

$$信息增益 = E_{start} - E_{new} = 1.3261 - 1.2867 = 0.0394$$

增益比由下式定义:

$$增益比 = 信息增益/分裂信息度量$$

其中,分裂信息度量是基于列和的值。

每个非零列和 s 对分裂信息度量贡献为 $-(s/N)\log_2(s/N)$ 。因此,对于图 6.2,分裂信息度量的值是

$$-(8/24)\log_2(8/24) - (8/24)\log_2(8/24) - (8/24)\log_2(8/24) = 1.5850$$

因此,对于年龄属性的分裂,增益比 = 0.039 4/1.585 0 = 0.024 9。

对于其他三个属性,分割信息的值均为 1.0。因此,属性 specRx、astig 和 tears 分裂增益比的值分别为 0.039 5、0.377 0 和 0.548 8。

增益比的最大值是属性 tears,所以在这种情况下,增益比选择了和熵相同的属性。

6.5.1　分裂信息度量的性质

分裂信息度量构成增益比公式中的分母。因此,分裂信息度量的值越高,增益比越低。

分裂信息度量的值取决于分类属性具有的值的数量以及这些值的分布。

为了说明这一点,我们举一个例子,共有 32 个实例,并且正在考虑分裂属性 a,其值为 1、2、3 和 4。

下表中的"频率"行与本章前面使用的频率表中的列和行相同。

以下示例说明了一些可能性。

(1)单一属性值

	$a=1$	$a=2$	$a=3$	$a=4$
频率	32	0	0	0

$$分裂信息度量 = -(32/32)\times\log_2(32/32) = -\log_2 1 = 0$$

(2)给定总频数,不同的分布

	$a=1$	$a=2$	$a=3$	$a=4$
频率	16	16	0	0

$$\begin{aligned}分裂信息度量 &= -(32/32)\times\log_2(32/32) = -\log_2 1 = 0\\ &= -(16/32)\times\log_2(16/32) - (16/32)\times\log_2(16/32)\end{aligned}$$

$= -\log_2(1/2) = 1$

	$a=1$	$a=2$	$a=3$	$a=4$
频率	16	8	8	0

分裂信息度量 $= -(16/32)\times\log_2(16/32) - 2\times(8/32)\times\log_2(8/32)$

$= -(1/2)\log_2(1/2) - (1/2)\log_2(1/4)$

$= 0.5 + 1 = 1.5$

	$a=1$	$a=2$	$a=3$	$a=4$
频率	16	8	4	4

分裂信息度量 $= -(16/32)\times\log_2(16/32) - (8/32)\times\log_2(8/32) - 2\times(4/32)\times\log_2(4/32)$

$= 0.5 + 0.5 + 0.75 = 1.75$

(3)属性频数均匀分布

	$a=1$	$a=2$	$a=3$	$a=4$
频率	8	8	8	8

分裂信息度量 $= -4\times(8/32)\times\log_2(8/32) = -\log_2(1/4)$

$= \log_2 4 = 2$

一般来说,如果有 M 个属性值,每个属性值的频率相同,则分裂信息度量为 $\log_2 M$。

6.5.2 总结

只有单个属性值时,分裂信息度量为零。

属性值的数量一定,当各属性值均匀分布时,分裂信息度量取最大值。

实例数量一定,且均匀分布,不同属性值的数量增加时,分裂信息度量会增加。

当有许多可能的属性值,且频率相同时,分裂信息度量取最大值。

当有许多可能的属性值时,信息增益通常最大。通过除以分裂信息度量得出的增益比大大减少了对具有大量值的属性的选择偏向。

6.6 不同属性选择标准生成的规则数量

图6.7复制了图5.8给出的结果,并增加了增益比的结果。每个数据集的最大值以粗体和下划线表示。

数据集	熵和增益比之外的方法		熵	增益比
	最多	最少		
contact lenses	42	26	**16**	17
lens24	21	**9**	**9**	**9**
chess	155	52	**20**	**20**
vote	116	40	34	**33**
monk1	89	53	**52**	**52**
monk2	142	109	**95**	96
monk3	77	43	28	**25**

图6.7 基于各种属性选择方法的TDIDT

对于许多数据集,信息增益和增益比给出的结果相同。使用增益比可以得到一个更小的决策树。但是,图6.7显示信息增益和增益比都不会总能得到最小的决策树。一般而言,没有任何属性选择方法适用于所有的数据集。在实践中,信息增益可能是最常用的方法,虽然C4.5的受欢迎程度使增益比成为一个有力的竞争者。

6.7 缺少分支

缺失分支的现象可能发生在决策树生成的任何阶段,但更有可能发生在考虑的实例数较少的树中。

举一个例子,假设树的构建已经到了如图6.7所示阶段(只有一些节点和分支被标记)。

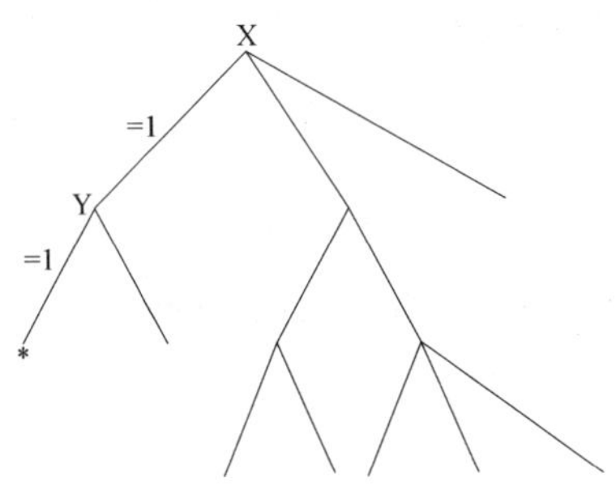

最左边的节点(标记为 *)对应于不完整的规则:

IF X = 1 AND Y = 1…

假设在 * 处决定分裂分类属性 Z,其具有四个可能的值 a、b、c 和 d。通常这会导致在该节点创建四个分支,每个分支存在一个可能的分类值。然而,对于那里正在考虑的实例(可能只是原始训练集的一小部分),可能不存在属性 Z 具有值 d 的情况。在这种情况下,只会生成三个分支,如下所示。

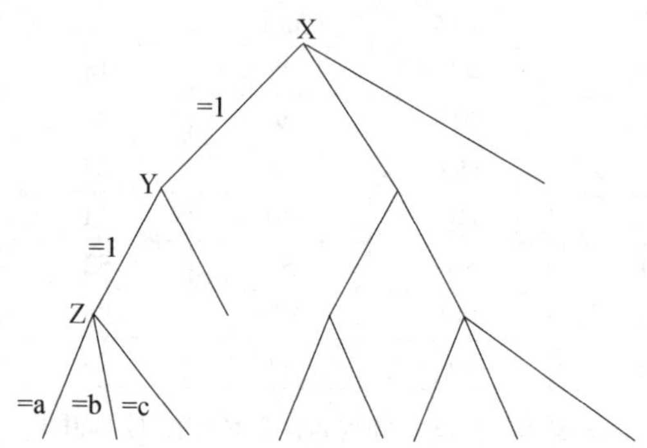

Z =d 没有分支。这对应于 Z 取该值时,实例的空子集(TDIDT 算法规定"将实例划分为非空子集")。

这种缺失的分支现象发生频率很高,但一般影响不大。它的缺点发生在树被用来分类一个不可见的实例时,其属性 X、Y 和 Z 取值分别为 1、1 和 d。在这种情况下,没有树的分支对应于看不见的实例,所以没有相应的规则会触发,实例将保持未分类。这通常不是一个重要的问题,因为让一个不可见的实例保持未分类要比错误的分类更可取。然而,实用的规则归纳系统会将未分类的实例归类于默认分类,比如最大的分类。

6.8　本章总结

本章描述了使用频率表计算属性分割产生的训练(子)集合平均熵的一种替代方法。等效于第 5 章中使用的方法,但需要较少的计算。讨论了两种可替代的属性选择标准,即基尼指数分布和 χ^2 统计量,并介绍了如何使用频率表计算它们。

介绍了关于归纳偏置的一些重要问题,这引出了对增益比属性选择标准的描述,增益比可克服熵最小化方法的偏置问题。

6.9 自测题

1. 使用频率表计算熵的方法来做第 5 章中的自测题 1,以确认这两种方法的结果相同。

2. 对于 degrees 数据集,使用 TDIDT 算法时,采用增益比和基尼指数属性选择策略第一个被选择的分裂属性是哪一个?

3. 提供两个采用增益比属性选择策略比熵最小化方法更可取的数据集。

参考文献

[1] Mingers, J. (1989). An empirical comparison of pruning methods for decision tree induction. Machine Learning, 4, 227-243.

[2] Quinlan, J. R. (1993). C4.5: programs for machine learning. San Mateo: Morgan Kaufmann.

第7章　评估分类器的预测精度

7.1 引　言

任何给不可见实例分配一个分类的算法都称为分类器。前面章节中描述的决策树是一种非常流行的分类器,但也有其他几种分类器,其中一些会在其他章节进行介绍。

本章关注的是评估任何类型的分类器的性能,但是将会以采用信息增益属性选择生成的决策树为例进行说明,如第5章所述。

虽然第4章介绍的数据压缩有时很重要,但在实践中产生分类器的主要原因是使未分类的实例被分类。然而,我们已经看到,可以由给定的数据集生成许多不同的分类器。对于一组不可见的实例,每一个的表现都可能有所不同。

用于评估分类器性能的最常用的标准是预测精度,即对于一组不可见的实例被正确分类的比率。这往往被视为最重要的标准,但其他标准也很重要,例如算法的复杂度、处理器等资源的利用效率和可理解性。

对于大多数感兴趣的领域来说,不可见实例的数量可能是非常大的(例如所有可能患有疾病的人、未来每一天所有可能出现的天气或者所有出现在雷达显示器上的可能目标物),所以无法建立无可争议的预测准确度。相反,通常通过测量分类器生成时未使用的数据样本的准确性来估计分类器的预测准确性。有三种常用的主要策略:将数据分为训练集和测试集、k倍交叉验证和N倍(或 leave-one-out)交叉验证。

7.2　方法一:训练集和测试集

对于“训练和测试”方法,可将数据分为两部分,分别称为训练集和测试集,如图7.1所示。首先,训练集用于构建分类器(决策树、神经网络等),然后使用分类器来预测测试集中实例的分类。如果测试集包含N个实例,其中C个是正确分类的,则分类器对测试集的预测准确度为$p = C / N$。这可以用来估计任何不可见数据集的性能。

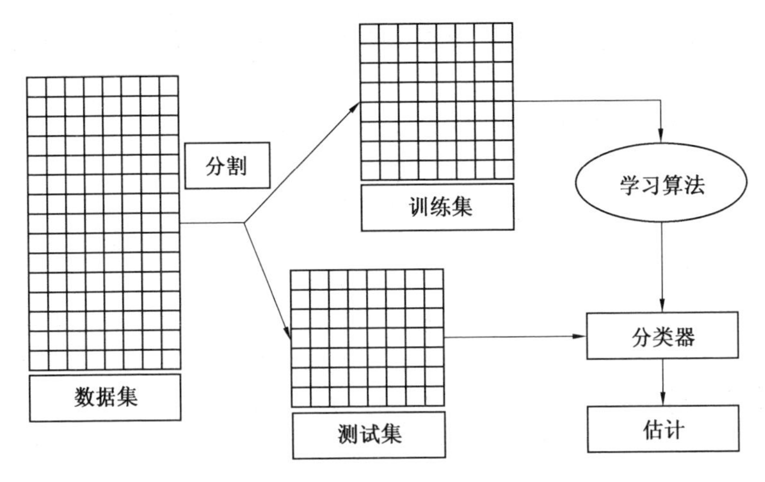

图 7.1　训练集和测试集

注意:对于 UCI 资源库(以及其他数据源)中的一些数据集,数据作为两个单独的文件提供,被指定为训练集和测试集。在这种情况下,将把这两个文件合并为该应用程序的“数据集”。在数据集仅仅是一个文件的情况下,需要在使用方法 1 之前将它划分为一个训练集和一个测试集。这可以通过很多方式完成,但常用的是按比例随机分成两部分,比如 1 ∶ 1、2 ∶ 1、70 ∶ 30 或 60 ∶ 40。

7.2.1　标准误差

总体目标不是仅仅将测试集中的实例分类,而是估计分类器对于所有可能的不可见实例的预测精度,这通常是测试集中包含的实例数量的许多倍。如果通过测试集计算的预测精度为 p,并且继续使用此分类器对不同测试集中的实例进行分类,则很可能获得不同的预测精度值。我们所能说的是,p 是分类器对所有可能不可见实例的真正预测精度的估计。

如果不收集所有实例并对它们运行分类器,这通常是不可能完成的任务且无法确定真正的值。相反,可以用统计方法找到一系列数值,其中预测准确值的真实性取决于给定的概率或“置信水平”。为此,使用与估计值 p 相关的标准误差。如果使用 N 个实例的测试集来计算 p,则其标准误差的值是 $\sqrt{p(1-p)/N}$(此证明超出本书的范围,证明过程可在许多统计学书籍中找到)。

标准误差的意义在于,它能够说明在一定的概率下,分类器的真实预测准确度落在高于或低于估计值 p 的多少个标准误差范围内。我们希望的确定度越高,标准错误的个数就越多,其概率称为置信度,用 CL 表示,标准误差的数量通常写为 Z_{CL}。

图 7.2 显示了常用值 CL 和 Z_{CL} 之间的关系。

置信度	0.9	0.95	0.99
Z_{CL}	1.64	1.96	2.58

图 7.2 一定置信水平下的 Z_{CL} 值

如果一个测试集的预测准确率为 p,标准误差为 S,然后用这张表格可以说在概率 CL 下(或置信水平 CL)真正的预测精度区间为 $p\pm Z_{CL}\times S$。

【例 7.1】 如果对 100 个实例中的 80 个实例的分类进行了准确的预测,那么测试集的预测精度将为 80/100 = 0.8,标准误差是 $0.8\times0.2/10 = \sqrt{0.0016} = 0.04$。可以说,在 0.95 的概率下,真实的预测精度将在 $0.8\pm 1.96\times0.04$之间,即在 0.721 6 和 0.878 4 之间(小数点后 4 位)。

我们经常提到 0.2(或 20%)的错误率,而不是 0.8(或 80%)的预测精度。错误率的标准误差与预测准确度的相同。

估计预测准确性时使用 CL 的值是可选择的,通常选择的值至少为 0.9。科技文献采用的分类器预测精度为 $p\pm\sqrt{p(1-p)/N}$,并没有乘数 Z_{CL}。

7.2.2 重复训练和测试

这里分类器被用来分类 k 个测试集,而不仅仅是一个。如果所有测试集具有相同的大小 N,然后对 k 个测试集获得的预测准确度进行平均以产生总体估计值 p。

由于测试集中的实例总数为 kN,因此估计值 p 的标准误差为 $\sqrt{p(1-p)/kN}$。

如果测试集的大小不同,则计算稍微复杂一些。

如果第 i 个测试集中含有 N_i个实例($1\leqslant i\leqslant k$),并且为第 i 个测试集计算的预测准确度为 p_i,则总体预测准确度 p 为 $\sum_{i=1}^{i=k} p_i N_i/T$,其中 $\sum_{i=1}^{i=k} N_i = T$,p 是 p_i值的加权平均值,标准误差是 $\sqrt{p(1-p)/T}$。

7.3 方法二:k 倍交叉验证

当实例数量很少时,通常采用的另一种"训练和测试"方法称为 k 倍交叉验证(图 7.3)。

如果数据集包含 N 个实例,则这些实例被分成 k 个相等部分,k 通常是诸如 5 或 10 等比较小的数。(如果 N 不能被 k 整除,则最后一部分的实例数量少于其他 k-1 部分)然后进行一系列的运算。k 个部分中的每个部分依次用作测试集,其他 k-1 个部分用作训练集。

正确分类的实例总数(将所有 k 次运行获得的正确实例数加和)除以实例总数 N 以给出预测准确度 p 的总体水平,其标准误差为 $\sqrt{p(1-p)/N}$。

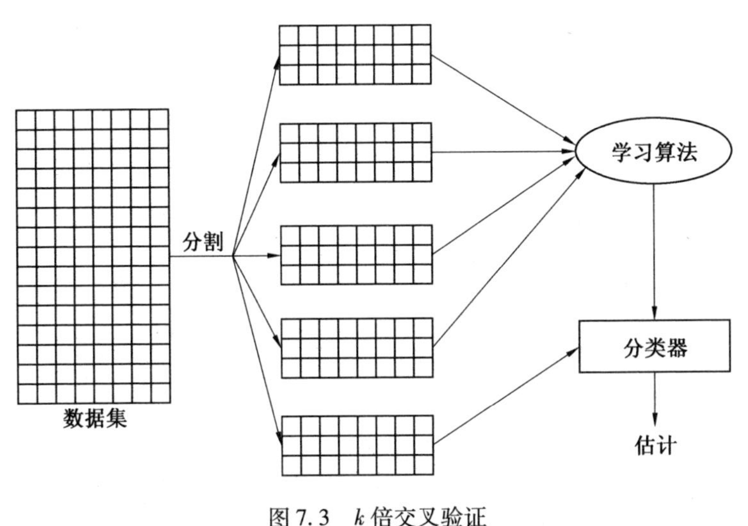

图 7.3　k 倍交叉验证

7.4　方法三:N 倍交叉验证

N 倍交叉验证是 k 倍交叉验证的一个极端例子,通常称为"leave-one-out"交叉验证或者 jack-knifing,其中数据集被划分成多部分,和实例数量一样多,且每个实例都有效地形成一个测试集。

生成 N 个分类器,每个分类器都来自 N-1 个实例,且每个分类器都用于分类一个测试实例。预测准确度 p 定义为正确分类的总数除以总实例数,标准误差为 $\sqrt{p(1-p)/N}$。

N 倍交叉验证涉及大量的计算,因此不适用于大数据集。对于其他数据集,使用 N 倍交叉验证产生的估计的准确性是否增加以使得额外计算是否值得尚不清楚。在实践中,该方法更适用于非常小的数据集,可以使得尽可能多的数据用来训练分类器。

7.5　实验结果一

本节利用实验来估计由四个数据集生成的分类器的预测准确性。本节中使用 TDIDT 树算法获得所有的结果,并用信息增益作为属性选择。

图 7.4 给出有关数据集的基本信息。关于此处及本书提到的其他数据集的更多信息,详见附录 B。

数据集	描述	类别数	属性+		实例	
			categ	cts	训练集	测试集
vote	某投票	2	16		300	135
pima-indians	糖尿病的患病率	2		8	768	
chess	国际象棋残局	2	7		647	
glass	玻璃鉴定	7		9*	214	

注:+ categ:分类属性; cts:连续属性; * 加上一个“ignore”属性

图 7.4　四种数据集

vote、pima-indians 和 glass 数据集都来自于 UCI 库,chess 数据集是为一系列知名的机器学习实验而构建的[1]。

vote 数据集有单独的训练集和测试集,其他三个数据集首先被分成两部分,将数据集每三个实例分为一组,每组的第三个实例放在测试集中,另外两个放在训练集中。

vote 数据集的结果说明了一点,TDIDT(以及其他一些,但不是所有分类算法)有时无法对不可见的实例进行分类(图 7.5)。其原因见 6.7 节的讨论。

数据集	测试集(实例)	正确分类	错误分类	未分类
vote	135	126(93% ±2%)	7	2
pima-indians	256	191(75% ±3%)	65	
chess	215	214(99.5% ±0.5%)	1	
glass	71	50(70% ±5%)	21	

图 7.5　四种数据集的训练和测试结果

可以通过给分类器定义一个"默认策略"来处理未分类的实例,例如总是将它们分配给最大类,这也是后面小节所遵循的方法。当然,相比冒险地将未分类的实例错误地分配给特定的一个或多个类,将它们保留原样可能会更好。在实际中,未分类实例的数量通常很少,如何处理它们对总体预测精度没有什么影响。

图7.6给出了使用"默认分到最大类"策略后的投票数据集的"训练和测试"结果。由图可见差异很小。

数据集	测试集(实例)	正确分类	错误分类
vote	135	127(94% ±2%)	8

图7.6　投票数据集(修正)训练和测试结果

图7.7和图7.8分别给出对四个数据集使用10倍和*N*倍交叉验证所获得的结果。

对于投票数据集,使用训练集中的300个实例。对于其他两个数据集,将使用所有可用的实例。

数据集	测试集(实例)	正确分类	错误分类
vote	300	275(92% ±2%)	25
pima-indians	768	536(70% ±2%)	232
chess	647	645(99.7% ±0.2%)	2
glass	214	149(70% ±3%)	65

图7.7　四种数据集的10倍交叉验证

本节中给出的所有数据均为估算值。四个数据集的所有10倍交叉验证和*N*倍交叉验证结果都利用了比基于"训练和测试"实验的相应测试集更多的实例,因此更加可靠。

数据集	测试集(实例)	正确分类	错误分类
vote	300	278(93% ±2%)	22
pima-indians	768	517(67% ±2%)	251
chess	647	646(99.8% ±0.2%)	1
glass	214	144(67% ±3%)	70

图7.8　四种数据集的*N*倍交叉验证结果

7.6　实验结果二:带有缺失值的数据集

现在看一下实验,以估计在数据集有缺失值的情况下,分类器的预测准确性。和前文一样,将使用 TDIDT 算法生成所有分类器,其中信息增益用于属性选择。

这些实验中使用了三个数据集,全部来自 UCI 库。图 7.9 给出了每一个数据集的基本信息。

数据集	描述	类别数	属性		实例	
			分类型	连续型	训练集	测试集
crx	信用卡申请	2	9	6	690(37)	200(12)
hypo	甲状腺功能减退症	5	22	7	2 514(2 514)	1 258(371)
labor-ne	劳资谈判	2	8	8	40(39)	17(17)

图 7.9　带有缺失值的三个数据集

每个数据集都有一个训练集和一个单独的测试集。在每种情况下,训练集和测试集都有缺失的值。"训练集"和"测试集"列中括号中的值代表至少有一个缺失值的实例的数量。

"训练和测试"方法用于评估预测准确性。第 2.4 节描述了处理缺失属性值的两种策略。

7.6.1　策略一:丢弃实例

删除至少存在一个缺失值的所有实例并使用剩余的实例,这是最简单的策略。此策略具有避免引入任何错误数据的优点,它的主要缺点是丢弃数据可能损害结果分类器的可靠性;第二个缺点是,当训练集中高比例的实例存在缺失值时,不能使用该方法,例如对于 hypo 和 labor-ne 数据集都是如此;最后的缺点是这种策略不可能对测试集中任何缺少值的实例进行分类。

这些缺点放在一起影响还是比较大的。虽然缺失值的比例较小时,丢弃实例策略可能值得尝试,但通常不推荐使用。

在图 7.9 列出的三个数据集中,"丢弃实例"策略只能应用于 crx。图 7.10给出了这样做导致的结果。

数据集	MV 策略	规则	测试集	
			正确	错误
crx	丢弃实例	118	188	0

图 7.10　丢弃实例策略应用于 crx 数据集

显然,丢弃来自训练集(5.4%)的 37 个含至少一个缺失值的实例,并不妨碍算法构造一个决策树,且其能够对没有缺失值的测试集中的 188 个实例正确分类。

7.6.2　策略二:用众数/平均值代替

利用这种策略,分类属性的任何缺失值都会被训练集中最常出现的值所取代。连续属性的任何缺失值将被其训练集中的平均值替换。

图 7.11 给出了将"众数/平均值"策略应用于 crx 数据集的结果。对于"丢弃实例"策略,测试集中的所有实例都被正确分类,但是采用"众数/平均值"策略测试集中的所有 200 个实例都被分类,而不仅仅是测试集中没有缺失值的 188 个实例。

数据集	MV 策略	规则	测试集	
			正确	错误
crx	丢弃实例	118	188	0
crx	众数/平均值	139	200	0

图 7.11　不同策略应用于 crx 数据集的对比

利用这个策略,也可以从 hypo 和 crx 数据集构建分类器。

对于 hypo 数据集,得到一个只有 15 条规则的决策树,每条规则的平均条数为 4.8。当应用于测试数据时,该树能够正确地对测试集中 1 258 个实例中的 1 251 个进行分类(99%;图 7.12)。这是一个极好的结果,有如此少的规则,特别是因为在训练集中每个实例都缺少值。这使我们相信使用熵构建决策树是一种有效的方法。

数据集	MV 策略	规则	测试集	
			正确	错误
hypo	众数/平均值	15	1 251	7

图 7.12　hypo 数据集应用众数/平均值策略

对于 labor-ne 数据集,我们获得了一个具有五个规则的分类器,它们可以正确分类测试集中 17 个实例中的 14 个(图 7.13)。

数据集	MV 策略	规则	测试集	
			正确	错误
labor-ne	众数/平均值	5	14	3

图 7.13　labor-ne 数据集应用众数/平均值策略

7.6.3　缺少分类

值得注意的是,对于图 7.9 中给出的每个数据集,缺失值是属性的值,而不是分类。训练集中缺少分类是比缺少属性值大得多的问题。一种可能的方法是用最频繁发生的分类来取代它们,但在大多数情况下这不太可能成功。最好的方法可能是丢弃任何缺少分类的实例。

7.7　混淆矩阵

除了不可见的实例的整体预测精度外,查看分类器性能的细节通常很有帮助,即类别 X 的实例被正确地分类为类别 X 或错误分类为某个其他类别的频率。这些信息在混淆矩阵中给出。

图 7.14 中的混淆矩阵给出了用于投票测试集的 TDIDT 算法(使用信息增益进行属性选择)在"训练和测试"模式下获得的结果,该测试集有两种可能的分类:"共和党"和"民主党"。

正确分类	分类为	
	民主党	共和党
民主党	81(97.6%)	2(2.4%)
共和党	6(11.5%)	46(88.5%)

图 7.14　混淆矩阵的举例

表格的主体对于每种可能的分类都有一行和一列与之对应,行对应于正确的分类,列对应于预测的分类。

第 i 行第 j 列中的值给出了正确分类是第 i 类的实例的数目,其被归类为属于第 j 类。如果所有的实例都被正确分类,那么唯一的非零条目将位于从左上角(即第 1 行,第 1 列)向下的"主对角线"上。

混淆矩阵的使用并不局限于两分类数据集,如图 7.15 所示的结果是使用

10 倍交叉验证的 TDIDT 算法(使用信息增益的属性部分)对 glass 数据集进行分类,其中有六类:1、2 3、5、6 和 7(也有类别 4,但它不用于训练数据)。

正确分类	分类为					
	1	2	3	5	6	7
1	52	10	7	0	0	1
2	15	50	6	2	1	2
3	5	6	6	0	0	0
5	0	2	0	10	0	1
6	0	1	0	0	7	1
7	1	3	0	1	0	24

图 7.15　glass 数据集混淆矩阵

当一个数据集只有两个类别时,通常将其中一个视为“阳性”(即主要兴趣类别),另一个视为“阴性”。在这种情况下,混淆矩阵的两行和两列中的条目被称为真假阳性和真假阴性(图 7.16)。

正确分类	分类为	
	+	−
+	真阳性	假阴性
−	假阳性	真阴性

图 7.16　真假阴阳性

当有两个以上的类,一个类有时非常重要而被视为阳性,其他所有类则视为阴性。例如,可以将 glass 数据集的第 1 类视为“阳性”类,将第 2、3、5、6 和 7 类视为“阴性”。如图 7.15 给出的混淆矩阵可以重写为图 7.17。

在被归类为阳性的 73 个实例中,52 个为真正阳性(真阳性),另外 21 例为真阴性(假阳性)。在被归类为阴性的 141 个实例中,18 个是阳性的(假阴性),另外的 123 个是真正阴性(真阴性)。完美的分类器是不会出现误报或漏报的。

正确分类	分类为	
	+	-
+	52	18
-	21	123

图 7.17　glass 数据集修正混淆矩阵

假阳性和假阴性可能不是同等重要的,例如,只要没有误报,我们可能愿意接受一些漏报,反之亦然。将在第 12 章继续讨论这个话题。

7.8　本章总结

本章涉及评估分类器的性能。描述了三种估计分类器预测准确度的方法。第一种方法是将可用数据分成用于生成分类器的训练集和用于评估其性能的测试集。另外两种方法为 k 倍交叉验证及极端形式 N 倍交叉验证。

介绍了使用这些方法获得的准确性估计值的统计测量,即标准误差。描述了对各种数据集产生的分类器的预测精度的实验,包括缺少属性值的数据集。最后,介绍了一种将分类器性能信息称为混淆矩阵的表格方法,并给出了真假阳性和真假阴性的概念。

7.9　自 测 题

1. 计算对应于图 7.14 和 7.15 中给出的混淆矩阵的预测准确度和标准误差。对于每个数据集,给出预测精度的真实值可信概率分别为 0.9、0.95 和 0.99 的区间。

2. 假设对于某些分类任务,假阳性或假阴性分类(或两者)都是不可取的。对于这些任务,为了将假阳性(阴性)的比例降至零,您愿意接受多少比例的假阴性(阳性)分类?

参 考 文 献

[1] Quinlan, J. R. (1979). Discovering rules by induction from large collections of examples. In D. Michie (Ed.), Expert systems in the micro-electronic age (pp. 168-201). Edinburgh:Edinburgh University Press.

第 8 章　连续型属性

8.1　引　言

许多数据挖掘算法，包括 TDIDT 树生成算法，都要求所有的属性是类别型。但在现实世界中，许多属性是自然连续的，例如高度、质量、长度、温度和速度。一个实用的数据挖掘系统必须能够处理这样的属性问题。在某些情况下，算法可以适用于连续属性，但是有时应用于连续属性确实很难。

虽然可以将连续属性看作是一个带有值 6.3、7.2、8.3、9.2 等的分类属性，但这在一般情况下是不可能令人满意的。如果连续属性在训练集中有大量不同的值，那么任何特定值可能出现的次数很少（可能只有一次），并且 $X = 7.2$等特定值的分类规则对预测的价值也很小。

标准方法是将连续属性的值分割成多个不重叠的区间。例如一个连续属性可能被分为四个区间 $X<7$，$7\leqslant X<12$，$12\leqslant X<20$，$X\geqslant 20$。这使得它可以被视为具有四个取值的分类属性。在下面所示的图中，值 7、12 和 20 被称为切割值或切割点。

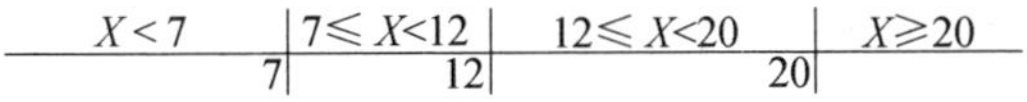

$X<7$	$7\leqslant X<12$	$12\leqslant X<20$	$X\geqslant 20$
7	12	20	

举个例子，年龄属性可以从连续的数值转换为 6 个范围数值，分别对应于婴儿、儿童、青年、成人、中年和老年人，或者一个表示高度的连续属性可用一个类别属性取代，比如非常短的、短的、中等的、高的、非常高的。将连续属性转换为具有离散值集合的属性，即分类属性，称为离散化。有许多方法来离散连续属性。理想情况下，选择范围（切割点）的边界点应该反映被调查领域的真实属性，例如物理或数学定律中的常数。在实践中，很难给出选择一组范围的具体原则（例如，在高与非常高之间或中等与高之间的界限是什么?），范围区间的选择通常需要根据数据的实际意义。假设有一个连续的属性长度，取值范围从 0.3 到 6.6。一种可能性是把它们分成 3 个大小相等的范围，即 $0.3\leqslant$长度<2.4、$2.4\leqslant$长度<4.5 和 $4.5\leqslant$长度$\leqslant 6.6$。

这就是等宽间隔法（equal width intervals）。然而，有一些明显的问题：为什么选择 3 个范围，而不是 4 个或 2 个（或 12 个）？更普遍的情况是，某些值在一个很窄的区间内,例如 2.35 ~2.45。在这种情况下,对于长度< 2.4 的划分规则将包括长度为 2.399 99 的实例,而排除长度为 2.400 01 的实例。在这些值之间并没有什么实质区别,尤其它们可能是在不同的时间由不同人不精确测量造成的。另一方面,如果在 2.3 和 2.5 之间没有值,那么长度< 2.4 的划分方法是更合理的。

另一种可能是将长度划分为三个范围,这三个范围内的实例数量相同。这可能导致的划分结果为:0.3 ≤长度< 2.385、2.385 ≤长度< 3.0 和 3.0 ≤长度≤ 6.6。

这就是所谓的等频率间隔法(equal frequency intervals)。这似乎比上面给出的等宽间隔方法更可取,但在分割点上仍然容易出现同样的问题,例如,为什么 2.999 99 的长度与 3.000 01 的不同?

任何分离连续属性的方法都存在过度敏感的问题。无论选择哪个分割点,总会有一个潜在的问题,那些低于分割点的值被认为与高于分割点的值是不同的。

理想情况下,我们希望在值的范围内找到"差距"。如果长度示例中有许多值从 0.3 到 0.4,下一个最小值为 2.2,则长度小于 1 的测试值将避免在切点附近出现问题,因为没有实例(在训练集中)值接近 1。显然值 1.0 是任意的,不同的切割点,例如 1.5 也可以选择。但同样的差距可能不会出现在看不见的测试数据中。如果测试数据中存在诸如 0.99、1.05、1.49 或 1.51 等值,则任意选择切割点是 1.0 还是 1.5 可能是至关重要的。

虽然等宽间隔法和等频率间隔法都是合理有效的,但它们都具有根本性的弱点。就分类问题而言,在确定切割点位置时,它们不考虑分类,而其他考虑分类的方法通常是首选的。第 8.3 节和 8.4 节描述了两种这样的方法。

8.2 局部与全局离散化

一些数据挖掘算法,如 TDIDT 规则生成算法,在算法的每个阶段(例如在决策树的每个节点)可以将每个连续属性转换为分类属性,这就是局部离散化。

另一种方法是使用全局离散算法将每个连续属性转换为分类属性,而不管任何数据挖掘算法是否可以随后应用于转换后的训练集。例如,可以将连续属性 Age 转换为具有四个值 A、B、C 和 D 的分类属性 Age2,其分别对应 0 至 16、16 至 30、30 至 60 和 60 以上的年龄,在全局范围内,从整体上考虑训练集的三个"划分值",分别为 16、30 和 60。虽然这种方法很好用,但找到一个合适的全局离散,在实践中却不一定容易实现。

8.3　将局部离散化添加到 TDIDT

TDIDT 算法是通过决策树的中间表示生成分类规则的一种广泛使用的方法(对于下面描述中的定义,我们假定使用了信息增益属性选择标准,当然这不是必需的)。可以通过多种方式将 TDIDT 扩展到处理连续属性。例如,在决策树的每个节点上,每个连续属性都可以被转换为一个具有多个值的分类属性,转换方法可以是在 8.1 节中描述的方法或其他方法。

另一种方法是在每个节点上将每个连续属性转换成多个可选的分类属性。例如,如果连续属性值 A 的可能取值为-12.4、-2.4、3.5、6.7 和 8.5(每个取值可能出现几次),如 $A< 3.5$ 的分割方式将训练数据分为 $A< 3.5$ 和 $A\geqslant 3.5$ 两部分。诸如 $A <3.5$ 的分割方式可视为具有真和假两个取值的分类属性。我们将使用伪属性(pseudo-attribute)来描述它。

如果连续属性 a 有 n 个不同的值 $v_1, v_2,\cdots,v_n$(升序排列),那么有 $n-1$ 个相应的伪属性(都是二元的),即 $A < v_2, A < v_3,\cdots, A < v_n$(省略 $A <v_1$,因为 A 小于最小值 v_1 时没有取值)。

可以设想,每个节点处使用训练集的部分集合,这部分训练集的所有连续属性列都会被每个连续属性派生的所有伪属性列所取代。然后它们将相互竞争以被选中成为真正的分类属性。这个设想的替换表可能比以前有更多的列,但是由于所有的属性/伪属性都是分类的,所以可以通过标准的 TDIDT 算法来处理,以找到最大的信息增益(或其他度量)。

在给定节点处选择了一个伪属性,例如 Age <27.3,可以将连续属性 Age 视为在切割点 27.3 处被分为两个区间。

这是一种局部离散化,它不会导致连续属性本身被丢弃。因此,在 Age< 27.3 分割的"是"分支中可能会有进一步分割,如 Age<14.1。

上面描述的过程可能看起来是资源密集型的,但并不像它首次出现时那样糟糕,将在 8.3.2 节讨论这一点。有一个算法将局部离散化合并到 TDIDT 中,如下所示。

在每个节点处:

(1) 对于每个连续属性 A,

a. 将实例按属性值升序排序;

b. 如果有 n 个不同的值 $v_1, v_2,\cdots,v_n$,求 $A < v_2, A < v_3,\cdots, A < v_n$ 相应的 $n-1$ 个伪属性,并且计算每个伪属性的信息增益(或其他度量);

c. 找出 $n-1$ 个属性值中哪一个可获得最大信息增益(或者其他度量的最优值),如果是 v_i,则返回伪属性 $A<v_i$ 和相应度量的值。

(2) 计算分类属性的信息增益(或其他度量)的值。

(3) 选择具有最大信息增益值的属性或伪属性(或使得某些其他度量取得最优值的属性或伪属性)。

8.3.1 计算一组伪属性的信息增益

在决策树的任何节点上,从给定的连续属性中获得的所有伪属性的熵值(以及信息增益值)都可以通过训练数据来计算,计算方法可使用第 6 章中介绍的频率表方法,当然其他度量值也可以用这一方法,有三个阶段:

阶段 1

在处理节点上的任何连续属性之前,首先需要计算节点上所使用的部分训练集中每个类别下的实例数(这些是频率表中每一行的值的总和,如图 6.2 所示)。这些值与随后哪个属性被处理无关,因此只需在树的每个节点上计算一次。

阶段 2

接下来逐个处理连续的属性。假定一个特定的连续属性被命名为 Var,我们的目的是为所有可能的伪属性 Var<X 找到一个指定度量的最大值,其中 X 是在给定节点处所使用的部分训练集中 Var 值之一。将输出属性 Var 候选切割点(candidate cut points)的值、度量值的最大值 maxmeasure 及相应的切割点(cut point)。

阶段 3

找到所有连续属性的 maxmeasure(和相应的分割点)值后,取其中的最大值,然后将其与其他分类属性的度量值进行比较,以确定在节点上拆分哪个属性或伪属性。

为了说明这个过程,使用第 4 章中介绍的 golf 训练集。为了简单起见,假设我们位于决策树的根节点,当然这种方法可以用在树的任意节点上(当然包含的训练集会相应减少)。

首先计算每个类别的实例数,“打”类别有 9 个实例,“不打”类别有 5 个实例,总共 14 个实例。

现在需要依次处理每个连续属性(第 2 阶段)。有两种连续属性:温度和湿度。我们将用温度属性来说明第 2 阶段的处理过程。

第一步是将属性值按升序排序,并创建只包含两列的表:一列用于属性值的排序,另一列用于相应的分类。将其称为排序后实例表。

图 8.1 显示了这个示例的结果。注意,温度值 72 和 75 都出现两次,另外有 12 个不同的温度值 64、65、…、85。

温度	类别
64	打
65	不打
68	打
69	打
70	打
71	不打
72	打
72	不打
75	打
75	打
80	不打
81	打
83	打
85	不打

图 8.1　golf 数据集排序后实例表

在图 8.2 中给出了处理排序后实例表中连续属性 Var 的算法。假设有 n 个实例，排序后实例表中的行编号从 1 到 n，与行 i 对应的属性值用 value(i) 表示，相应的类表示为 class(i)。

本质上，我们从上到下逐行处理表格，累计每个类别的实例数量。当每一行处理它的属性值时，与下面一行的值进行比较。如果后者值较大，则将其视为候选切割点，并使用频率表方法计算度量值（下面的例子将说明这是如何完成的）。若与下一行属性值相同，则继续处理下一行。在处理完最后一行之后，处理停止（在最后一行下面没有任何与其要比较的行）。

该算法返回两个值：maxmeasure 和 cutvalue，分别是属性 Var 派生的伪属性的最大测量值和相应切割点的值。

```
将所有类的计数设置为零
设置 maxmeasure 的值小于所用度量可用的最小值
for i =1 to n -1 {
  class(i)计数加 1
  if value(i) < value(i + 1) {
    (a)为伪属性 Var < value(i + 1)构建一个频率表
    (b)计算测量值 measure
    (c)If measure > maxmeasure {
      maxmeasure = measure
      cutvalue = value(i + 1)
    }
  }
}
```

图 8.2　用于处理排序后实例表的算法

对于 golf 训练集和连续属性温度,从第一个实例开始,温度为 64、类别为"打"。我们将"打"类的计数记为 1,"不打"类的计数记为 0。温度值低于下一个实例的温度值,所以我们为伪属性温度<65(图 8.3(a))构建一个频率表。

类别	温度<65	温度≥65	类别计数
打	1*	8	**9**
不打	0*	5	**5**
列和	1	13	**14**

图 8.3(a)　golf 频率表

本节中,在以上和其他频率表中,"温度<xxx"栏中的"打"和"不打"类别的计数都标有星号。最后一列中的数是固定的(对于所有属性都相同),并以粗体显示。所有其他的数都是通过简单的加减法计算出来的。一旦建立了频率表,就可以计算出信息增益和增益比等度量值,如第 6 章所述。图 8.3(b)显示了处理下一行后得到的频率表,此时的计数是"打"=1,"不打"=1。

类别	温度<68	温度≥68	类别计数
打	1 *	8	9
不打	1 *	4	5
列和	1	12	14

图 8.3(b)　golf 频率表

信息增益(或其他度量)的值可以从这个表中被计算出来。重点是可以很容易地从第一个频率表得到第二个表。只需将“不打”类“温度≥68”列中的一个实例移动到“温度<68”列中。

我们以这种方式处理第 3、4、5 和 6 行,并分别生成一个新的频率表(及新的度量值)。当到达第 7 行(温度=72)时,我们注意到下一个实例的温度值与当前的值相同(都是 72),因此不创建新的频率表,而是继续处理第 8 行。当温度的值与下一个实例的值不同时,为后一个值构建一个频率表,即伪属性温度< 75(图 8.3(c))。

类别	温度<75	温度≥75	类别计数
打	5 *	4	9
不打	3 *	2	5
列和	8	6	14

图 8.3(c)　golf 示例频率表

按照这种方式继续处理下去,直到处理第 13 行(第 14 行)。这确保了频率表是为所有不同的温度值构造的,除了第一个。有 11 个候选切割值,对应于伪属性温度<65、温度<68、…、温度< 85。

这种方法的价值在于,11 个频率表由一个通过排序的实例表一个一个地生成。在每个阶段,从一个频率表到下一个频率表只需要更新相应类中实例的计数。属性有重复的值虽然是一个复杂的问题,但是很容易解决。

8.3.2　计算效率

本节将讨论与 8.3.1 节中描述的方法相关的三个计算效率问题。

(1)将连续值按升序排序。

这是使用该方法的主要开销,从而限制了可处理训练集的规模。其他离散连续属性的方法也是如此。对于该算法,必须对决策树的每个节点处的每个连续属性执行一次排序处理。

使用有效的排序方法是很重要的,尤其是在实例数量很大的情况下。最常用的排序算法是 Quicksort,从书籍和网站中可以很容易地找到有关此排序的描述。其最重要的特征就是所需的操作次数大约是 $n \times \log_2 n$ 的常数倍,其中 n 是实例数。可见其操作次数随着 $n \times \log_2 n$ 变化而变化,这可能看起来并不重要,但考虑到有的排序算法会随着 n^2(或更差)而变化,此时差异是很明显的。

图 8.4 显示了取不同 n 值时的 $n \times \log_2 n$ 和 n^2 的值。从表中可以看出,选择一个好的排序算法是很重要的。

n	$n \times \log_2 n$	n^2
100	664	10 000
500	4 483	250 000
1 000	9 966	1 000 000
10 000	132 877	100 000 000
100 000	1 660 964	10 000 000 000
1 000 000	19 931 569	1 000 000 000 000

图 8.4　$n \times \log_2 n$ 与 n^2 的值对比

这个表格的第二列和第三列的值之间的差异是相当大的。以最后一行为例进行说明,如果我们想象一个 1 000 000 项(不是一个庞大数字)的排序任务,需要 19 931 569 步,假定每步仅需要 1 μs 的执行时间,则所需时间将为 19.9 s。如果我们使用另一种方法来执行相同的任务需要 1 000 000 000 000 步,每步持续 1 μs,则时间将增加到超过 11.5 天。

(2)计算每个频率表的度量值。

对于连续属性,生成频率表只需处理一遍训练数据。表格数量与切割点数量相同,即属性中不同值的数量(忽略第一个值)。每个表格在其主体中仅包含 2×2 = 4 项以及两列总和。处理许多这样小表格的计算量是可控的。

(3) 候选切割点数目。

根据 8.3.1 节描述的方法,候选切割点的数量总是与属性的不同值的数量相同(忽略第一个)。对于一个很大的训练集,不同值的数量也可能很大。减少候选切割点数量的一种方法是利用类别信息。

图 8.5 是 golf 训练集和温度属性的排序后实例表,11 个切割值用星号表示(其中的重复值只有最后一次出现才被视为切割值)。

我们可以利用“只保留与前一属性值不同类别的属性值”的规则来减少候选切割点的数量,包含属性值 65,因为相应的类别(“不打”)与对应于属性值 64 的类别是不同的,属性值 69 被排除,因为对应的类别("打")与属性值 68 的类别相同。图 8.6 显示了应用此规则后的结果。

温度	类别
64	打
65*	不打
68*	打
69*	打
70*	打
71*	不打
72	打
72*	不打
75	打
75*	打
80*	不打
81*	打
83*	打
85*	不打

图 8.5　使用候选剪切值排序实例表

温度	类别
64	打
65*	不打
68*	打
69	打
70	打
71*	不打
72	打
72?	不打
75	打
75?	打
80?	不打
81*	打
83	打
85*	不打

图 8.6　使用候选裁切值对实例进行排序(修正)

包含属性值为 65、68、71、81 和 85 的实例被保留,而属性值为 69、70 和 83 的实例被排除。

然而,重复的属性值会导致复杂性增加。72、75 和 80 应该被包括还是被排除?我们不能将规则"只保留与前一属性值不同类别的属性值"应用到属性值为 72 的两个实例中,因为它们的一个类别("不打")与前一个属性值相同,而另一个("打")不相同。即使属性值 75 的两个实例都是"打"类,我们仍然无法应用该规则。对于前面的属性值 72,我们会使用哪个实例?当属性值 75 的两个类都是"打"时,保留 80 似乎是合理的,但若它们是"打"和"不打"的组合又会怎么样呢?

还有其他可能出现的组合,但在实践中,这些都不会给我们带来任何问题。保留的候选分割点的数量比数量最少的方案多一些是可以接受的,一个简单的修改规则是:保留与前一属性值不同类别的属性值,另外也保留重复的属性值及紧随其后出现的属性值。

图 8.7 中给出了表的最终版本,有 8 个候选切割点。

温度	类别
64	打
65*	不打
68*	打
69	打
70	打
71*	不打
72	打
72*	不打
75	打
75*	打
80*	不打
81*	打
83	打
85*	不打

图 8.7　使用候选裁切值对实例进行排序(最终)

8.4　使用 ChiMerge 算法进行全局离散化

ChiMerge 是美国研究者 Randy Kerber 提出的全局离散化算法[1]，它使用一种统计技术来分别对每个连续属性进行离散化。

将一个连续属性进行离散化的第一步是将其值按升序排序，并将相应的分类排序为相同的顺序。下一步是构建一个频率表，给出每个类别下每个不同属性值出现的次数。然后它使用不同类别下属性值的分布来生成一组间隔，这组间隔在给定的显著度水平下被认为是统计不同的。

举一个例子，假设 A 是具有 60 个实例和三种分类 c1、c2 和 c3 的训练集中的连续属性。按 A 值升序排序后，如图 8.8 所示。目标是将 A 的值组合成多个区间。需要注意的是，某些属性值只出现一次，而其他值则出现多次。

A 值	c1 观测频率	c2 观测频率	c3 观测频率	总和
1.3	1	0	4	5
1.4	0	1	0	1
1.8	1	1	1	3
2.4	6	0	2	8
6.5	3	2	4	9
8.7	6	0	1	7
12.1	7	2	3	12
29.4	0	0	1	1
56.2	2	4	0	6
87.1	0	1	3	4
89.0	1	1	2	4

图 8.8　ChiMerge：初始频率表

每一行不仅可以显示单个属性值，还可以显示区间，即从给定值开始并持续到（但不包括）下面行中给出的值的区间。因此，标记为 1.3 的行对应于 $1.3 \leqslant A < 1.4$ 的区间。我们可以将值 1.3、1.4 等视为区间标签（interval labels），每个标签用于指示该区间中包含的值范围中的最小值。最后一行对应 89.0 以上的所有 A 值。

初始频率表可以增加一列，以显示每行对应的间隔（图 8.9）。

A 值	区间	c1 观测频率	c2 观测频率	c3 观测频率	总和
1.3	1.3≤A<1.4	1	0	4	5
1.4	1.4≤A<1.8	0	1	0	1
1.8	1.8≤A<2.4	1	1	1	3
2.4	2.4≤A<6.5	6	0	2	8
6.5	6.5≤A<8.7	3	2	4	9
8.7	8.7≤A<12.1	6	0	1	7
12.1	12.1≤A<29.4	7	2	3	12
29.4	29.4≤A<56.2	0	0	1	1
56.2	56.2≤A<87.1	2	4	0	6
87.1	87.1≤A<89.0	0	1	3	4
89.0	89.0≤A	1	1	2	4

图 8.9 ChiMerge:带区间的初始频率表

实际中,“区间”列一般是省略的,因为其可以根据其他列中的信息得到。从初始频率表开始,ChiMerge 应用统计测试来组合相邻的间隔对,直到所获得的一组间隔在给定的显著度水平下被认为在统计学上是不同的。

ChiMerge 对每对相邻的行做以下假设。

> 假设:
> 类别与实例所属哪个区间无关。

如果假设得到证实,单独处理两个间隔是没有好处的,它们应该被合并;如果不是,它们仍然保持分开。

ChiMerge 算法通过频率表从上到下工作,依次检查每对相邻的行(区间),以确定两个区间的类别频率是否有显著不同。如果不是,则认为这两个区间足够相似,并将它们合并成单个区间。

使用统计检验是χ^2检验,称为“卡方检验”。χ 是希腊字母,在罗马字母表中写为 Chi。它的发音就像“sky”,发音时忽略开头的 “s”。

对于每一对相邻的行,构造一个列联表(contingency table),给出两个变量 A 和“类别”的每个组合的观测频率。对于图 8.8 中标记为 8.7 和 12.1 的相邻区间,列联表如图 8.10(a)所示。

A 值	c1 观测频率	c2 观测频率	c3 观测频率	行和
8.7	6	0	1	7
12.1	7	2	3	12
列和	13	2	4	19

图 8.10(a)　图 8.8 中两个相邻行的观测频率

最右栏的“行和”和最下面一行的“列和”中的数字称为“边际总数”(marginal totals)。它们分别对应于 A 的每个取值的实例数(即在对应的区间内属性 A 的值),以及每个类别中落在两个区间中的实例数。在表的右下角给出了总数(本例中有 19 个实例)。

列联表是用来计算一个称为 χ^2(也可称为 χ^2 统计量或 Chi-square 统计量)的变量值,所使用的方法将在 8.4.1 节中描述。然后将该值与阈值 T 进行比较,阈值 T 取决于类别数量和所需的统计显著性水平。阈值将在 8.4.2 节中进一步描述。对于当前的例子,我们将使用 90% 的显著性水平(随后解释)。由于有三个类别,因此阈值为 4.61。

阈值的意义在于,如果我们假设类别与实例所属的两个相邻区间无关,那么 χ^2 小于 4.61 的概率为 90%。

如果 χ^2 小于 4.61,则它被认为是支持 90% 显著性水平的独立性假设,并且两个间隔被合并。另一方面,如果 χ^2 的值大于 4.61,我们推断出类别和区间并不是独立的,在 90% 的显著性水平下,两个间隔保持不变。

8.4.1　期望值和卡方值的计算

对于给定的一组相邻行(区间),χ^2 的值是使用类和行的每个组合的“观察”和“期望”的频率值计算得到的。本例中,有三个类,所以有六个组合。在每种情况下所观察到的频率值,即 O 是实际发生的频率。期望值 E 是在独立假设下偶然发生的频率值。

如果行是 i、类是 j,那么第 i 行中的实例总数表示为 $rowsum_i$,类 j 中实例总数表示为 $colsum_j$,两行中的实例总数表示为 sum。若类别独立于实例所属哪一行的假设是成立的,可以按照以下方式计算 i 行 j 类的期望值:在这两个组合区间中,共有 $colsum_j$ 个 j 类出现,所以 j 类出现的比例是 colsumj/sum,因为第 i 行有 $rowsum_i$ 个实例,那么在第 i 行中期望有 $rowsum_i \times colsum_j / sum$ 个 j 类出现。

为了计算任何行和类组合的相关值,只需要把相应的行和与列和的乘积除以总和。对于图 8.8 中的相邻区间标记 8.7 和 12.1,O 和 E 的六个值在图

8.10(b)中给出。

A 值	c1 频率		c2 频率		c3 频率		O 值行和
	O	E	O	E	O	E	
8.7	6	4.79	0	0.74	1	1.47	7
12.1	7	8.21	2	1.26	3	2.53	12
O 值列和	13		2		4		19

图 8.10(b) 图 8.8 中两个相邻行的观测值和期望值

O 值取自图 8.8 或图 8.10(a)。*E* 值是根据行和及列和计算得到的。因此,对于行 8.7 和类别 c1,期望值 *E* 是 13×7/19 = 4.79。在计算了所有六种类和行组合的 *O* 和 *E* 值之后,下一步是计算六种组合中每一种的 $(O-E)^2/E$ 值。这些显示在图 8.11 中的 Val 列中。那么 χ^2 的值就是六个 $(O-E)^2/E$ 值的和。对于图 8.11 中所示的两行,对应的 χ^2 值为 1.89。

A 值	c1 频率			c2 频率			c3 频率			O 值行和
	O	E	Val*	O	E	Val*	O	E	Val*	
8.7	6	4.79	0.31	0	0.74	0.74	1	1.47	0.15	7
12.1	7	8.21	0.18	2	1.26	0.43	3	2.53	0.09	12
O 值列和	13			2			4			19

注: * Val 列表示 $(O-E)^2/E$ 值

图 8.11 图 8.8 中相邻两行的 *O*、*E* 和 Val 值

如果独立假设是正确的,那么观察和期望值 *O* 和 *E* 在理想情况下是相同的,其 χ^2 值将是零,一个小的 χ^2 值也支持这个假设,但是 χ^2 的值越大,假设是错误的可能性越大。

当 χ^2 超过阈值时,我们认为此事件不大可能发生,且相应假设也应被拒绝。

计算每个相邻行(区间)对应的 χ^2 值时,一个很小但重要的技术细节是,必须对 *E* 小于 0.5 的值进行调整,即将计算公式 $(O-E)^2/E$ 中的分母改为 0.5。

初始频率表的处理结果如图 8.12(a)所示。

A 值	c1 频率	c2 频率	c3 频率	行和	χ^2值
1.3	1	0	4	5	3.11
1.4	0	1	0	1	1.08
1.8	1	1	1	3	2.44
2.4	6	0	2	8	3.62
6.5	3	2	4	9	4.62
8.7	6	0	1	7	1.89
12.1	7	2	3	12	1.73
29.4	0	0	1	1	3.20
56.2	2	4	0	6	6.67
87.1	0	1	3	4	1.20
89.0	1	1	2	4	
列和	27	12	21	60	

图 8.12(a)　添加了χ^2值的初始频率表

行中给出的χ^2值对应于此行和其相邻下一行的卡方值。最后一行往下没有新的一行,所以最后一行没有卡方值。由于表格有 11 个间隔,因此对应有 10 个卡方值。

ChiMerge 选择χ^2的最小值,例子中为 1.08,对应于标记为 1.4 和 1.8 的区间,并将其与阈值进行比较,在本例中阈值为 4.61。由于 1.08 小于阈值,因此支持独立性假设并合并两个间隔。组合间隔标记为 1.4,即两个区间标签中较小的一个,进而我们获得一个新的频率表,如图 8.12(b)所示。比之前的表格少了一行。

A 值	c1 频率	c2 频率	c3 频率	行和
1.3	1	0	4	5
1.4	1	2	1	4
2.4	6	0	2	8
6.5	3	2	4	9
8.7	6	0	1	7
12.1	7	2	3	12
29.4	0	0	1	1
56.2	2	4	0	6
87.1	0	1	3	4
89.0	1	1	2	4

图 8.12(b)　ChiMerge:修正频率表

现在计算修改后频率表的卡方值。注意前面计算的值中需要改变的只是包含新区间的两对相邻区间的值。这些值以粗体显示,如图8.12(c)所示。

此时χ^2最小值是1.2,低于阈值4.61,所以将间隔87.1和89合并。ChiMerge以这种方式迭代进行,每个阶段合并两个间隔,直到达到的最小χ^2值大于阈值,表明此时区间已不可再合并。最后的结果如图8.12(d)所示。

*A*值	c1频率	c2频率	c3频率	行和	χ^2值
1.3	1	0	4	5	**3.74**
1.4	1	2	1	4	**5.14**
2.4	6	0	2	8	3.62
6.5	3	2	4	9	4.62
8.7	6	0	1	7	1.89
12.1	7	2	3	12	1.73
29.4	0	0	1	1	3.20
56.2	2	4	0	6	6.67
87.1	0	1	3	4	1.20
89.0	1	1	2	4	
列和	27	12	21	60	

图8.12(c)　增加了χ^2值的修正频率表

*A*值	c1频率	c2频率	c3频率	行和	χ^2值
1.3	24	6	16	46	10.40
56.2	2	4	0	6	5.83
87.1	1	2	5	8	
列和	27	12	21	60	

图8.12(d)　最终频率表

最后两区间的χ^2值大于阈值(也是最小的χ^2值)。因此不可能进一步合并区间,至此离散化完成。连续属性*A*可以被分类属性替代,分类属性的区间仅由三个值划分得到(90%显著性水平),即

$$1.3 \leqslant A < 56.2$$

$$56.2 \leqslant A < 87.1$$

$$A \geqslant 87.1$$

使用这些区间进行分类的一个问题是，对于一个不可见的实例，可能存在一个显著小于 1.3（训练数据的最小值）或大于 87.1 的值（尽管最终间隔为 $A \geqslant 87.1$，但训练数据的最大 A 值仅为 89.0）。在这种情况下，我们需要决定是否将 A 的这种较低或较高的值视为属于第一个或最后一个区间，或将不可见的实例视为不可分类。

8.4.2　寻找阈值

χ^2检验的阈值可以在统计表中找到，此阈值取决于两个因素：

（1）显著性水平。90%是一个常用的显著性水平。其他常用的显著性水平有 95%和 99%。显著性水平越高，阈值越高，支持独立性假设的可能性越大，因此相邻区间将被合并。

（2）列联表的自由度数。对此的完整解释超出了本书的范围，但总体思路如下：如果有一个列联表，如图 8.10（a）所示，有 2 行和 3 列，考虑到边际总量（行列总和），可以独立填充表中主体 $2\times3=6$ 个单元格中的多少个单元格？答案是 2。如果在第一行（$A=8.7$）的 c1 和 c2 列中放入两个数字，则该行的 c3 列中的值由行总和值确定。一旦第一行中的三个值都已经固定，则第二行（$A=12.1$）中的值由三列总和值即可确定。

对于一般情况，具有 N 行和 M 列的列联表，表的主体中的独立值的数目是$(N-1)\times(M-1)$。对于 ChiMerge 算法，行数始终为 2，列数与类数相同，因此自由度数为$(2-1)\times$(类别数-1)= 类别数-1，在本例中为 2。自由度数越大，阈值越高。

对于自由度为 2 和显著性水平为 90%，χ^2阈值为 4.61。其他一些值将在图 8.13 中给出。

选择较高的显著性水平会增加阈值，因此可能会使合并过程持续更长时间，从而导致类属性的间隔越来越少。

自由度维度	90%显著水平	95%显著水平	99%显著水平
1	2.71	3.84	6.64
2	4.61	5.99	9.21
3	6.25	7.82	11.34
4	7.78	9.49	13.28
5	9.24	11.07	15.09
6	10.65	12.59	16.81
7	12.02	14.07	18.48
8	13.36	15.51	20.09
9	14.68	16.92	21.67
10	15.99	18.31	23.21
11	17.28	19.68	24.72
12	18.55	21.03	26.22
13	19.81	22.36	27.69
14	21.06	23.69	29.14
15	22.31	25.00	30.58
16	23.54	26.30	32.00
17	24.77	27.59	33.41
18	25.99	28.87	34.80
19	27.20	30.14	36.19
20	28.41	31.41	37.57
21	29.62	32.67	38.93
22	30.81	33.92	40.29
23	32.01	35.17	41.64
24	33.20	36.42	42.98
25	34.38	37.65	44.31
26	35.56	38.89	45.64
27	36.74	40.11	46.96
28	37.92	41.34	48.28
29	39.09	42.56	49.59
30	40.26	43.77	50.89

图 8.13　χ^2阈值

8.4.3　设置最小区间数和最大区间数

ChiMerge 算法存在的一个问题是可能会产生大量的区间,或者另一个极端,即只有一个区间。对于大型训练集,属性可能具有数千个不同的值,并且该方法可能产生具有数百甚至数千个值的分类属性,这使得实用价值不大。另一方面,如果这些间隔最终被合并为一个,表明属性值独立于分类,属性最好被删除。大量或少量的区间是将显著性水平设置得太低或太高造成的。

Kerber[1]建议设置两个值,即最小区间数(minIntervals)和最大区间数(maxIntervals)。只要区间的数量超过最大间隔,算法就合并具有最低χ^2值的一组间隔。然后,具有最小χ^2值的一组区间在每个阶段被合并,直到χ^2值大于阈值或区间数减少到最小区间数。任何一种情况发生时,算法都会停止。尽管很难证明χ^2检验背后的统计理论的合理性,但给出可控数量的分类值在实践中可能非常有用。一组合理的最小区间数和最大区间数可能为 2 或 3 和 20。

8.4.4 ChiMerge 算法:总结

基于上述讨论,ChiMerge 算法总结在图 8.14 中。

1. 设置最小区间数和最大区间数(2≤最小间隔≤最大间隔)。

2. 用显著性水平(如 90%)和自由度数(即类的数量-1)查找阈值。

3. 对每个连续属性依次执行如下步骤:

(a) 将属性值按升序排序。

(b) 创建一个频率表,每个属性值对应一行,每个类对应一列。用相应的属性值标记每行。在表格单元格中输入每个属性值/类别组合在训练集中出现的次数。

(c) 如果(行数=最小区间数)则停止,否则继续下一步。

(d) 对于频率表中的每对相邻行依次执行:

对于行和类的每个组合:

(i)计算该组合的观测频率值 O。

(ii)计算该组合的期望频率值 E,等于行和及列和的乘积除以这两行合并的总次数。

(iii)计算$(O-E)^2/E$ * 的值。

添加$(O-E)^2/E$ 的值以给出该对相邻行的 χ^2值。

(e)找到对应于χ^2最小值的相邻两行。

(f)如果χ^2的最小值小于阈值 OR(行数>最大区间数),则合并两行,将合并行的属性值标签设置为两行中第一个的属性值标签,并将行数减少 1,然后回到步骤(c)。否则,停止。

* 如果 $E<0.5$,则将该公式分母中的 E 替换为 0.5。

图 8.14　ChiMerge 算法

8.4.5 ChiMerge 算法:评论

ChiMerge 算法在实践中运行良好,尽管与所使用的统计技术有关的理论问题并没有在此处讨论(Kerber[1]的论文给出了进一步的细节)。一个严重的缺点是该方法将每个属性独立于其他属性的值进行分离,即使分类明显不是由单一属性的值决定的。

对于大数据集而言,将每个连续属性的值排序可能主要处理开销。然而,这可能是任何离散化方法都存在的开销,而不仅仅是 ChiMerge。在 ChiMerge 算法中,只需对每个连续属性执行一次排序。

8.5 全局和局部离散化树归纳法对比分析

本节介绍了一个实验,旨在比较使用 8.3 节中描述的 TDIDT 局部离散化方法和使用 ChiMerge 进行全局离散化连续属性,然后使用 TDIDT 生成规则的方法。为了方便,使用信息增益进行属性选择。

七个数据集用于实验,全部来自 UCIRepository。图 8.15 给出了每个数据集的基本信息。

数据集	实例	属性		类别数
		类别型	连续型	
glass	214	0	9	7
hepatitis	155	13	6	2
hypo	2514	22	7	5
iris	150	0	4	3
labor-ne	40	8	8	2
pima-indians	768	0	8	2
sick-euthyroid	3163	18	7	2

图 8.15 ChiMerge 实验中使用的数据集

本书作者使用的 ChiMerge 版本与 Kerber 原始算法中的相同。

每组分类规则的价值可用所生成规则的数量和分类率来衡量。这些实验选择的方法是 10 倍交叉验证。首先将训练集划分为 10 组大小相等的实例。然后 TDIDT 将运行 10 次,每次将其中不同的 10% 的实例从规则生成过程中省略掉,并作为一个不可见的测试集使用。每次运行都会产生一个对于不可见测试集正确分类的百分比和规则数。然后将这些数据组合起来,给出规则数和正确分类百分比的平均数。"默认最大类"策略贯穿始终。

图 8.16 显示了将 TDIDT 直接应用于所有数据集的结果,并与首先使用 ChiMerge 全局离散化所有连续属性(90% 显著性水平)相比较。

数据集	局部离散		全局离散	
	规则数量	正确率	规则数量	正确率
glass	38.3	69.6	88.2	72.0
hepatitis	18.9	81.3	42.0	81.9
hypo	14.2	99.5	46.7	98.7
iris	8.5	95.3	15.1	94.7
labor-ne	4.8	85.0	7.6	85.0
pima-indians	121.9	69.8	328.0	74.0
sick-euthyroid	72.7	96.6	265.1	96.6

图 8.16　局部离散化和 ChiMerge 全局离散化(90% 显著性水平)比较

全局离散化方法的正确分类比例与局部离散化方法相当。然而,局部离散化似乎产生了相当少的规则,至少对于实验中的数据集是这样,特别是对于 pima-indians 和 ick-euthyroid 数据集。

另一方面,全局离散化方法具有一个相当大的优势,即只需将数据离散一次,然后就可以将其用作任何适用分类属性的数据挖掘算法的输入,而不仅仅是 TDIDT。

采用信息增益选择属性,分类算法为 TDIDT,采用 10 倍交叉验证。

8.6　本章总结

本章讨论如何将一个连续属性转换为一个分类属性的问题,这个过程称为离散化。这是非常重要的,因为许多数据挖掘算法,包括 TDIDT,都需要所有属性是分类属性。

有两种不同类型的离散化,即局部和全局离散化。详细说明了通过添加连续属性的局部离散化来扩展 TDIDT 算法的过程,并对全局离散化的 ChiMerge算法进行了描述。采用 TDIDT 算法在一些数据集上对两种离散方法的有效性进行了比较。

8.7 自测题

1. 使用8.3.2节中规则的修正形式,则第4章给出的golf训练集的湿度连续属性的候选切割点有哪些?

2. 从图8.12(c)开始,到最后合并区间87.1和89.0,找出每个阶段要合并的区间对。

参考文献

[1] Kerber, R. (1992). ChiMerge: discretization of numeric attributes. InProceedings of the national conference on artificial intelligence (pp. 123-128). Menlo Park: AAAI Press.

第9章　避免决策树的过度拟合

前面章节中描述的自上向下的决策树归纳(TDIDT)算法是最常用的分类方法之一。此算法是众所周知的,其在研究文献中被广泛引用,而且还是许多成功商业软件包的重要组成部分。但是,像许多其他方法一样,它存在过度拟合训练数据的问题,导致某些情况下规则集和/或规则过于庞大,对不可见数据的预测准确性很差。

如果分类算法生成的决策树(或数据的任何其他表示)过分依赖于训练实例的不相关特征,结果是,它在训练数据上表现良好,但是在不可见实例上性能较差,这一现象称为过度拟合。

实际上,由于训练集不可能包含所有可能的实例,所以过度拟合时有发生。只有对不可见实例的分类精度显著降低时,这才会成为一个需要关注的问题。我们需要意识到过度拟合的可能性,并寻求减少它的方法。

在本章中,我们将探讨调整决策树的方法,在生成决策树之时或之后调整决策树,以提高决策树的预测准确性。其思想是,生成一个树比其他情况下的分支要少(称为预剪枝),或者去掉已经生成的树的部分(称为后剪枝),这样就可以得到一个更小更简单的树。但该树不太可能正确预测训练集中某些实例的分类。因为我们已经知道这些值应该是什么,所以这是无关紧要的。另一方面,更简单的树可能能够更准确地预测不可见数据的正确分类——“少即是多”。

我们首先看一个看似与本章主题无关,但是很重要的话题:如何处理训练集中的不一致问题。

9.1　处理训练集中的冲突

如果训练集中的两个(或更多)实例具有相同的属性值组合但分类不同,则训练集不一致,我们称发生冲突。

有两种主要情况。

(1) 其中一个实例至少有一个属性值或其分类记录错误,即数据中存在噪声。

(2) 冲突的实例都是(或全部)正确的,但是根据记录的属性不可能区分它们。

在第二种情况下,区分这些实例的唯一方法是通过检查未记录在训练集中其他属性的值,这在大多数情况下是不可能的。不幸的是,除了利用“直觉”区分情况(1)和(2)之外,通常没有其他方法。

训练集中的冲突可能对任何分类方法都是一个问题,但是由于第4章中介绍的“充足条件”,使用TDIDT算法生成树会导致一个特殊的问题。为了使算法能够从给定的训练集生成分类树,只需要满足一个条件:没有两个或两个以上实例具有相同的一组属性值,但分类不同。这就提出了在充要条件不满足时应该怎么做的问题。

即使在训练数据中出现冲突时,也可以生成决策树,而基本的TDIDT算法也可以这样做。

修改TDIDT以处理冲突

考虑在训练集中发生冲突时TDIDT算法将如何执行。该方法仍将产生决策树,但(至少)其中一个分支将增长到其最大可能长度(为每个属性生成一个规则项),而最低节点处的实例具有多于一个分类。该算法希望在该节点上选择另一个属性,但没有“未使用”属性,并且不允许在同一分支中两次选择相同的属性。当发生这种情况时,将调用该分支的最低节点所表示的实例集,即冲突集。

一个典型的冲突集可能有一个分类为true的实例、一个分类为false的实例。在更极端的情况下,冲突集中可能有几种可能的分类,并且每种分类下有几个实例。例如,对于一个对象识别的例子,可能有三个实例被分类为house,两个实例被分类为tree,两个实例被分类为lorry。

图9.1显示了一个由具有三个属性x、y和z的训练集生成的决策树示例,每个属性都有可能的值1和2,以及三个分类c1、c2和c3。底行中标记有“mixed”的节点表示冲突集,其中实例的类别多于一种,但没有更多的属性可以拆分。

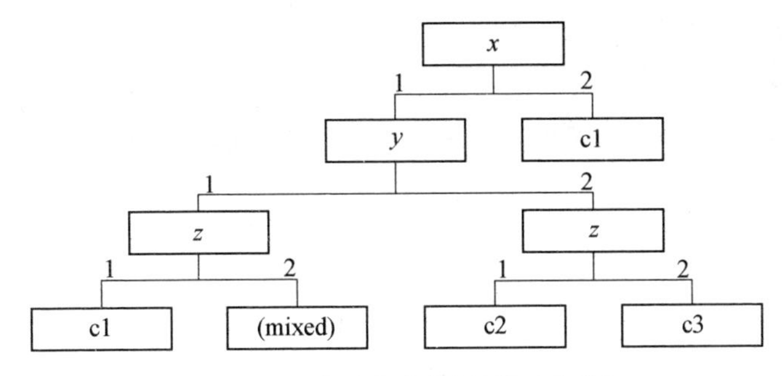

图9.1　不完整的决策树(带冲突集)

处理冲突的方法有很多种,但主要有两种:

(a)“删除分支”策略:丢弃从上面的节点到本节点的分支。这类似于从训练集中删除冲突集中的实例(但不一定等价于它,因为选择属性的顺序可能不同)。

将此策略应用于图9.1得到图9.2。如前面6.7节所述,请注意这棵树将无法对 $x=1$、$y=1$ 和 $z=2$ 的不可见实例进行分类。

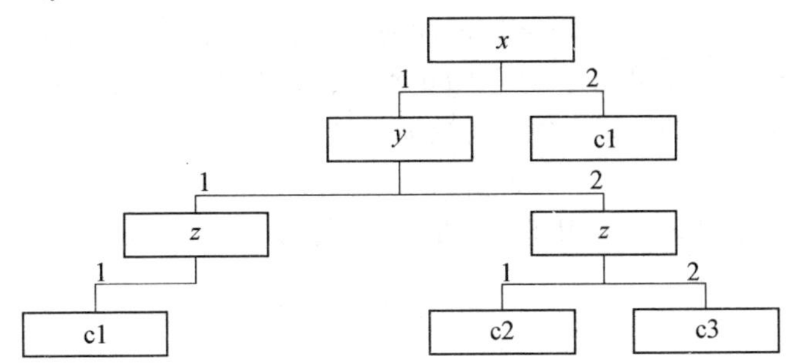

图9.2　通过“删除分支”策略从图9.1生成决策树

(b)“多数投票”策略:使用冲突集中最常见实例的分类标记节点,这与改变训练集中一些实例的分类类似(但也不一定等同,因为选择属性的顺序可能会不同)。

假设冲突集中实例的最常见分类为c3,将这一策略应用于图9.1得到图9.3。

决定使用哪些策略因情况而异。如果在训练集中有99个实例归类为“是”和一个实例归类为“否”,那么我们可能会认为“否”是错误分类和使用方法(b)。如果天气预报应用中实例类别分布是4个rain、5snow和3fog,我们可能宁愿放弃冲突集中的实例,并接受我们无法对这组属性值组合做出预测的结果。

“删除分支”和“多数投票”策略之间的中间方法是使用冲突阈值。冲突阈值是从0到100的百分比。

“冲突阈值”策略是将冲突集合中的所有实例分配给这些实例中最常见的类,前提是冲突集中实例的比例至少等于冲突阈值。如果不是,则冲突集中的实例(以及相应的分支)将被全部丢弃。

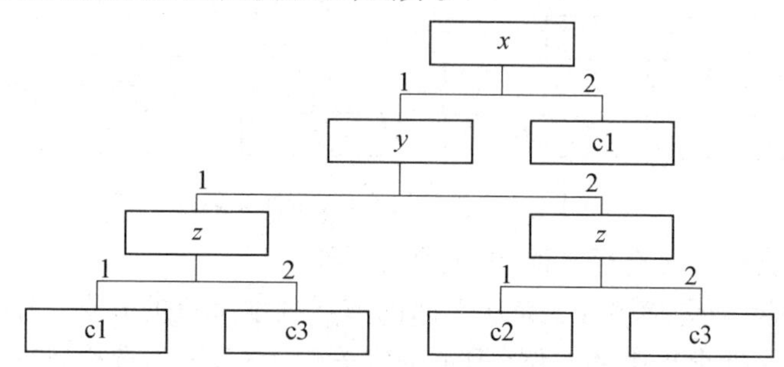

图9.3　根据“多数投票”策略从图9.1中生成的决策树

将冲突阈值设置为零,就会产生总是分配给最常见的类的结果,即“多数投票”策略。将阈值设置为100,就会产生从不分配给最常见类的结果,即“删除分支”策略。在0到100之间的冲突阈值给出了两个极端之间的中间策略。使用的合理百分比可能是60、70、80或90。图9.4显示了对同一个数据集使用不同冲突阈值的结果。使用的数据集是crx的credit checking数据集,通过删除所有的连续属性来确保冲突会发生。修改后的训练集不满足充要条件。

结果全部是采用TDIDT产生的,其中属性使用“训练和测试”模式中的信息增益进行选择。

冲突阈值	训练集			测试集		
	正确	错误	未分类	正确	错误	未分类
0%	651	39	0	184	16	0
60%	638	26	26	182	10	8
70%	613	13	64	177	3	20
80%	607	11	72	176	2	22
90%	552	0	138	162	0	38
100%	552	0	138	162	0	38

图9.4　不同冲突阈值下的crx(修改)结果

从结果中可以看出,当训练数据中出现冲突时,就不可能再获得一个对训练集提供100%预测精度的决策树,该决策树能够在生成它的训练集上给出100%的预测精度。

"删除分支"策略(阈值= 100%)避免了出现任何错误,但会使许多实例不进行分类;"多数投票"策略(阈值= 0%)避免了未分类的实例,但导致了许多分类错误。阈值的结果为 60%、70%、80% 和 90%,介于这两个极端之间。然而,训练数据的预测精度并不重要——我们已经知道了分类,重要的是测试数据的准确性。

在这种情况下,测试数据的结果与训练数据的结果完全一致:降低阈值增加了正确分类实例的数量,但是也增加了错误分类实例的数量,而非分类实例的数量也随之下降。如果使用"默认分类策略",并将每个未分类的实例自动分配到原始训练集中的最大类,那么图就会发生很大的变化。

冲突阈值	训练集			测试集	
	正确	错误	未分类	正确	错误
0%	651	39	0	184	16
60%	638	26	26	188	12
70%	613	13	64	189	11
80%	607	11	72	189	11
90%	552	0	138	180	20
100%	552	0	138	180	20

图 9.5　使用不同冲突阈值(默认为最大类)的 crx(修正)结果

图 9.5 显示了修改图 9.4 后的结果,因此,对于测试数据,任何未分类的实例都会自动分配给最大的类。当冲突阈值为 70% 和 80% 时,得到了最高的预测精度。

我们已经建立了处理训练集中冲突的基本方法,现在回到本章的主要主题:避免决策树过度拟合的问题。

9.2　更多关于规则过拟合的讨论

让我们考虑一个典型的规则,例如:

IF a = 1 and b = yes and z = red THEN class = OK

为这个规则添加一个额外的条件项,例如增强规则。

IF a = 1 and b = yes and z = red and k = green THEN class = OK

通常会涉及比原始规则更少的实例(可能是相同的,但肯定不会更多)。

相反,从最初的规则中删除一个条件项,例如简化后的规则。

IF a = 1 and b = yes THEN class = OK

通常会涉及比原始规则更多的实例(可能是相同的,但肯定不会是更少)。

TDIDT 和其他生成分类规则的算法的一个主要问题是过度拟合。每当算法在一个属性上分裂时,附加的项就会被添加到每个结果规则中,即树生成是一个重复的专业化(specialisation)过程。

如果决策树是由包含噪声或无关属性的数据生成的,那么它很可能捕获错误的分类信息,这将使它在对不可见实例进行分类时表现得很糟糕。

即使不是这样,在某一特定点之外,通过增加条件项来设定一条规则也会适得其反。生成的规则非常适合生成它们的实例,但在某些情况下,它们过于特定化而不能对其他实例具有较高的预测精度。换句话说,如果树过于专业化,它的泛化能力将会降低,而泛化能力在对不可见实例进行分类时是非常重要的。

过度专业化的另一个后果是,通常会有大量不必要的规则。较少数量的一般规则可能对看不见的数据有更大的预测精度。

减少过度拟合的标准方法是牺牲训练集的分类准确性,以便在分类测试数据时进行准确分类。这可以通过修剪决策树来实现。有两种方法可以做到这一点:

①1012659171—预剪枝(或向前剪枝),防止产生非重要分支。

②1012659172—后剪枝(或向后剪枝),生成决策树,然后删除非重要分支。

预剪枝和后剪枝都是增加决策树通用性的方法。

9.3 预剪枝决策树

预剪枝决策树需要使用“终止条件”来决定在树生成过程中何时需要提前终止某些分支。

进化过程中,树的每一个分支都对应着一个不完整的规则,例如,

IF x = 1 AND z = yes AND q > 63.5 . . . THEN . . .

及当前“正在研究(under investigation)”的实例子集。

如果所有的实例都有相同的分类,比如 c1,那么分支的末端节点将被 TDIDT 算法作为一个 c1 标记的叶节点来处理。每个完成的分支对应一个(已完成的)规则,例如,

IF x = 1 AND z = yes AND q > 63.5 THEN class = c1

如果所有实例不都具有相同的分类,那么通常将节点按照前面描述的属性进行拆分,将其扩展到子树。当采用预剪枝策略时,首先测试节点(即子集)是否满足终止条件。如果不满足,节点就像往常一样扩展。如果满足,子集将被视为一种冲突集,并按照9.1节中描述的方式,使用"删除分支""多数投票"或其他类似的方法。最常见的方法可能是"多数投票",在这种情况下,节点被视为一个叶节点,该节点被标记为在子集中实例的高频分类("多数类")。

预剪枝规则集将对训练集中的某些实例进行错误分类。但是,测试集的分类精度可能大于未剪枝规则集。有几个标准可以应用于节点,以确定是否应该进行预剪枝。其中两个标准是:

①尺寸截止(Size Cutoff)。如果子集少于5或10个实例,则修剪。

②最大深度截止(Maximum Depth Cutoff)。如果分支的长度是3或4,则修剪。

图9.6显示了使用信息增益进行属性选择的TDIDT获得的各种数据集的结果。对于每一数据集,使用10倍交叉验证,采用实例数5、10的尺寸截止,或不截止(即未剪枝)。图9.7显示了最大长度为3、4或无截止的结果。采用"多数投票"的策略。

	无截止		5个实例		10个实例	
	规则	% Acc.	规则	% Acc.	规则	% Acc.
breast-cancer	93.2	89.8	78.7	90.6	63.4	91.6
cntact_lenses	lenses	16.0	92.5	10.6	92.5	8.0
diabetes	121.9	70.3	97.3	69.4	75.4	70.3
glass	38.3	69.6	30.7	71.0	23.8	71.0
hypo	14.2	99.5	11.6	99.4	11.5	99.4
monk1	37.8	83.9	26.0	75.8	16.8	72.6
monk3	26.5	86.9	19.5	89.3	16.2	90.1
sick-euthyroid	72.8	96.7	59.8	96.7	48.4	96.8
vote	29.2	91.7	19.4	91.0	14.9	92.3
wake-vortex	vortex	298.4	71.8	244.6	73.3	190.2
wake-vortex2	vortex2	227.1	71.3	191.2	71.4	155.7

图9.6 不同尺寸截止策略的预剪枝

	无截止		长度3		长度4	
	规则	% Acc.	规则	% Acc.	规则	% Acc.
breast-cancer	93.2	89.8	92.6	89.7	93.2	89.8
cntact_lenses	lenses	16.0	92.5	8.1	90.7	12.7
diabetes	121.9	70.3	12.2	74.6	30.3	74.3
glass	38.3	69.6	8.8	66.8	17.7	68.7
hypo	14.2	99.5	6.7	99.2	9.3	99.2
monk1	37.8	83.9	22.1	77.4	31.0	82.2
monk3	26.5	86.9	19.1	87.7	25.6	86.9
sick-euthyroid	72.8	96.7	8.3	97.8	21.7	97.7
vote	29.2	91.7	15.0	91.0	19.1	90.3
wake-vortex	vortex	298.4	71.8	74.8	76.8	206.1
wake-vortex2	vortex2	227.1	71.3	37.6	76.3	76.2

图9.7　应用不同最大深度截止策略的预剪枝

结果表明,预剪枝方法的选择是重要的。然而,它并不是通用的。没有任何一个大小或深度截止策略可以在所有数据集中都产生良好的结果。

这一结果证实了Quinlan[1]的评论,预剪枝的问题是:“得到适用的停止阈值是不容易的——太高的阈值可能在获得后续分裂收益之前就终止分裂,而过低的值会导致很少的简化。”与先前使用的尺寸和最大深度方法相比,找到一个更通用的截断标准将是非常令人期望的,如果可能的话,可以自适应而无须用户选择任何截止阈值。人们已经提出了许多可能的方法,但在实践中,后剪枝更受欢迎。

9.4　后剪枝决策树

后剪枝决策树意味着我们首先生成(完整的)树,然后调整它,以提高对不可见实例的分类精度。

有两种主要的方法,一种广泛使用的方法是将树转换成等效的规则集。这将在第11章中描述。

另一种常用的方法是保留决策树,但是要用叶子节点替换一些子树,这样就可以将一个完整的树转换为一个较小的剪枝树,它可以至少准确地预测不可见实例的分类。该方法有一些变体,如减少误差剪枝、悲观误差修剪、最小误差修剪和基于误差的修剪(Reduced Error Pruning, Pessimistic Error Pruning, Minimum Error Pruning and Error Based Pruning)。[2]中给出了不同变体有效性的研究和数值对比。

使用方法的细节差别很大,但是下面的例子给出了大体思路。假设我们有一个由 TDIDT 算法生成的完整决策树,如下面的图 9.8。

这里,关于在每个节点上分割的属性的习惯信息(customary information),每个分支对应的属性值和每个叶节点的分类都被省略了。树的节点被标记为从 A 到 M (A 是根),以方便引用。每个节点上的数字表示用于生成树的训练集中的 100 个实例中有多少个对应于每个节点。在完整树的每个叶节点上,所有实例都有相同的分类。在其他节点上对应的实例有多个分类。

从根节点 A 到叶节点(如 J)的分支对应于决策规则。我们感兴趣的是未正确分类的不可见实例的比例,称之为节点 J 的错误率(从 0 到 1 的比例)。

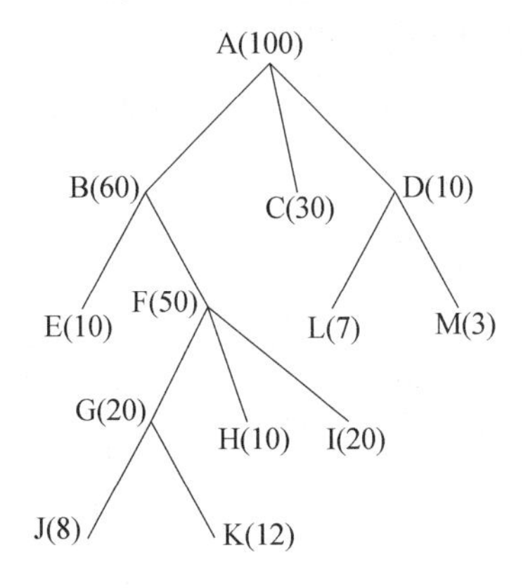

图 9.8　初始决策树

如果我们想象从根节点 A 到内部节点(如 G)的分支将在那里终止,而不是分裂两种方式来形成两个分支 A 到 J 和 A 到 K,这个分支将对应于 9.3 节讨论的预剪枝的不完整规则。假定对于该节点处的不可见实例使用 9.1.1 节的"多数表决"策略进行分类,即它们全部被分配给对应于该节点的训练集合中最大数量的实例所属的类别。

当修剪一个决策树(图 9.8)时,在树中寻找具有深度为 1 的子树(即向下一层的所有节点都是叶节点)的非叶节点。所有这些子树都是剪枝的候选者。如果一个修剪条件(将在下面描述)被满足,那么挂在节点上的子树可以被节点本身替换。在树的底部向上工作,一次修剪一个子树。如此下去,直到没有更多的子树被修剪。

对于图 9.8,修剪的唯一候选对象是挂在节点 G 和 D 上的子树。

从树的底部向上开始考虑。将“悬挂”在节点G的子树用G本身替换，作为一个剪枝树的叶节点。如何将在节点G终止的分支(截断规则)的错误率与以节点J和K结尾的两个分支(完整规则)的错误率进行比较？节点G处分裂对树的预测精度是有利还是有害？可以考虑在节点F处提前截断分支。这样做有利还是有害？

为了回答这些问题,我们需要一些方法来估计树的任何节点的错误率。一种方法是使用树来对一些实例进行分类,称为剪枝集,并计算错误。请注意,剪枝集是本书其他地方使用的“不可见的测试集”的附加内容。测试集不能用于剪枝。使用剪枝集是一种合理的方法,但是当可用的数据量很小的时候,可能是不现实的。一个更有效率的替代方法是使用一个公式来估计错误率。这样的公式可能是基于概率的,并且可以利用每个类别在每个节点处对应的实例数量以及每个类别的先验概率等因素。

图9.9显示了使用(虚构)公式得到的图9.8中每个节点的估计错误率。

节点	估计错误率
A	0.3
B	0.15
C	0.25
D	0.19
E	0.1
F	0.129
G	0.12
H	0.05
I	0.2
J	0.2
K	0.1
L	0.2
M	0.1

图9.9　图9.8节点上的估计错误率

根据图9.9,可以看到节点J和K的估计错误率分别是0.2和0.1。这两个节点分别对应于8个和12个实例(节点G处有20个)。

为了估计挂在节点G上的子树的错误率(图9.10),取节点J和K中估计

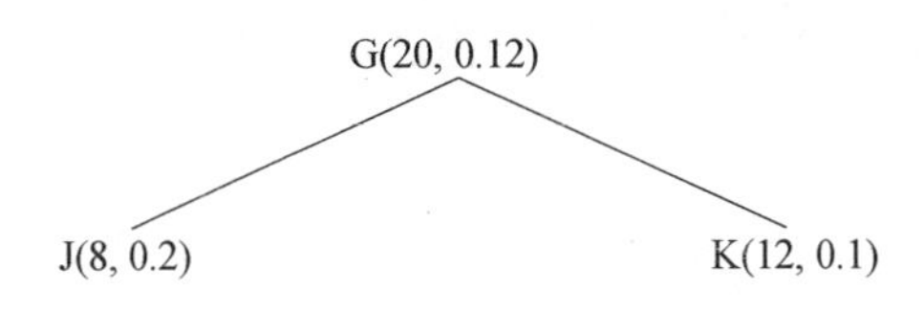

图 9.10　从节点 G 递减的子树①

错误率的加权平均值。这个值是(8/20)×0.2 +(12/20) ×0.1 = 0.14。我们称为节点 G 错误率的后向估计值(backed-up estimate),因为它是由它下面节点的估计错误率计算出来的。

现在需要将这个值与图 9.9 所得到的值进行比较,即 0.12,我们称为节点错误率的静态估计值②。

在节点 G,静态值小于后向值。这意味着在节点 G 上的分裂会增加该节点的错误率。我们从节点 G 处修剪掉子树,得到图 9.11。

待剪枝的候选集是由 F 和 D 节点向下的子树(节点 G 现在是部分剪枝树的叶节点)。

现在可以考虑在节点 F 处分裂是否有利 (图 9.12)。节点 G、H 和 I 的静态错误率分别为 0.12、0.05 和 0.2。因此节点 F 的错误率为

$$(20/50)\times0.12 +(10/50)(20/50)\times0.05 + 0.2 = 0.138$$

节点 F 的静态错误率为 0.129,小于后向值,因此我们再次修剪树,得到图 9.13。

现在待剪枝的候选集是挂在节点 B 和 D 上的子树。我们将考虑是否在节点 B 进行修剪(图 9.14)。

节点 E 和 F 的静态错误率分别为 0.1 和 0.129。后向错误率在节点 B 为 (10/60)×0.1 +(50/60)= 0.124×0.129。它小于节点 B 的静态错误率,也就是 0.15。在节点 B 上的分裂降低了错误率,所以我们不修剪子树。

接下来需要考虑在节点 D 上进行修剪(图 9.15)。节点 L 和 M 的静态错误率分别为 0.2 和 0.1,因此误差增大。

接下来需要考虑在节点 D 上进行修剪(图 9.15)。节点 L 和 M 的静态错误率分别为 0.2 和 0.1,所以节点 D 的后向概率是(7/10)×0.2 +(3/10)=

---

① [1]在图 9.10 和类似图中,每个节点括号中的两个数字代表与该节点对应的训练集中的实例数(图 9.8)以及节点处的估计错误率,如图 9.9 所示。

② [2]从现在开始,为了简单起见,通常会参考节点上的“后向错误率”和“静态错误率”,而不是每次都使用“估计”一词。但重要的是记住它们只是估计值,而不是准确的值。

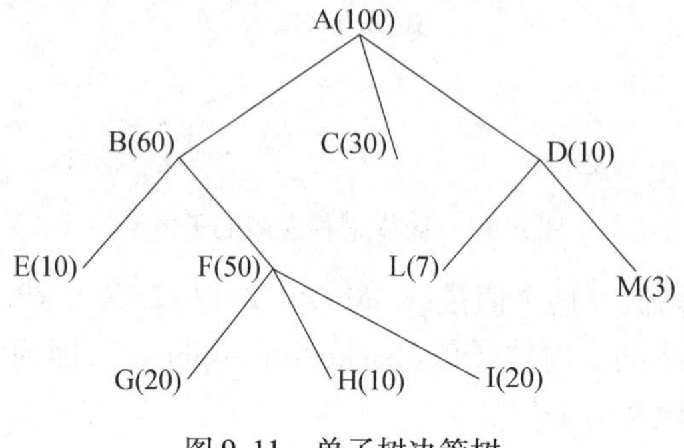

图 9.11　单子树决策树

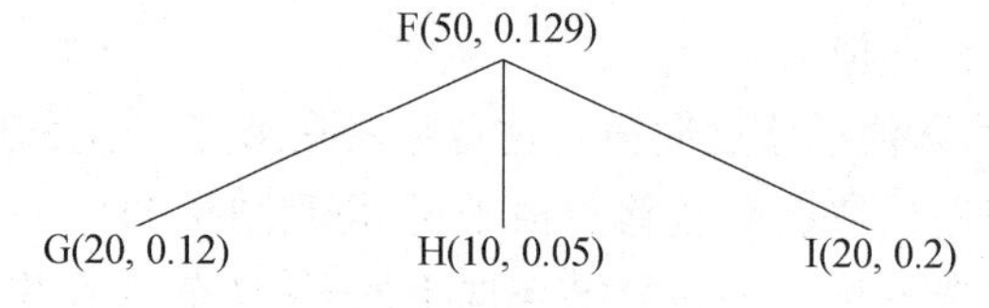

图 9.12　从节点 F 递减的子树

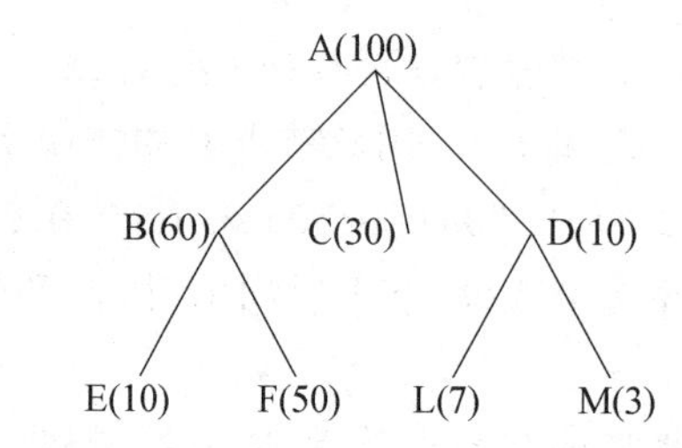

图 9.13　有两个子树的决策树剪枝

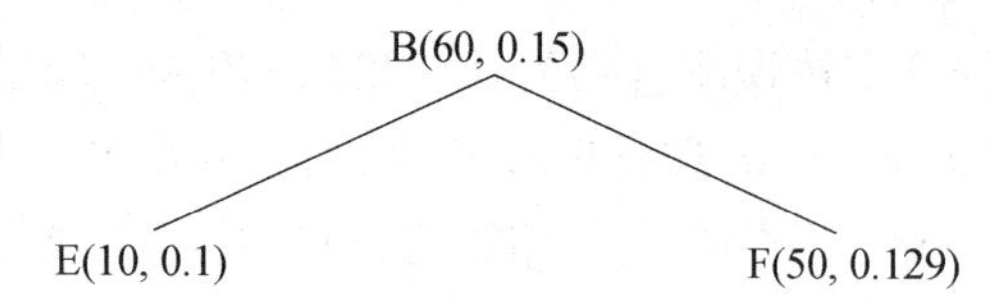

图 9.14　子树从节点 B 下降

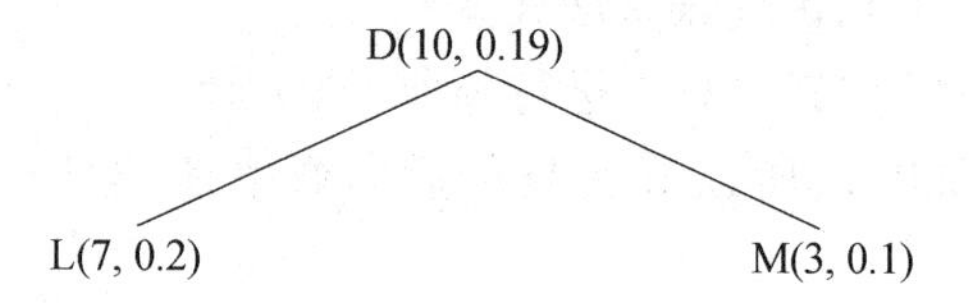

图 9.15　子树从节点 D 下降

0.17×0.1。它小于节点 D 的静态错误率,也就是 0.19,所以我们不修剪子树,而且没有进一步的子树要考虑。所以最后修剪后的树是图 9.13。

在极端情况下,这种方法可能导致决策树被修剪至根节点,这表明使用树可能会导致比将每个不可见实例分配给数据训练集中最大的类还高的错误率,即更多错误的分类。幸运的是,这种糟糕的决策树非常罕见。

后剪枝决策树似乎比预剪枝使用度更广,接受度更高。毫无疑问,C4.5分类系统[1]的可用性和受欢迎程度对此有很大的影响。然而在实际中,对后剪枝的一个重要反对意见是其需要大量的计算开销生成完整的树后,才能丢弃一些或可能大部分的子树。这可能不影响小型的实验数据集,但"真实世界"数据集可能包含数百万个实例,计算可行性问题将不可避免地变得非常重要。

用决策树表示分类规则的方法得到了广泛的应用,因此需要找到一种有效的剪枝方法。然而,正如第11章中所描述的,树表示法本身就是过度拟合的来源。

9.5　本章总结

本章首先讨论在训练集中处理冲突(即不一致的实例)的技巧。这将导致讨论避免或减少决策树对训练数据的过度拟合的方法。当决策树过分依赖于训练数据的不相关特性时,就会出现过度拟合,结果是它的预测能力被降低了。

避免过度拟合的两种方法是:预剪枝(用较少的树枝生成树)和后剪枝(生成完整的树,然后移除部分枝叶)。给出了使用尺寸或最大深度截止策略的预剪枝方法时的结果。本章还介绍了一种基于在节点处比较静态和后向估计错误率的后剪枝决策树方法。

9.6　自测题

如果使用下面给出的估计错误率表,而不是图9.9中给出的值。图9.8中的决策树的后剪枝结果是什么?

节点	估计错误率
A	0.2
B	0.35
C	0.1
D	0.2
E	0.01
F	0.25
G	0.05
H	0.1
I	0.2
J	0.15
K	0.2
L	0.1
M	0.1

参考文献

[1] Quinlan, J. R. (1993). C4.5: programs for machine learning. San Mateo: Morgan Kaufmann.

[2] Esposito, F., Malerba, D., & Semeraro, G. (1997). A comparative analysis of methods for pruning decision trees. IEEE Transactions on Pattern Analysis and Machine Intelligence, 19 (5), 476-491.

第 10 章　更多关于熵的讨论

10.1　引　言

在本章中，我们回到第 5 章所提到的训练集的熵。熵的概念不仅用于数据挖掘，它是一种非常重要的基本概念，被广泛地应用于信息理论中，作为表示通信系统中所传输信息中有效信息量的基础。

我们首先将解释对于一组不同的值，熵是什么含义，然后再回到训练集的熵上面去。

假设我们在玩一个称为"二十个问题"的游戏，我们通过问一系列"是"或"不是"的问题来在 M 个可能的值中找出其中的一个。我们真正感兴趣的值是像第 3 章和其他地方讨论的那种互斥分类情况，但是同样的讨论可以应用于任何一组互不相同的值。

我们假设这 M 个值出现的概率相同。我们同时假设 M 是 2 的幂，即 2^N，其中 $N \geqslant 1$。

我们把鉴别一个未知的首都城市作为一个实际例子，其中有八种可能性：伦敦、巴黎、柏林、华沙、索菲亚、罗马、雅典和莫斯科（在这里 $M = 8 = 2^3$）。

> 它是华沙吗？不是
> 它是柏林吗？不是
> 它是罗马吗？是的

有很多种提问的方式，例如随机猜测：

当提问者在前几次提问就幸运猜中时，这种方法十分奏效，但是（意料之中的）这通常是十分低效的。为了体现出这一点，请想象我们是按照固定的顺序做出我们的猜测的：伦敦、巴黎、柏林等等，直到我们猜到正确的答案。我们不需要在询问雅典之后再继续猜测，因为一个否定答案已经能告诉我们这个城市肯定是莫斯科。

如果这个城市是伦敦，我们需要 1 个问题才能找到它。

如果这个城市是巴黎，我们需要 2 个问题才能找到它。

如果这个城市是柏林,我们需要 3 个问题才能找到它。

如果这个城市是华沙,我们需要 4 个问题才能找到它。

如果这个城市是索菲亚,我们需要 5 个问题才能找到它。

如果这个城市是罗马,我们需要 6 个问题才能找到它。

如果这个城市是雅典,我们需要 7 个问题才能找到它。

如果这个城市是莫斯科,我们需要 7 个问题才能找到它。

这里的每一种可能性都是相等的,即概率为 1/8,所以平均需要(1 + 2 + 3 + 4 + 5 + 6 + 7 + 7)/8 个问题,即 35/8 = 4.375 个问题。

> 它是伦敦、巴黎、雅典或是莫斯科吗? 不是
> 它是柏林或是华沙? 是的
> 它是柏林吗?

一个小实验很快就能证明最佳策略是把可能的答案对等均分。所以我们可以不管第三个问题的回答是肯定还是否定,这个回答都能告诉我们“未知”的城市是哪一个。

这种二等分策略总是能用三个问题去鉴别这个未知的城市。它之所以被认为是“最优”策略,不只是因为它总能通过最少的问题找出答案(随机猜测偶尔表现更佳),而是因为如果我们通过一连串的“试验”(每个猜测城市的游戏,其中每次城市都是随机选出的),二等分策略总能找到答案,并且需要问的平均问题数量小于其他任何一种策略。有了这个理解,我们可以说确定一个有着 8 种等概率取值的值最少需要 3 个“是/否问题”。

我们发现 8 等于 2^3 ,而且需要的“是/否问题”的最小值也为 3,这并不是巧合。如果我们把可能的取值数目 M 改成以 2 为底的更高次或者更低次的幂指数,相同的现象依然会出现。如果我们一开始有 8 个可能并且通过第一个问题减为一半,留下 4 个可能,我们就能用两个额外的问题确定这个未知的值。如果一开始有 4 个可能并且通过第一个问题(“它是第一个吗”)减少为 2 个可能,我们就能通过额外的 1 个问题确定未知数值。所以对于 $M = 4$ 的情况所需问题的最小数目是 2,并且对于 $M = 2$ 的情况所需问题的最小数目是 1。

我们可以把这个问题拓展到当 M 取更大的值时,比如说 16。这需要花费一个“二等分” 问题去把可能的数目降到 8,而且已经知道需要 3 个额外的问题去解决它。所以对于可能的取值数目为 16 时($M = 16$),需要的问题数一定为 4。

总体来说,得到如下结论。确定一个有着 $M = 2^N$ 个等概率的可能取值的未知数值,需要的“是/否问题”的最小数量为 N。

用数学函数 $\log_2$,可以把最终结论重写为:确定一个有着 M 个等概率的可能取值的未知数值,需要的“是/否问题”的最小数量为 $\log_2 N$(假定 M 是 2 的幂;见图 10.1)。

M	$\log_2 M$
2	1
4	2
8	3
16	4
32	5
64	6
128	7
256	8
512	9
1 024	10

图 10.1　一些 $\log_2 M$ 的值(其中 M 是 2 的幂)

一组等可能的 M 个互不相同的值的熵等于为了从 M 个可能取值中找到一个未知取值所需的“是/否问题”的最小数目。正如之前的讨论,这一规则适用于“所有情况”,“最小”的意思是指在一系列试验中所需问题的平均数最少,而不是在一次独立的试验(游戏)中。

我们将定义一个量,称为一组 M 个互不相同的值的熵。定义如下:

在熵的定义里的短语“所需的‘是’或‘否’问题的最小数目”中,隐含着每个问题都需要把剩下的可能值等分成两份。如果不是这样做的,需要问题的数量就会更大。

每个问题单独来看是“二等分”问题,这样是不够的。比如,考虑下面这个序列:

它是柏林、伦敦、巴黎或是华沙吗? 是的
它是柏林、伦敦、巴黎或是索菲亚吗? 是的这两个问题在它们自己的角度上来看都是“二等分”问题,但是两个问题的答案仍然留给我们三个可能去鉴别,而这无法用额外一个问题做到。

问的每个问题单独来看是“二等分”问题是不够的。需要的是找到一个序列的问题,充分利用已知的答案去把剩下的可能等分为两个恰当的部分。我们把这样的问题序列称为“精心挑选”的问题序列。

到这里为止,我们已经证明了一组 M 个互不相同的值的熵为 $\log_2 M$, 其中给定 M 是2的幂并且集合中所有值的可能性相同。这引出了三个问题:

①如果 M 不是2的幂呢?

②如果 M 个可能的值并不是等可能的呢?

③有没有一种系统的方法去寻找一个“精心挑选”的问题序列?

这些问题在我们引入了位(比特)这个概念来编码信息后回答起来会更简单。

10.2 利用位编码信息

日常生活的一个常识告诉我们,我们问的问题被回答得越多,我们掌握的信息就越多。可以把这个常识书面化,即一个只能回答是/否的问题可以被认为包含了一个信息单元。这个基本的信息单元被称为位(“二进制数位”的缩写)。“位”这个词的用法和它在计算机的存储单元中的使用有着密切的联系。这是一个基本的二值单元,对应开关的开和闭,灯的亮和灭,电流流动或者不流动,或者是莫尔斯电码中的点和划线。

信息单元也可以被看作是可以仅仅使用0和1进行编码的信息量。如果只有两个可能的值,即男性或者女性,我们可以这样编码,

0= 男性;
1= 女性。

可以把四个可能的值(即:男人、女人、狗、猫)用两位进行编码,即

00 = 男人;
01 = 女人;
10 = 狗;
11= 猫。

编码8个值,比如八个首都城市,我们需要使用三位,即

000 = 伦敦;
001 = 巴黎;
010 = 柏林;
011 = 华沙。
100 = 索菲亚;
101 = 罗马;
110 = 雅典;
111 = 莫斯科。

用 N 个二进制位去编码 2^N 个等概率的可能,表明了用 N 个精心挑选问题组成的一个序列始终可以从这些值中分辨出结果,即:

> 第一位是0吗?
> 第二位是0吗?
> 第三位是0吗?
> 等等

这里引出了下面熵的另一个(等价的)定义:

> 一组 M 个互不相同的值的熵是用最高效的方式对其编码所需的位数。

关于上面的定义,“在任何情况下”这个词是隐含在其中的,并且我们说“用最高效的方式”意味着是在一系列的试验中平均需要最少位数,而不是仅仅指某一次试验。第二个定义同时解释了为什么熵常常不是定义为一个数而是很多个“位的信息”。

10.3 在 M 个值中进行区分(M 不是2的幂)

到目前为止我们已经证明了当 M 是2的幂时,一组 M 个等可能的互不相同的值的熵等于 $\log_2 M$。我们现在需要思考不满足这个条件时的情况。

我们说熵是 $\log_2 M$ 位的信息,这样有没有意义。我们不可能问非整数个的问题,或者是用非整数位进行编码。

为了回答这个问题,我们不仅需要考虑从 M 个值中辨别出其中一个,还要考虑从中辨别出一串 k 个这样的数据(每一个都独立于其他的进行选择)。我们把确定从 M 个可能值中独立取出一串 k 个未知数的值所需的是/否问题的最小数目,即熵,记为 V_{kM}。这与在 M 个互不相同的可能值中进行区分所需的问题的最小数目相同。

举个实际的例子,设 M 等于 7,k 等于 6,并且任务是去分辨一个星期的六天,比如{星期二,星期四,星期二,星期一,星期天,星期二}。一个可能的问题可以是:

> 第一天是星期一、星期二或星期三;
> 并且第二天是星期四;
> 并且第三天是星期一、星期六、星期二或星期四;
> 并且第四天是星期二、星期三或星期五;
> 并且第五天是星期六或星期一;
> 并且第六天是星期一、星期天或星期四吗?

这 6 天一共有 $7^6=117\ 649$ 种可能的排列。$\log_2 117\ 649$ 的值为16.844 13,这在 16 和 17 之间,所以鉴别一个星期中六天的序列需要花费 17 个问题。鉴别 6 天中的每一天需要的问题的平均数目为 $17/6=2.833\ 3$。这相当接近 $\log_2 7$,约为 2.807 4。

当 k 取更大值的时候,对其熵的估计将更加准确,比如取 21 的时候。现在 $\log_2 M^k$ 等于 $\log_2 7^{21}=58.954\ 45$,所以对 21 个值一共需要 59 个问题,对每个值平均需要 $59/21=2.809\ 524$ 个问题。

最后,对于 1 000 个值($k=1\ 000$),$\log_2 M^k$ 等于 $\log_2 7^{1\ 000}=2\ 807.354\ 9$,所以对一组 1 000 个值一共需要 2 808 个问题,使得每个值平均需要 2.808 个问题,这与 $\log_2 7$ 非常接近。

这些值刚好都接近于 $\log_2 7$ 并不是巧合,正如下面从 M 个等可能的互不相同的值中获得长度为 k 的序列的一般情况。

对于 k 个值一共有 M^k 个可能的取值排列,现在假设 M 不是 2 的幂,所需问题的数目 V_{kM} 是大于 $\log_2 M^k$ 且最接近它的一个整数。我们可以用以下关系表示 V_{kM} 的上界与下界:

$$\log_2 M^k \leqslant V_{kM} \leqslant \log_2 M^k + 1$$

用对数的性质 $\log_2 M^k = k\log_2 M$ 可以得到以下关系：

$$k\log_2 M \leqslant V_{kM} \leqslant k\log_2 M + 1$$

所以

$$\log_2 M \leqslant V_{kM}/k \leqslant \log_2 M + 1/k$$

V_{kM}/k 是确定 k 个值中每一个所需问题的平均数目。通过 k 取一个很大的值，例如序列足够长，$1/k$ 的值可以像我们希望的那样变得非常小。

所以，一组 M 个互不相同的值的熵可以说是 $\log_2 M$，尽管 M 不是 2 的幂（见图 10.2）。

M	$\log_2 M$
2	1
3	1.585 0
4	2
5	2.321 9
6	2.585 0
7	2.807 4
8	3
9	3.169 9
10	3.321 9

图 10.2　对 M 属于 2 到 10 时 $\log_2 M$ 的值

10.4　对不等概率的数值进行编码

现在介绍对 M 个不等概率的互不相同的值进行编码的一般情况（假设不可能出现的值不在其中）。

当 M 个值不是均匀分布的时候，熵总是会比 $\log_2 M$ 低。在只有一个值会出现极端的情况下，不需要使用一位来表示这个值，而熵为零。

我们把 M 个值中第 i 个值出现的频率写作 p_i，这里 i 取 1 到 M。然后对于所有的 p_i，我们有 $0 \leqslant p_i \leqslant 1$，并且

$$\sum_{i=1}^{i=M} p_i = 1$$

为了方便起见，我们将举例说明。这里所有的 p_i 的值都是 2 的幂的倒数，例如 1/2、1/4 或 1/8，但是使用与第 10.3 节中类似的参数可以使得到的结果能够运用于 p_i 取其他值时。

假设有四个值，A、B、C 和 D，它们出现的频率分别为 1/2、1/4、1/8 和1/8。所以有 $M = 4$，$p_1 = 1/2$，$p_2 = 1/4$，$p_3 = 1/8$，$p_4 = 1/8$。

可以用标准的二进制编码描述 A、B、C 和 D，即

A　00

B　01

C　10

D　11

但是,可以用可变长度的编码对其进行改进,即不会一直用相同位数对数值进行编码。有许多可行的方法来实现它,但最好的方式如图 10.3 所示。

A　1

B　01

C　001

D　000

图 10.3　频率为 1/2、1/4、1/8 和 1/8 的四个值的最高效表示

如果要被识别的值是 A,只需要检查一位来建立它。如果是 B,则需要检查两位。如果是 C 或 D,需要检查 3 位。在平均情况下,需要检查 $1/2 \times 1 + 1/4 \times 2 + 1/8 \times 3 + 1/8 \times 3 = 1.75$ 位。

这是最高效的表达方式。把部分或全部的位取反将会得到与其等效的其他同样高效的表示,例如,

A　0

B　11

C　100

D　101

任何其他表示将需要平均更多的位进行检查。

比如,可以选择:

A　01

B　1

C　001

D　000

用这种表示,在平均情况下,需要检查 $1/2 \times 2/4 \times 1 + 1/8 \times 3 + 1/8 \times 3 = 2$ 位(与固定长度表示的数字相同)。

一些其他表示,如

A　101

B　0011

C　10011

D　100001

比 2 位表示要差得多。这平均需要 $1/2 \times 3 + 1/4 \times 4 + 1/8 \times 5 + 1/8 \times 6 = 3.875$ 位来检查。

寻找最高效的编码的关键是使用一个 N 位序列表示出现频率为 $1/2^N$ 的值。即使用一个 $\log_2(1/p_i)$ 位序列表示出现频率为 p_i 的值(见图 10.4)。

p_i	$\log_2(1/p_i)$
1/2	1
1/4	2
1/8	3
1/16	4

图 10.4　$\log_2(1/p_i)$ 的值

这种编码方法确保我们可以通过依次询问一组关于每个值的“精心挑选”的是/否问题(即两个可能的答案等概率的问题)来确定任何值。

第一位是 1 吗?

如果不是,第二位是 1 吗?

如果不是,第三位是 1 吗?

等等

因此,在图 10.3 中,以频率 1/2 出现的值 A 用 1 位表示,以频率 1/4 出现的值 B 用 2 位表示,值 C 和 D 各自用 3 位表示。

如果存在具有频率 $p_1, p_2, \cdots, p_M$ 的 M 个值,则需要检查以确定一个值的平均比特数(即熵)是第 i 个值出现的频率乘以需要检查的比特数,如果该值是要确定的那个值,再对 i 取所有值时(从 1 到 M)求和。这样可以计算熵 E 的值:

$$E = \sum_{i=1}^{M} p_i \log_2(1/p_i)$$

这个公式通常以等同的形式给出:

$$E = -\sum_{i=1}^{M} p_i \log_2(p_i)$$

有两种特殊情况需要考虑。当 p_i 的所有值相同时,即对于从 1 到 M 的所有 i,有 $p_i = 1/M$,则上述公式简化为

$$E = -\sum_{i=1}^{M} 1/M \log_2(1/M)$$

$$= -\log_2(1/M)$$
$$= \log_2(M)$$

这是 10.3 节给出的公式。

当只有一个具有非零频率的值时,$M = 1$ 且 $p_1 = 1$,所以 $E = -1 \times \log_2 1 = 0$。

10.5 训练集的熵

现在我们可以将本章的内容与第 5 章给出的训练集的熵的定义联系起来。在第 5 章中,只简单给出了熵的公式,而没有讨论产生原因。我们现在可以根据确定未知分类所需的是/否问题的数量来审视训练集的熵。

如果我们知道训练集的熵是 E,那么这并不意味着我们可以用 E 个"精心挑选"的是/否的问题来找到未知的分类。要做到这一点,我们不得不提出有关分类本身的问题,例如"分类是 A 或 B,而不是 C 或 D 吗?"显然,我们不能通过提出这样的问题来找到一种能预测不可见实例所属分类的方法。不同的是,我们提出一系列关于训练集中每个实例属性值的问题,这些属性的问题能准确地确定分类。

对一个属性提出的任何问题都将把训练集高效地划分为若干子集,每个属性的每个可能值都有一个子集(空子集被舍去)。第 4 章中描述的 TDIDT 算法通过重复分割属性的值,从上到下生成一个决策树。如果由根节点表示的训练集具有 M 个可能的分类,则对应于发展树的每个分支末端节点的每个子集的熵在 $\log_2 M$(如果子集中的每个分类的频率是相同的)到零(如果子集具有只有一个分类的属性)之间变化。当分裂过程终止时,所有的"不确定性"已经从树上移除。每个分支对应于一种属性值的组合,并且对于每个分支都只存在单个分类,因此总体熵为零。

尽管通过分裂创建的子集可能具有大于其"父"的熵,但是在该过程的每个阶段,对属性的分裂减少了树的平均熵,或者最坏的情况下使其不变。这是一个重要的结果,经常被假设但很少被证明,我们将在下一节中考虑它。

10.6 信息增益必须是正值或零值

信息增益属性的选择标准在第 5 章中描述。由于字面理解,有时会假定信息增益必须总是正的,即信息总是通过在树生成过程中在节点上分裂而获得。

但是这是不准确的，尽管通常情况下信息增益是正的，但它也可能是零。以下关于信息增益可以为零的证明是基于这样一个原则：对于 C 个可能的分类，当类平衡时，即属于每个类的实例数目相同，训练集的熵取值为 $\log_2 C$（其最大的可能值）。

图 10.5 所示的训练集有两个平衡的类。每个类的概率是 0.5，所以我们有

$$E_{start} = -(1/2)\log_2(1/2) - (1/2)\log_2(1/2) = -\log_2(1/2) = \log_2(2) = 1$$

X	Y	类别
1	1	A
1	2	B
2	1	A
2	2	B
3	2	A
3	1	B
4	2	A
4	1	B

图 10.5 “信息增益可以为零”的训练集示例

这是 $C = 2$ 类的 $\log_2 C$ 的值。

训练集已经被构建为，无论哪一个属性被选择用于分割，每个分支也将平衡。对于属性 X 的分裂，频率表如图 10.6(a)所示。

	属性值			
类别	1	2	3	4
A	1	1	1	1
B	1	1	1	1
总和	2	2	2	2

图 10.6(a) 属性 X 的频率表

频率表的每一列是平衡的，并且可以容易地验证 $E_{new} = 1$。

对于分割属性 Y，频率表如图 10.6(b)所示。

两列再次均衡，$E_{new} = 1$。无论选取哪个值，E_{new} 都是 1，所以 信息增益 $= E_{start} - E_{new} = 0$。

信息增益的缺失并不意味着分割任何一个属性都没有价值。无论选择哪

类别	属性值	
	1	2
A	2	2
B	2	2
总和	4	4

图 10.6(b) 属性 Y 的频率表

一个属性,对所有分支的其他属性进行分割将产生一个最终决策树,每个分支由一个叶节点终止,因此具有零的熵。

尽管我们已经表明信息增益有时可以是零,但它永远不会是负的。直观地看,通过分割一个属性可能会丢失信息似乎是错误的。这样做确实会得到更多信息吗(或偶尔相同)?

信息增益永远不会成为负的结果是被许多文献作者陈述过的。“信息增益”这个名字给出了强烈的提示,即信息损失是不可能的,但这远不是一个正式的证明。

本作者无法找到这一重要结果的证据,他向几位英国学者发出邀请,寻求在技术文献中找到一个证明,或者给出一个证明。北爱尔兰阿尔斯特大学的两位成员对此做出了杰出的回答,他们给出了自己的证明方法,并在文献中详述了证明过程[1]。本书中不会重述他们的证明过程,但是这一方法确实值得我们深入学习。

10.7 利用信息增益减少分类任务的特征

我们通过信息增益形式的熵的应用来结束本章,这次作为一种减少分类算法(任何类型)需要考虑的特征数量(即属性)的方法。

这里描述的减少特征的方法是专门限于分类任务的。它使用第5章介绍的信息增益作为在TDIDT树生成算法的每个阶段选择属性的标准。然而,为了减少特征,信息增益仅作为初始预处理阶段在顶层应用。只有符合指定标准的属性才被保留以供分类算法使用。没有假定使用的分类算法是TDIDT,它适用于任何分类算法。

从广义上讲,这个方法等于轮流询问每个属性“通过知道这个属性的值来获得关于实例分类的多少信息?”只有具有最大信息增益值的属性才被保留用于首选分类算法。这里有三个阶段。

1. 计算原始数据集中每个属性的信息增益值。
2. 丢弃所有不符合指定标准的属性。
3. 将修改的数据集传递给首选的分类算法。

在第 6 章中描述了使用频率表计算分类属性的信息增益的方法。第 8 章描述了通过检查将属性值分成两部分的替代方法,该方法可用于连续属性的修改,后者也返回一个"分割值",即给出最大信息增益的属性值。当信息增益用于减少特征时,则不需要此值。对于具有任何分割值的属性,知道其可实现的最大信息增益就足够了。

有许多可能的标准可用于确定要保留哪些属性,例如:

①1012659176——只保留最好的 20 个属性;

②1012659177——只保留最好的 25% 的属性;

③1012659178——只保留具有所有属性最高信息增益至少 25% 的属性;

④1012659179——只保留将数据集的初始熵降低至少 10% 的属性。

并没有适用所有情况的最好选择,但分析所有属性的信息增益值可以帮助做出明智的选择。

10.7.1　例 1:genetics 数据集

我们将从 UCI 资源库获得的遗传数据集作为一个例子。图 10.7 给出了一些基本的信息。

genetics 数据集基本信息

genetics 数据集包含 3 190 个实例。每个实例包含 60 个 DNA 元素序列的值,所用实例被分为三个类别:EI、IE 和 N。这 60 个属性(称作 A0 到 A59)都是分类属性,每个属性有八个可能的值 A、A、T、G、C、N、D、S 和 R。

欲了解更多信息,请参阅[2]。

图 10.7　genetics 数据集:基本信息

尽管 60 个属性不是很多,但仍可能超过可靠分类所需的属性数,并可能出现过拟合。

一共有三个分类,在 3 190 个实例中被分为 767 个、768 个和 1 655 个,相应比例为 0. 240、0. 241 和 0. 519,所以初始熵为: $-0.240\times\log_2 0.240-0.241\times\log_2 0.241-0.519\times\log_2 0.519=1.480$。

图 10.8 给出了属性 A0 到 A59 中部分属性的信息增益值。

属性	信息增益
A0	0.006 2
A1	0.006 6
A2	0.002 4
A3	0.009 2
A4	0.016 1
A5	0.017 7
A6	0.007 7
A7	0.007 1
A8	0.028 3
A9	0.027 9
⋮	⋮
A27	0.210 8
A28	0.342 6
A29	0.389 6
A30	0.329 6
A31	0.322 2
⋮	⋮
A57	0.008 0
A58	0.004 1
A59	0.012 3

图 10.8　genetics 数据集:一些属性的信息增益

属性 A29 具有最大信息增益。0. 389 6 的增益意味着如果 A29 的值已知,则初始熵将减少 1/4 以上。第二大信息增益是属性 A28。

采用 4 位小数的表示形式不便于直观的理解(对于人们来说)。如果通过将所有信息增益值除以 0. 389 6(最大值),产生一个 0 到 1 的比例,然后将它们全部乘 100 来调整,则可能更容易理解该表。得到的结果在图 10. 9 中给出。对于属性 A0 已调整的信息增益为 1. 60,意味着 A0 的信息增益是 A29 信息增益的 1. 60% 。

从这张表格中可以清楚地看出,A29 的信息增益不仅是最大的,而且大大高于其他大部分的值。甚至只有少数其他信息增益值达到它的 50% 。

查看信息增益值的另一种方法是考虑频率。可以将可能的已调整的值的范围(在这种情况下为 0 到 100%)分成许多范围,通常称为分箱。这些标签可能被标记为 10、20、30、40、50、60、70、80、90 和 100(不必采用等间距分箱)。

然后将每个信息增益值分配给其中的一个分箱。第一个分箱对应的值为 0 到 10(包含 10),第二个分箱对应的值大于 10 但小于或等于 20,依此类推。

图 10. 10 中显示了 10 个分箱中每个的频率。最后两列显示累积频率(即小于或等于分箱标签值的数量),累积频率表示为总值(即 60)的百分比。

属性	信息增益（调整后）
A0	1.60
A1	1.70
A2	0.61
A3	2.36
A4	4.14
A5	4.55
A6	1.99
A7	1.81
A8	7.27
A9	7.17
⋮	⋮
A27	54.09
A28	87.92
A29	100.00
A30	84.60
A31	85.26
⋮	⋮
A57	2.07
A58	1.05
A59	3.16

图10.9 genetics 数据集:信息增益占最大值的百分比

分箱	频率	累积频率	累积频率/%
10	41	41	68.33
20	9	50	83.33
30	2	52	86.67
40	2	54	90.00
50	0	54	90.00
60	2	56	93.33
70	0	56	93.33
80	0	56	93.33
90	3	59	98.33
100	1	60	100.00
总和	60		

图10.10 genetics 数据集:信息增益频率

60个属性中有41个的信息增益不超过A29的10%。只有6个属性的信息增益超过了A29的50%。

丢弃除了6个最佳属性的其他属性是一个值得参考的方案。虽然这不一定是最好的策略,但是如果我们这样做的话,看看预测精度的变化是很有趣的。

使用 TDIDT 和熵属性选择标准进行分类,当使用全部 60 个属性时,使用 10 次交叉验证获得的预测准确度为 89.5%。当只使用最好的 6 个属性时,这增加到 91.8%。虽然这个改进是相当小的,但它确实是一个改进,并且只使用原来 60 个属性中的 6 个。

10.7.2 例 2:bcst96 数据集

下一个例子使用了一个更大的数据集。数据集 bcst96 已被用于网页自动分类的实验。关于它的一些基本信息在图 10.11 中给出。

> bcst96 数据集基本信息
>
> bcst96 数据集包含 1 186 个实例(训练集)和另外 509 个实例(测试集)。每个实例对应一个网页,被分类为两个可能类别 B 或 C 中的一个,使用13 430 个属性值,这些属性全部是连续的。
>
> 有些属性对于训练集中的实例只有一个取值,这样的属性有 1 749 个,因此可以删除,剩下 11 681 个连续的属性。

图 10.11 bcst96 数据集基本信息

在这种情况下,原始属性数量是训练集中实例数量的 11 倍以上。似乎很可能有大量的属性可以删除,但是是哪些呢?

熵的初始值为 0.996,表明这两个类别是相当平衡的。

从图 10.11 中可以看出,删除了训练集中所有实例具有单一值的属性后,仍有 11 681 个连续属性。

接下来我们计算这 11 681 个属性中的每一个的信息增益。最大值是 0.381。

频率表如图 10.12 所示。

最令人惊讶的结果是,多达 11 135 个属性(95.33%)在 5 个分箱中有信息增益,即不超过可获得的最大信息增益的 5%。几乎 99% 的值在 5 和 10 分箱。

使用 TDIDT 和熵属性选择标准进行分类,算法从原始训练集生成 38 条规则,并使用这些规则来预测测试集中 509 个实例的分类。它产生了 94.9% 的准确率(483 次正确预测和 26 次不正确预测)。如果我们放弃除了最好的 50 个属性以外的属性,那么相同的算法会生成一组 62 个规则,这个规则在测试集中又有 94.9% 的准确率(483 个正确预测和 26 个不正确预测)。

在这种情况下,11 681 个属性中只要 50 个(小于 0.5%)就足以提供与整

分箱	频率	累积频率	累积频率/%
5	11 135	11 135	95.33
10	403	11 538	98.78
15	76	11 614	99.43
20	34	11 648	99.72
25	10	11 658	99.80
30	7	11 665	99.86
35	4	11 669	99.90
40	1	11 670	99.91
45	2	11 672	99.92
50	1	11 673	99.93
55	1	11 674	99.94
60	2	11 676	99.96
65	2	11 678	99.97
70	0	11 678	99.97
75	1	11 679	99.98
80	0	11 679	99.98
85	1	11 680	99.99
90	0	11 680	99.99
95	0	11 680	99.99
100	1	11 681	100.00
总计	11 681		

图 10.12　bcst96 数据集:信息增益频率

组属性相同的预测精度。但是,生产这两种决策树所需处理量的差异是相当大的。当使用所有的属性时,TDIDT 算法将需要在演化中的决策树的每个节点处检查大约 1 186×11 681 = 13 853 666 个属性值。如果只使用最好的 50 个属性,这个数字下降到只有 1 186×50 = 59 300。

虽然特征约简并不总能保证产生的结果同这两个例子一样好,但是这个方法值得被考虑,特别是当属性很多的时候。

10.8　本章总结

本章回到了训练集的熵的问题。它使用位编码信息的思想详细解释了熵的概念。本章讨论了使用 TDIDT 算法信息增益必须为正或零的重要结果,然后利用信息增益作为分类任务的特征约简方法。

10.9 自测题

1. 100 个实例组成的训练集有四个分类,其出现的频率分别为 20/100、30/100、25/100 和 25/100,这个训练集的熵是多少?若四个类别的频率不变,对于 10 000 个实例组成的训练集,熵又是多少?

2. 对于在一个大群体中只使用是/否问题来识别某个人的任务,最好先问哪个问题?

参考文献

[1] McSherry, D., & Stretch, C. (2003). Information gain (University of Ulster Technical Note).

[2] Noordewier, M. O., Towell, G. G., & Shavlik, J. W. (1991). Training knowledge-based neural networks to recognize genes in DNA sequences. In Advances in neural information processing systems (Vol. 3). San Mateo: Morgan Kaufmann.

第 11 章　采用模块化分类规则

通过决策树的中间形式生成分类规则是一种广泛使用的技术,这形成了本书第一部分的主题。但是,正如第 9 章所指出的那样,它和其他许多方法一样,都有着对训练数据的过拟合问题。我们从描述“规则后剪枝”(rule post-pruning)的方法来开始这一章,这个方法是第 9 章讨论过的后剪枝方法的一种替代方法。这引出了冲突消解(conflict resolution)的重要问题。

我们仍假设决策树表示本身就是一个过拟合的主因,然后考虑不使用决策树的中间表示直接生成规则的算法。

11.1　规则后剪枝

规则后剪枝方法首先将决策树转换为等价的规则集,然后检查规则,目的是在不损失(并且最好具有增益)预测准确性的前提下简化它们。

图 11.1 显示了第 4 章中给出的学位数据集的决策树。它由五个分支组成,每个分支以一个有效分类标记的叶节点结束,学位分类为 FIRST 或 SECOND。

树的每个分支对应一个分类规则,因此可以从分支中提取等价于决策树的规则。选取分支的顺序是任意的,因为对于任何不可见的实例只有一个规则(最多)可用。对应于图 11.1 的五个规则如下所示(在任意顺序下):

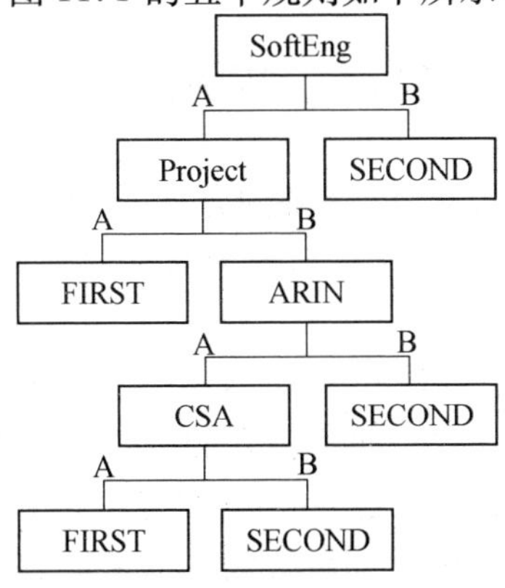

图 11.1　degree 数据集的决策树

IF SoftEng = A AND Project = B AND
    ARIN = A AND CSA = A THEN Class = FIRST
IF SoftEng = A AND Project = A THEN Class = FIRST
IF SoftEng = A AND Project = B AND ARIN = A AND
    CSA = B THEN Class = SECOND
IF SoftEng = A AND Project = B AND ARIN = B THEN
    Class = SECOND
IF SoftEng = B THEN Class = SECOND

现在轮流审查每个规则,以考虑删去它的每一项是增加还是降低了它的预测准确性。因此对于上面给出的第一个规则,考虑这四项"SoftEng = A""Project = B""ARIN = A"和"CSA=A"。我们需要一些方法来估计单独去除这些项的每一项会增加或降低所得规则集的准确性。假设有这样一个方法,我们删除使得预测准确度增加最多的一项,例如"Project = B"。然后考虑删除其他三项中的每一项。当删除一个规则中的任何一项都会降低(或保持不变)预测准确度规则时,对这个规则的处理结束,然后,继续下一个规则的处理。

这个描述依赖于存在一些方法来估计一个规则集的预测准确性,当从其中一个规则中删除某一个项,可使用基于概率的公式来做到这一点,或者可以简单地使用原始和修改的规则集来对未预知的剪枝集中的实例进行分类,并比较结果。(请注意,使用测试集来改进规则集,然后在相同的实例中检查其性能,这种方式是不安全的。对于这种方法,需要有三个集:训练,剪枝和测试。)

11.2 冲突消解

由规则后剪枝引起的第二个重要问题具有更广泛的普适性。一旦从规则中删除了一项,那么对于任何未预知的实例,只有一个规则(至多)可适用的性质不再有效。

在第9章中描述的后剪枝方法,即自底向上修剪,用单个节点反复地替换子树,这具有非常理想的特性,即所得到的分支将仍然以树形结构连接在一起。例如,这个方法可能(可能是不明智的)导致图11.1中ARIN值的测试及其子树被SECOND标记的单个节点替代。结果仍然是一棵树,如图11.2所示。

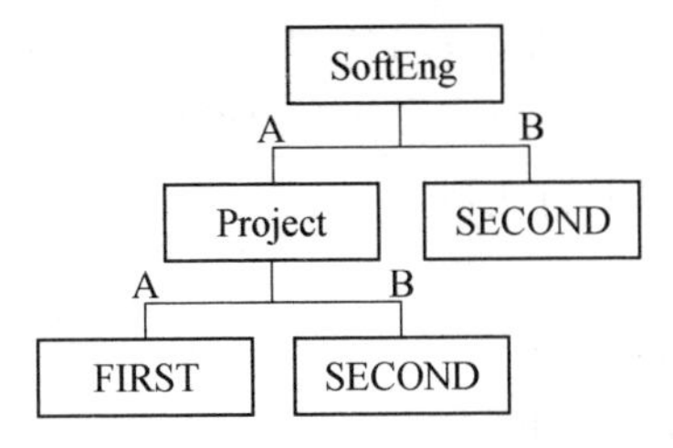

图 11.2 degree 数据集的决策树(已修正)

相反,假设作为规则后修剪过程的一部分,我们希望删除在树顶部附近对应于“SoftEng = A”的链接,如图 11.3 所示。如此操作,得到的不是一棵树,而是两棵分离的树。在第 11.1 节列出的五个规则现在变为如下所示:

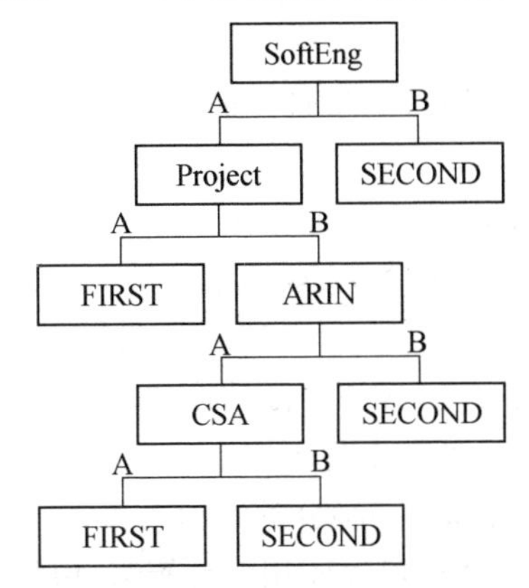

图 11.3 degree 数据集的决策树(修正版本 2)

IF Project = B AND ARIN = A AND CSA = A THEN Class = FIRST

IF Project = A THEN Class = FIRST

IF Project = B AND ARIN = A AND CSA = B
  THEN Class = SECOND

IF Project = B AND ARIN = B THEN Class = SECOND

IF SoftEng = B THEN Class = SECOND

对于一个实例,如果满足部分条件,我们会说规则被触发了。如果一组规则收进一个树结构中,那么对于任何实例来说,只有一个规则可以被触发。一般情况下,一组规则不会变成一个树结构,对于一个给定的测试实例,完全有可能有几个规则都被触发,并且这些规则可能会给出相互矛盾的分类。

假设对于学位的应用,我们有一个未预知的实例,SoftEng、Project、ARIN 和 CSA 的值分别是“B”“B”“A”和“A”。第一个和最后一个规则都会被触发。第一条规则的结论是“Class = FIRST”；最后一条规则的结论是“Class = SECOND”。我们应该选哪一个？这个问题可以在学位数据集的内容之外进行说明，只用考虑两条设想的规则：

IF x = 4 THEN Class = a
IF y = 2 THEN Class = b

对于 x = 4 和 y = 2 的实例，分类应该是什么？

一个规则得出 a 类，另一个得出 b 类。

我们可以用其他规则来扩展这个例子，比如

IF w = 9 and k = 5 THEN Class = b
IF x = 4 THEN Class = a
IF y = 2 THEN Class = b
IF z = 6 and m = 47 THEN Class = b

对于 $w = 9$，$k = 5$，$x = 4$，$y = 2$，$z = 6$ 和 $m = 47$ 的实例，分类应该是什么？一个规则给出 a 类，另外三个规则给出 b 类。

我们需要一种方法去选择一种分类作为未预知实例的最终分类。这种方法被称为冲突消解策略。我们可以使用各种策略，包括：

①“绝对多数投票”（例如，有三个规则预测 B 类，只有一个预测 A 类，所以选择 B 类）。

②优先考虑某些类型的规则或分类（例如，条款较少的规则或预测罕见分类的规则可能在投票中比其他规则具有更高的权重）。

③对每个规则使用（这将在第 16 章中讨论）“感兴趣度”（interestingness）的指标，优先考虑最感兴趣的规则。

有可能会构建出相当复杂的冲突消解策略，但其中大部分都具有相同的缺点：它们需要对每个未预知的实例测试所有规则的条件部分，以便在应用策略之前获知所有被触发的规则。相比之下，我们只需要处理每个从决策树生成的规则，直到第一个规则被触发（因为我们知道没有其他规则可以再被触发）。

一个非常基本但广泛使用的冲突解决策略是按顺序规则测试并采取第一个触发事件。这可以大大减少所需的处理量，但是生成规则的顺序非常重要。

虽然可以使用冲突消解策略来剪枝决策树，以给出一组不适合树结构的规则,但这是生成一组规则的非必要的间接方法。此外,如果希望使用“取被触发的第一条规则”的冲突解决策略,那么从树中提取规则的顺序很可能是至关重要的,而实际上这应该是任意的。

在第 11.4 节中,我们将描述一种完全无须树生成的算法,并生成“独立”的规则,即不直接组合成树结构。我们称其为模块化规则。

11.3　决策树的问题

虽然决策树被广泛使用,但这种表示法具有严重的缺陷:从树中得到的规则可能比必要的多得多,并且可能包含许多冗余项。

在由本书作者主导的开放大学(Open University)的博士项目中,Cendrowska[1,2]批评了生成决策树的方法,即由这些树转换成决策规则,而不是直接从训练集生成决策规则。她的意见如下[原始符号已改为与本书中所用的一致]:

“规则的决策树表示有许多缺点……最重要的是,有一些规则不容易用树来表示。

例如,考虑以下规则集:

规则 1:IF a = 1 AND b = 1 THEN Class = 1
规则 2:IF c = 1 AND d = 1 THEN Class = 1

假设规则 1 和规则 2 覆盖了类 1 的所有实例,而所有其他实例都属于类 2。这两个规则不能由单个决策树来表示,因为树的根节点必须在单个属性上分割,并且不存在这两个规则共有的属性。这些规则所涵盖的实例集合的最简单的决策树表示将必然为其中一个规则增加一个额外的项,而这反过来将需要至少一个额外的规则来涵盖由于增加额外项而被排除的实例。树的复杂性取决于为分割而选择的属性的可能取值的个数。例如,让四个属性 a、b、c 和 d 分别具有三个可能的值 1、2 和 3,并且让属性 a 被选择用于在根节点处进行分割。规则 1 和规则 2 的最简单的决策树表示如图 11.4 所示。

有关类别 1 的路径可以如下列出:

IF a = 1 AND b = 1 THEN Class = 1
IF a = 1 AND b = 2 AND c = 1 AND d = 1 THEN Class = 1
IF a = 1 AND b = 3 AND c = 1 AND d = 1 THEN Class = 1

IF a = 2 AND c = 1 AND d = 1 THEN Class = 1

IF a = 3 AND c = 1 AND d =1 THEN Class = 1

显然,将一个简单的规则集强制采用决策树表示的结果是,从树中提取的单个规则通常过于具体(即它们引用的属性是不相关的)。这使得它们不适合在更多领域使用。”

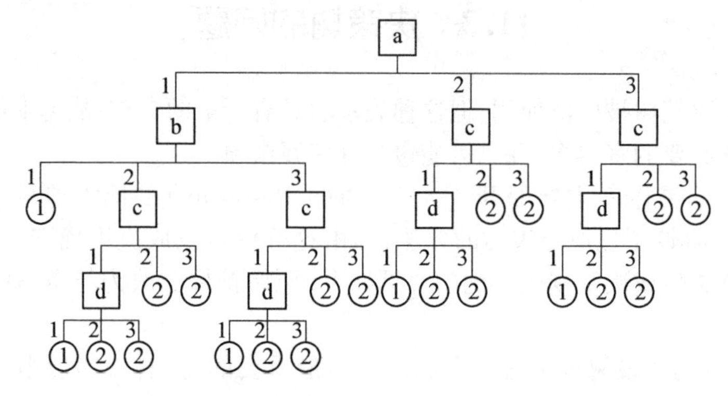

图 11.4　规则 1 和 2 的最简单的决策树表示

Cendrowska 描述的庞杂混乱的决策树现象并不罕见。每当有两个(基本)规则没有共同的属性时就会发生,这种情况在实践中非常常见。

与决策树分支相对应的所有规则必须以相同的方式开始,即对顶层选择的属性的值进行测试。不考虑过拟合问题时,这个问题不可避免地导致在规则(分支)中引入项,除了使树状结构能够被构建的唯一目的之外,这些项是不必要的。

当训练集很小时,规则集的大小和紧凑性问题似乎并不重要,但是当它们扩展到数千或数百万个实例时,特别是在属性数量也很大的情况下就变得非常重要。

尽管在本书中我们忽略了与确定属性值有关的实用性和成本问题,但是当某些属性值对于需要分类的实例是未知的,或只能通过一些高成本、高风险的测试获得时就会产生许多实际问题。在许多实际应用中,对于不可见的实例采用一种无须不必要测试的分类方法是非常可取的。

11.4　Prism 算法

Prism 算法由 Cendrowska[1,2] 提出。目的是直接从训练集中引入模块化分类规则。该算法假定所有属性都是分类属性。当有连续属性时,可以先将它们转换为分类属性(如第 8 章所述),或将算法扩展为处理连续属性,这与 8.3 节中 TDIDT 的描述非常相似。

当产生的规则被应用于不可见的数据时,Prism 使用"取被触发的第一条规则"的冲突消解策略,所以关键是尽可能首先产生最重要的规则。

该算法依次生成以每个可能类别作为结论的规则。每个规则都是逐项生成的,每一项的形式是"属性=值"。选择每个步骤添加的属性/值对以最大化目标"结果类别"的概率。

Prism 算法的基本形式如图 11.5 所示。请注意,每个新类的训练集都恢复到初始状态。

依次对于每个类别(类别 i)进行如下步骤,每次都从完整的训练集开始:

1. 计算每个属性/值对出现类别 i 的概率。

2. 选择具有最大概率的一对,并创建包含具有所选属性/值对(对于所有分类)的所有实例的训练集的子集。

3. 对这个子集重复 1 和 2,直到获得仅包含第 i 类实例的子集。所导出的规则是所选的所有属性值对的组合。

图 11.5　基本 Prism 算法

我们将通过为 lens24 数据集(仅类别 1)生成规则来说明算法。该算法为该类生成两个分类规则。

lens24 的初始训练集包含 24 个实例,如图 11.6 所示。

age	specRx	astig	tears	类别
1	1	1	1	3
1	1	1	2	2
1	1	2	1	3
1	1	2	2	1
1	2	1	1	3
1	2	1	2	2
1	2	2	1	3
1	2	2	2	1
2	1	1	1	3
2	1	1	2	2
2	1	2	1	3
2	1	2	2	1
2	2	1	1	3
2	2	1	2	2
2	2	2	1	3
2	2	2	2	3
3	1	1	1	3
3	1	1	2	3
3	1	2	1	3
3	1	2	2	1
3	2	1	1	3
3	2	1	2	2
3	2	2	1	3
3	2	2	2	3

图11.6　lens24训练集

第一条规则

图11.7显示了整个训练集(24个实例)中每个属性/值对出现class = 1的概率。最大概率是当astig = 2或tear = 2时。

任意选择其中一个,此处选择astig = 2。

到目前为止,导出的不完整的规则:

IF astig = 2 THEN class = 1

属性/值对	类别= 1 的频数	总频数(在 12 个实例中)	概率
age= 1	2	8	0.25
age= 2	1	8	0.125
age= 3	1	8	0.125
specRx = 1	3	12	0.25
specRx = 2	1	12	0.083
astig=1	0	12	0
astig=2	4	12	0.33
tears= 1	0	12	0
tears= 2	4	12	0.33

图 11.7　第一条规则:属性/值对的概率(版本 1)

图 11.8 给出了这个不完全规则所涵盖的训练集的子集。

age	specRx	astig	tears	类别
1	1	2	1	3
1	1	2	2	1
1	2	2	1	3
1	2	2	2	1
2	1	2	1	3
2	1	2	2	1
2	2	2	1	3
2	2	2	2	3
3	1	2	1	3
3	1	2	2	1
3	2	2	1	3
3	2	2	2	3

图 11.8　第一条规则:由不完全规则覆盖的训练集的子集(版本 1)

图 11.9 显示了这个子集的每个属性/值对(不涉及属性 astig)发生的概率。

最大的概率是当 tears = 2。

到目前为止,导出的不完整的规则:

IF astig = 2 and tears = 2 THEN class = 1

属性/值对	类别 = 1 的频数	总频数(在 12 个实例中)	概率
age = 1	2	4	0.5
age = 2	1	4	0.25
age = 3	1	4	0.25
specRx = 1	3	6	0.5
specRx = 2	1	6	0.17
tears = 1	0	6	0
tears = 2	4	6	0.67

图 11.9　第一条规则:属性/值对的概率(版本 2)

图 11.10 显示了该规则涵盖的训练集的子集。

age	specRx	astig	tears	类别
1	1	2	2	1
1	2	2	2	1
2	1	2	2	1
2	2	2	2	3
3	1	2	2	1
3	2	2	2	3

图 11.10　第一条规则:由不完全规则覆盖的训练集的子集(版本 2)

图 11.11 显示了每个属性/值对(不涉及属性堆积或撕裂)发生的概率。

属性/值对	类别 = 1 的频率	总频率(在 6 个实例中)	概率
age = 1	2	2	1.0
age = 2	1	2	0.5
age = 3	1	2	0.5
specRx = 1	3	3	1.0
specRx = 2	1	3	0.33

图 11.11　第一条规则:属性/值对的概率(版本 3)

最大概率是当 age = 1 或 specRx = 1 时。

(任意)选择 age = 1。

到目前为止,导出的不完整的规则:

IF astig = 2 and tears = 2 and age = 1 THEN class = 1

图 11.12 给出了该规则涵盖的训练集的子集。这个子集只包含类别 1 的

实例。

因此最终导出的规则是：

IF astig = 2 and tears = 2 and age = 1 THEN class = 1

Age	specRx	astig	tears	类别
1	1	2	2	1
1	2	2	2	1

图 11.12 第一条规则：由不完全规则覆盖的训练集的子集(版本 3)

从训练集中移除第一条规则所涵盖的两个实例，给出了一个具有 22 个实例的新的训练集，如图 11.13 所示。

age	specRx	astig	tears	类别
1	1	1	1	3
1	1	1	2	2
1	1	2	1	3
1	2	1	1	3
1	2	1	2	2
1	2	2	1	3
2	1	1	1	3
2	1	1	2	2
2	1	2	1	3
2	1	2	2	1
2	2	1	1	3
2	2	1	2	2
2	2	2	1	3
2	2	2	2	3
3	1	1	1	3
3	1	1	2	3
3	1	2	1	3
3	1	2	2	1
3	2	1	1	3
3	2	1	2	2
3	2	2	1	3
3	2	2	2	3

图 11.13 lens24 训练集(约简后)

现在频率表如图 11.14 所示，对应于 class = 1 的属性/值对。

属性/值对	类别=1的频率	总频率 (在24个实例中)	概率
age=1	0	6	0
age=2	1	8	0.125
age=3	1	8	0.125
specRx=1	2	11	0.18
specRx=2	0	11	0
astig=1	0	12	0
astig=2	2	10	0.2
tears=1	0	12	0
tears=2	2	10	0.2

图 11.14　第二条规则:属性/值对的概率(版本 1)

最大概率是通过 astig = 2 和 tears = 2 来实现的。任意选择 astig = 2。

到目前为止,导出的不完整的规则:

IF astig = 2 THEN class = 1

图 11.15 显示了该规则所涵盖的训练集的子集。该规则给出了图 11.16 所示的频率表。

age	specRx	astig	tears	类别
1	1	2	1	3
1	2	2	1	3
2	1	2	1	3
2	1	2	2	1
2	2	2	1	3
2	2	2	2	3
3	1	2	1	3
3	1	2	2	1
3	2	2	1	3
3	2	2	2	3

图 11.15　第二条规则:由不完全规则覆盖的训练集的子集(版本 1)

属性/值对	类别=1的频率	总频率 (在10个实例中)	概率
age=1	0	2	0
age=2	1	4	0.25
age=3	1	4	0.25
specRx=1	0	5	0
specRx=2	2	5	0.4
astig=1	0	6	0
astig=2	2	4	0.5

图 11.16　第二条规则:属性/值对的概率(版本 2)

最大可能性是通过 tears = 2 来实现的。

到目前为止,导出的不完整的规则:

IF astig = 2 and tears = 2 then class = 1

图 11.17 给出了该规则所涵盖的训练集的子集。该规则给出了图 11.18 所示的频率表。

最大概率取 specRx = 1 时,到目前为止,导出的不完整的规则:

IF astig = 2 and tears = 2 and specRx = 1 THEN class = 1

age	specRx	astig	tears	类别
2	1	2	2	1
2	2	2	2	3
3	1	2	2	1
3	2	2	2	3

图 11.17　第二条规则:不完全规则(版本 2)覆盖的训练集的子集

属性/值对	类别=1的频率	总频率 (在4个实例中)	概率
age=1	0	0	—
age=2	1	2	0.5
age=3	1	2	0.5
specRx=1	2	2	1.0
specRx=2	0	2	0

图 11.18　第二条规则:属性/值对的概率(版本 3)

图 11.19 显示了该规则所涵盖的训练集的子集。这个子集只包含类别 1 的实例。

age	specRx	astig	tears	类别
2	1	2	2	1
3	1	2	2	1

图 11.19　第二条规则:由不完全规则覆盖的训练集的子集(版本 3)

因此最终导出的规则是:

IF astig = 2 and tears = 2 and specRx = 1 THEN class = 1

从当前版本的训练集(有 22 个实例)中去除这个规则所涵盖的两个实例,给出了一个由 20 个实例组成的训练集,现在已经从中移除了所有的类别 1 的实例,所以 Prism 算法终止(对于分类 1)。

最终由对类别 1 的 Prism 导出的规则对为:

IF astig = 2 and tears = 2 and age = 1 THEN class = 1

IF astig = 2 and tears = 2 and specRx = 1 THEN class = 1

该算法现在将继续为剩下的分类生成规则。它将为第2类产生3个规则,为第3类产生4个规则。注意,对于每个新类别,训练集都会恢复到初始状态。

11.4.1 基本Prism算法的改进

1. 打破平衡(tie-breaking)

基本算法可通过在相同概率下不选择任意的属性/值对来进行改进,而是选择最高总频率的属性/值对。

2. 训练数据中的冲突

Prism的原始版本不包括处理规则生成期间遇到的训练集冲突的方法。

然而,基本算法可以很容易地被扩展以处理冲突。

算法的第3步为:

> 对这个子集重复1和2,直到获得仅包含第i类实例的子集。

此步骤需扩展为"或者获得了包含多于一个类的实例的子集,尽管所有属性的值已经被用于创建子集"。

将子集中的所有实例分配给多数类的简单方法不直接适用于Prism框架。为了达到这一目的研究了很多方法,最有效的方法如下。

> 如果在生成类别i的规则时发生冲突:
>
> 1. 确定冲突集中子集的实例的多数类。
>
> 2. 如果这个多数类是类别i,那么通过将冲突集中的所有实例分配给类别i来完成导出规则。如果这个多数类不是类别i,则放弃该规则。

11.4.2 Prism与TDIDT的比较

第11.4.1节中描述的附加特征都包含在本书作者对Prism的重新实现中[3]。

这篇论文描述了一系列的实验来比较Prism和TDIDT在众多数据集上的性能。作者的结论是:"实验表明,用于生成模块化规则的Prism算法给出的分类规则和广泛使用的TDIDT算法一样好,甚至更好。通常规则越少,每条规则的项就越少,这有助于领域专家和用户的理解。当训练集中存在噪声时,这种结果似乎更适用。就对不可见的测试数据的分类精度而言,对于无噪声数据集,包括在训练集中具有相当大比例冲突实例的数据集,两种算法的性能几乎无差别。主要的区别是,Prism 倾向于将测试实例保留为'未分类的',而不是给它错误的分类。在某些领域,这可能是一个重要的特征。在其他领域,采用一个简单的策略,例如将未分类的实例分配给大多数类似乎是合理的。当存在噪声时,即使在训练集中存在高水平的噪声时,Prism 似乎也具有比 TDIDT 更好的分类准确性。尚不清楚 Prism 比 TDIDT 更能抗噪声的原因,但可能与大多数情况下每条规则的项更少有关。使用 Prism 生成规则的计算量大于 TDIDT。然而,若使用并行处理,Prism 具有相当大的提高效率的潜力。"

这些优良性能是基于相当有限的实验得到的,需要用更广泛的数据集进行验证。在实践中,尽管决策树表示法有缺点,Prism 和其他类似算法具有明显的潜力,但 TDIDT 更常用于生成分类规则。C4.5[4] 及相关系统的可用性无疑是一个重要的因素。

在第 16 章中,我们将继续研究如何使用模块化规则来预测属性值之间的关联,而不是用于分类。

11.5　本章总结

本章首先介绍了一种后剪枝的方法,该方法的特性是,修剪后的规则一般不会组合在一起形成树,剪枝后的规则被称为模块化规则。当使用模块化规则来分类不可见的测试数据时,需要一个冲突消解策略,并且讨论了它的几种可能性。使用决策树作为规则的中间表示被认为是过拟合的来源。

Prism 算法直接从训练集导出模块化分类规则。本章对 Prism 进行了详细描述,然后讨论了它作为一个与 TDIDT 相近的分类算法的性能。

11.6　自 测 题

在第 4 章图 4.3 中的 degrees 数据集,对于类别"FIRST",采用 Prism 产生的第一条规则是什么?

参 考 文 献

[1] Cendrowska, J. (1987). PRISM: an algorithm for inducing modular rules. International Journal of Man-Machine Studies, 27, 349-370.

[2] Cendrowska, J. (1990). Knowledge acquisition for expert systems: inducing

modular rules from examples. PhD Thesis, The Open University.

[3] Bramer, M. A. (2000). Automatic induction of classification rules from examples using N-prism. In Research and development in intelligent systems XVI (pp. 99-121). Berlin: Springer.

[4] Quinlan, J. R. (1993). C4.5: programs for machine learning. San Mateo: Morgan Kaufmann.

第 12 章　评估分类器的性能

到目前为止,我们一般都认为评估一个分类器性能的最好(或者唯一的)方法是通过它的预测准确性,即它对不可见实例做出正确分类的比例。但并非一定如此。

除了本书中讨论的那些分类算法外,还有许多其他类型的分类算法。有些算法需要比其他算法更多的计算量或内存资源。有些需要大量的训练实例才能获得可靠的结果。根据情况,用户可能愿意接受较低的预测准确性,以减少运行时间、存储器需求或所需训练实例的数量。

当类别数严重失衡时,就会更难取舍。假设我们正在考虑投资某一上市公司的股票。我们可以预测未来两年哪些公司会破产,从而避免投资吗?这些公司的比例显然很小。我们假设它是 0.02(一个虚构的值),那么平均每 100 个公司就有 2 个会破产,98 个不会。我们分别称这些为“坏”和“好”公司。

如果我们有一个非常“信任”的分类器,它在任何情况下总能预测出“好”,那么它的预测准确性将是 0.98,这是一个非常高的值。仅从预测准确性角度来看,这是一个非常成功的分类。不幸的是,它不会给我们任何帮助,以免投资坏公司。

另一方面,如果我们想要非常安全,可以使用一个非常“谨慎”的分类,总是预测“坏”。这样一来,我们永远不会在破产的公司里损失我们的钱,也绝对不会投资一个好的公司。这类似于空中交通管制的超安全策略:让所有的飞机降落,这样就可以确保它们都不会坠毁。

在现实生活中,我们通常愿意接受犯错的风险,以实现我们的目标。从这个例子中可以清楚地看出,非常信任和非常谨慎的分类器在实践中都没有任何用处。此外,在类别严重不平衡的情况下(公司例子中的 98% 与 2%),其预测准确性本身就不是一个评估分类器性能的可靠指标。

12.1　真假阳性与真假阴性

第 7 章介绍了混淆矩阵的概念。当有两个类别时,我们称为阳性和阴性(或者简称+和-),混淆矩阵由四个单元组成,标记为 TP、FP、FN 和 TN,如图

12.1 所示。

		预测的类别		实例总数
		+	-	
实际类别	+	TP	FN	P
	-	FP	TN	N

图 12.1　正确与错误 & 阳性与阴性

TP:真阳性

被分类为阳性的阳性实例的数量。

FP:假阳性

被分类为阳性的阴性实例的数量。

FN:假阴性

被分类为阴性的阳性实例的数量。

TN:真阴性

被分类为阴性的阴性实例的数量。

P = TP + FN

阳性实例的总数

N = FP + TN

阴性实例的总数

通常区分两种类型的分类错误是有用的:假阳性和假阴性。

假阳性(也称为第 1 类错误)发生在阴性实例被分类为阳性时。

假阴性(也称为第 2 类错误)发生在阳性实例被分类为阴性时。

不同的应用场景,两类错误的重要性也是不同的。

在下面的例子中,我们将假设只有两个分类,即阳性和阴性,或+和-。然后,训练实例可被视为“好公司”“脑肿瘤患者”或“相关网页”等概念的正面或反面例子。

“坏”公司应用。在这里,我们希望假阳性的数量(被分类为“好”的“坏”公司)尽可能小,理想情况下为零。我们可能愿意接受很大比例的假阴性(“好”公司被认为是“坏”的),因为可被投资的公司有很多。

医学筛查应用。在实际的医疗保健系统中,我们都不可能为了发病率很低的疾病(比如脑肿瘤)而筛查全体人群。医生会根据自己的经验来判断(根据症状和其他因素)哪些患者最可能患脑部肿瘤并将其送到医院进行扫描检查。

对于这个应用,我们可以接受相当高比例的假阳性(检查了非患病的人),这个比例可能高达 0.90,即筛选的患者中只有 1/10 患有脑肿瘤,甚至更高。然而,我们希望假阴性(没有被检查的脑肿瘤患者)的比例尽可能小,理想情况下为零。

信息检索应用程序。一个网页搜索引擎可以被看作是一种分类器。对于给定的“关于美国诗歌的页面”这样的标准,它能高效地对网络上所有被认为是“相关”或“不相关”的页面进行分类,并向用户显示“相关”页面的 URL。在这里,我们可能愿意接受很大比例的漏报(相关页面被忽略),大概是 30% 甚至更高,但是可能不需要太多的误报(包括不相关的页面),不超过 10%。在这样的信息检索应用程序中,用户很少意识到假阴性(搜索引擎未找到相关页面),但假阳性是可见的,这会浪费用户时间并且会激怒用户。

这些例子说明,除了完美分类的准确性外,没有一组假阳性和假阴性的组合是对于每个应用都理想的,并且即使预测准确性非常高,在类非常不平衡时也是无益的。为了更加深入探究,我们需要定义一些改进的性能指标。

12.2　性能指标

现在我们可以定义一些分类器应用于测试集时的性能指标。图 12.2 中给出了一些重要指标。根据应用这些技术的领域(信号处理、医学、信息检索等),一些指标可能有不止一个名称。

对于信息检索应用,最常用的指标是召回率和准确率。对于搜索引擎应用,召回率用于衡量在所有相关页面中被检索到的页面所占比例,准确率用于衡量在所有被检索到的页面中相关页面所占比例。F1 分值将准确率和召回率结合到一个指标中,是它们的乘积除以它们的平均值。这被称为两个值的调和平均值。

对于给定的测试集,无论使用哪个分类器,P 和 N 的值(阳性和阴性实例的数量)都是固定的。图 12.2 中给出的指标值通常会随着分类器的变化而变化。给定真阳性率和假阳性率(以及 P 和 N)的值,可以得出所有其他的指标。因此,可以通过它们的真阳性率和假阳性率来表征分类器,二者的比例都是从 0 到 1(包括 0 和 1)。我们首先看一些特殊情况。

1. 完美的分类器

这里每个实例都被正确分类。$\mathrm{TP} = P$,$\mathrm{TN} = N$,混淆矩阵为:

		预测的类别		实例总数
		+	−	
实际类别	+	P	0	P
	−	0	N	N

真阳性率 或命中率或召回率 或灵敏度或 TP 率	TP/P	被正确分类为阳性的阳性实例的比例
假阳性率 或虚警率 或 FP 率	FP/N	被错误地分类为阳性的阴性实例的比例
假阴性率 或 FN 率	FN/P	被错误地分类为阴性的阳性实例的比例= 1 −真阳性率
真阴性率 或特异性 或 TN 率	TN/N	被正确分类为阴性的阴性实例的比例
准确率 或阳性预测准确率	TP /(TP + FP)	分类为阳性的实例中确实是阳性的比例
F1 分值	(2 ×准确率×召回率)/(精度+召回率)	结合准确率和召回率的指标
准确度 或预测准确度	(TP + TN)/(P + N)	被正确分类的实例的比例
错误率	(FP + FN)/(P + N)	被错误分类的实例的比例

图 12. 2　一些经典的性能指标

TP 率(召回率) = $P/P = 1$

FP 率 = $0/N = 0$

精度 = $P/P = 1$

F1 分值 = $2 \times 1/(1 + 1) = 1$

准确率 = $(P + N)/(P + N) = 1$

2. 最差的分类器

每个实例都被错误地分类。TP = 0 和 TN = 0。混淆矩阵为:

		预测的类别		实例总数
		+	−	
实际类别	+	0	P	P
	−	N	0	N

TP 率(召回率) = $0/P = 0$

FP 率 = $N/N = 1$

精度 = $0/N = 0$

F1 分值在这里不适用(因为精度+召回率 = 0)

准确率 = $0/(P + N) = 0$

3. 超自由分类器(The Ultra-liberal Classifier)

这个分类器总是预测阳性。真阳性率是 1,但假阳性率也是 1。假阴性和真阴性率都是零。混淆矩阵是:

		预测的类别		实例总数
		+	−	
实际类别	+	P	0	P
	−	N	0	N

TP 率(召回率) = $P/P = 1$

FP 率 = $N/N = 1$

精度 = $P/(P + N)$

F1 分值 = $2 \times P/(2 \times P + N)$

准确率 = $P/(P+N)$,这是测试集中阳性例子的比例。

4. 超保守分类器(The Ultra-conservative Classifier)

这个分类器总是预测阴性。假阳性率为零,但真阳性率也为零。混淆矩

阵为:

		预测的类别		实例总数
		+	−	
实际类别	+	0	P	P
	−	0	N	N

TP 率(召回率) = $0/P = 0$

FP 率 = $0/N = 0$

精度在这里不适用(因为 TP+FP=0)

F1 分值在这里也不适用

准确率 = $N/(P+N)$,这是测试集中阴性例子的比例。

12.3 真假阳性率与预测精度

通过 TP 率和 FP 率表征分类器的优点之一是它们不依赖于 P 和 N 的相对大小。这同样适用于使用 FN 率和 TN 率或混淆矩阵不同行的两个“比率”值的其他组合。相比之下,图 12.2 中列出的预测精度和所有其他指标都是从表中两行值中推导出来的,所以受到 P 和 N 的相对大小的影响,这是一个严重的弱点。

为了说明这一点,假设阳性类别对应第一次尝试驾驶考试就通过的人,而阴性类别对应失败的人。假设现实中两者的比例是 9 比 10(一个虚构的值),并且测试集也满足这一比例。

那么测试集上特定分类器的混淆矩阵可能是

		预测的类别		实例总数
		+	−	
实际类别	+	8 000	1 000	9 000
	−	2 000	8 000	10 000

真阳性率为 0.89,假阳性率为 0.2,我们假设这是令人满意的结果。

现在假设经过一段时间的训练,成功者有了相当大的增长,所以通过比例更高。基于这一假设,未来的一系列试验可能会出现如下的混淆矩阵。

		预测的类别		实例总数
		+	−	
实际类别	+	80 000	10 000	90 000
	−	2 000	8 000	10 000

当然,分类器仍能像以前一样准确地预测通过或失败的正确分类。对于两个混淆矩阵,TP 率和 FP 率的值是相同的(分别为 0. 89 和 0. 2)。然而,预测精度是不同的。

对于原始的混淆矩阵,预测精度为 16 000 / 19 000 = 0. 842。对于第二个混淆矩阵,预测精度是 88 000 / 100 000 = 0. 88。

另一种可能性是,在一段时间后失败的相对比例大幅度增加,这可能是因为参加考试的年轻人数量增加了。未来一系列试验可能出现的混淆矩阵如下。

		预测的类别		实例总数
		+	−	
实际类别	+	80 000	10 000	90 000
	−	20 000	80 000	100 000

此时预测精度是 88 000/109 000 = 0. 807。

无论使用哪一个测试集,TP 率和 FP 率的值都是相同的。然而,三个预测精度值在 81% 到 88% 之间不等,这是因为测试集中阴阳实例相对数量变化,而分类器质量没有任何变化。

12.4　ROC 图

同一测试集上不同分类器的 TP 率和 FP 率值通常由 ROC 图来表示。"ROC 图"是"Receiver Operating Characteristics Graph（接收机工作特性图）"的缩写,它最初被应用在信号处理领域中。

如图 12.3 所示,在 ROC 图上,FP 率的值绘制在横轴上,TP 率绘制在纵轴上。

图上的每个点都可以写成一对数值(x,y),其中 FP 率为 x,TP 率为 y。

点(0,1)、(1,0)、(1,1)和(0,0)分别对应于 12.2 节中的四种特殊情况 A、B、C 和 D。第一个点位于图左上角的最佳位置。第二个点是最糟糕的位置,右下角。如果所有的分类器都是好的,则 ROC 图上的所有点都在左上角。

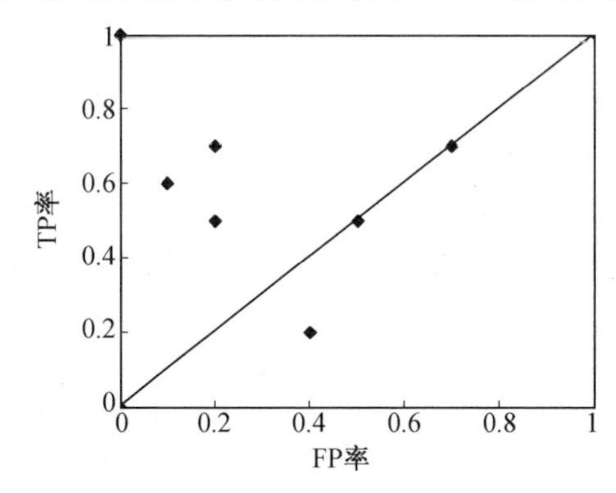

图 12.3　ROC 图示例

图中所示的其他六个点分别是(0.1, 0.6),(0.2, 0.5),(0.4, 0.2),(0.5, 0.5),(0.7, 0.7)和(0.2, 0.7)。

如果一个分类器在 ROC 图上的对应点在另一个分类器对应点的"西北部",则这个分类器比另一分类器更好。因此以(0.1,0.6)表示的分类器比(0.2,0.5)表示的分类器好,它具有较低的 FP 率和较高的 TP 率。如果我们比较点(0.1,0.6)和(0.2,0.7),则后者具有较高的 TP 率,但同时它也具有较高的 FP 率。在这两种指标下,两个分类器都互相不优于另一分类器,具体选择哪个分类器取决于用户对这两个指标的重视程度。

连接左下角和右上角的对角线对应于随机猜测,而不管阳性的概率是多少。如果一个分类器以相同的频率随机猜测阳性和阴性,那么它将有 50% 的概率把阳性实例正确地分为阳性及 50% 的概率把阴性实例错误地分为阳性。

因此 TP 率和 FP 率都是 0.5，分类将位于(0.5,0.5)点的对角线上。

同样，如果一个分类器随机选择阳性和阴性，且选阳性的频率为 70%，那么分类器将有 70% 的概率把阳性实例正确地分为阳性及 70% 的概率把阴性实例错误地分为阳性。因此 TP 率和 FP 率都将是 0.7，分类器将位于(0.7,0.7)点的对角线上。

对角线上的点对应了大量的随机分类器，对角线上点的位置越高代表随机分类时选择阳性的频率越大。

左上角的三角形对应于比随机猜测好的分类器。右下角的三角形对应于比随机猜测差的分类器，比如(0.4,0.2)。

比随机猜测差的分类器可以被简单地转换为比随机猜测好的分类器，即使每个阳性预测变为阴性，将阴性预测变为阳性。通过这种方法，(0.4,0.2)处的分类器可以转换为图 12.4 中(0.2,0.4)处的新分类器。后者是前者关于对角线的轴对称点。

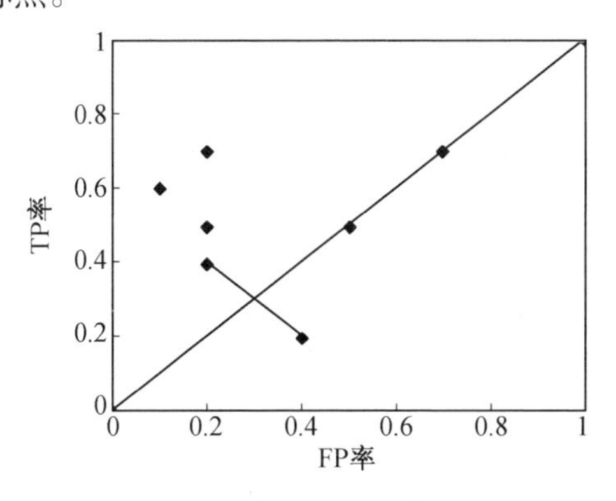

图 12.4　ROC 图示例(修正)

12.5　ROC 曲线

一般而言，每个分类器对应于 ROC 图上的一个孤立点。然而，有些分类器需要调整参数来调优，这样有必要考虑一系列的分类器，则 ROC 图上会有一组点，每个点对应分类器参数的一个值。对于决策树分类器来说，这样的参数可能是“分割深度”(见第 9 章)，它可以取 1、2、3 等值。

在这种情况下，点可以连接在一起形成一个 ROC 曲线，如图 12.5 所示。

观察 ROC 曲线可以找到调整分类算法的最佳方法。例如在图 12.5 中，性能在第三点之后明显降低。

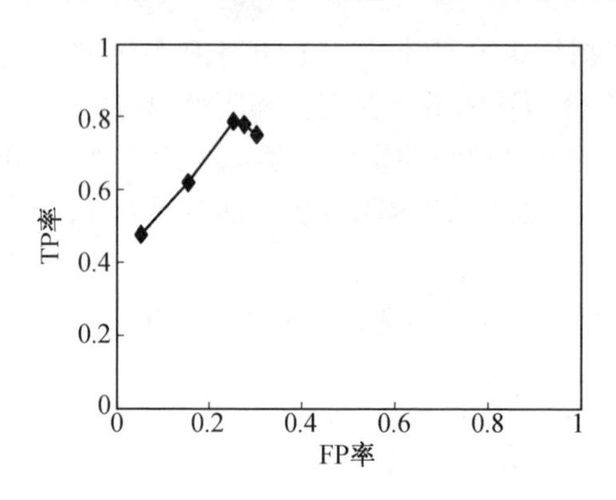

图 12.5　ROC 曲线示例

对于具有不同参数的不同类型分类器,可以通过观测它们的 ROC 曲线来比较性能。

12.6　寻找最佳分类器

寻找适用某一应用场景的最佳分类器没有一个固定的方法,除非我们碰巧发现了一个与 ROC 图上的(0,1)点相对应的拥有完美性能的分类器。可采用的一种方法是测量 ROC 图上分类器与完美分类器之间的距离。

图 12.6 显示了点 (fprate,tprate) 和(0, 1)。它们之间的欧几里得距离是 $\sqrt{\text{fprate}^2 + (1 - \text{fprate})^2}$ 。

我们可以写作 $\text{Euc} = \sqrt{\text{fprate}^2 + (1 - \text{fprate})^2}$ 。

当 fprate = 0 且 tprate = 1 时, Euc 的最小可能值为零(完美的分类器)。当 fprate = 1 且 tprate = 0 时,最大值为 $\sqrt{2}$ (最差的分类器)。我们可以认为 Euc 的值越小,分类器越好。

Euc 是一个有用的衡量指标,但它并没有考虑到真假阳性的相对重要性。对于什么才是最佳分类器,没有一个最佳的答案,这取决于分类器的用途。

可以通过一个从 0 到 1 的权重 w 把使得 tprate 尽可能接近于 1 与使得 fprate 尽可能接近于零的相对重要性明确化,并且将加权欧几里得距离定义为

$$\text{WEuc} = \sqrt{(1 - w)\ \text{fprate}^2 + w(1 - \text{fprate})^2}$$

如果 $w = 0$,那么 WEuc 化简为 WEuc = fprate ,即只对最小化 fprate 的值感兴趣。

如果 $w = 1$,那么 WEuc 化简为 WEuc = 1 - tprate ,即只对最小化 tprate 与

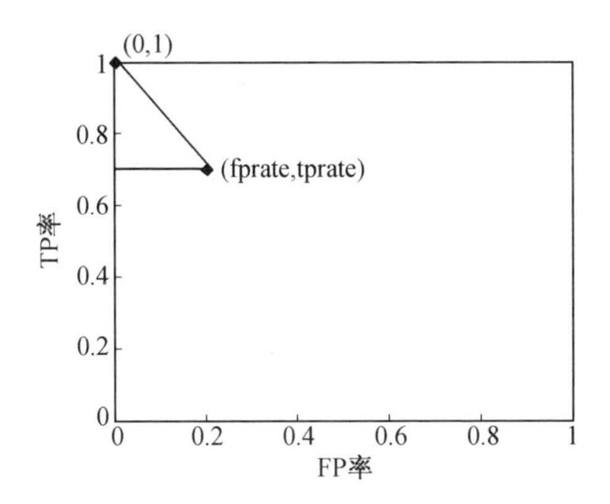

图 12.6　测量与完美分类器的距离

1 的差值感兴趣(因而最大化 tprate)。

如果 $w = 0.5$,那么公式化简为

$$\text{WEuc} = \sqrt{0.5 \times \text{fprate}^2 + 0.5 \times (1 - \text{fprate})^2}$$

这是 $\sqrt{\text{fprate}^2 + (1 - \text{fprate})^2}$ 的常数倍,所以比较一个分类器与另一个分类器时的效果与没有加权时是一样的。

12.7　本章总结

本章指出相对于仅仅使用预测精度,使用真假阳性和真假阴性评估分类器性能是一种更好的方法。从它们四个基本指标推导出的其他性能指标包括真阳性率(或命中率)、假阳性率(或虚警率)、精度、准确性和 F1 分值。

真阳性率和假阳性率的值通常用 ROC 图来表示。将 ROC 曲线上的点连接起来形成 ROC 曲线,通常可以帮助我们深入了解调整一个分类器的最佳方式。采用欧氏距离衡量某个分类器和完美分类器性能之间的差异。

12.8　自 测 题

为同一个训练集生成了四个分类器,训练集有 100 个实例。它们有以下混淆矩阵。

		预测的类别	
		+	−
实际类别	+	50	10
	−	10	30

		预测的类别	
		+	−
实际类别	+	55	5
	−	5	35

		预测的类别	
		+	−
实际类别	+	40	20
	−	1	39

		预测的类别	
		+	−
实际类别	+	60	0
	−	20	20

计算每个分类器的真阳性率和假阳性率的值,并将其绘制在 ROC 图上。计算每一个欧几里得距离量度 Euc 的值。如果避免假阳性和假阴性分类同等重要,你会认为哪一个分类器最好?

第 13 章　大规模数据集处理

13.1 引　言

在过去,有几百或几千条数据记录(record)的数据集被认为是正常的,而拥有上万条数据记录的数据集也许就被认为是很大的了,但这一切都已经被生活中无处不在的“数据爆炸”所改变。在某些领域(比如化石数据,或者罕见疾病患者数据),现有的数据量很小,未来也不可能有大的改变;而在其他一些领域(比如零售行业、生物信息学科、化学学科、宇宙与粒子物理学科,以及微博、社交网站等互联网应用领域),数据总量已经出现了大幅增长,并且将继续快速增长下去。

一些著名的数据挖掘方法在很早之前就被开发出来了,并在 UCI 资源库等数据集上进行了测试[1]。为了应对持续增长的数据集,成比例地增加运行时间与内存资源是不明智的。最易想到的方法是,从大数据集中抽取一个样本,然后对这个样本进行数据挖掘。从一个含一亿条数据记录的数据集中随机抽取 1% 的样本,这样就只剩一百万条数据记录等待分析处理,但这个数量级仍然很大。同样,不管 1% 的抽样过程本身是否随机,这并不能保证从研究领域数据集中得到一个随机样本,而是取决于原始数据是如何收集的。可以肯定的是,9 900 万的数据记录将被丢弃。

本章,我们将会着眼于分类规则的归纳,这一领域非常重要并且广泛应用于数据挖掘之中。但许多结论尚未论定,未来将会进一步地修订以推广其适用范围。

回溯到 1991 年,澳大利亚的 Jason Catlett 写了一篇题为 *Megainduction: machine learning on very large databases* 的博士论文。他批评了那些没有应用分类规则归纳算法的抽样行为,并指出训练样本越大,归纳分类(induce classifier)的准确性越高。曾经被 Catlett 认为很大的数据集,如今看来已经是很小的了,或者最多算是普通大小,但他的警示仍然十分有用。为了进一步说明这一点,我们可以这样想象,在某些应用领域(尤其是科学研究领域)会涉及新知识,而丢弃大部分的新知识是很冒险的一件事。在一些其他应用领域,即使对已拥有的数据进行比例很小的抽样,得到的数据量也仍然很大。

本章我们假定有一个非常大的数据集(可能是一个更大的数据集的样本),并且想分析所有数据。为了处理这个问题,或许需要使用并行分布式计算。这是一个庞大而复杂的领域,远远超出数据挖掘的范围,但在本章中,我们将介绍其中的一些问题并通过最近的一些工作来说明。

首先,假设采用一个由若干台计算机构成的分布式本地网络(学名叫 a loosely-coupled architecture)进行数据处理。相比购买一台高性能的超级计算机,这种方法对于许多机构来说都更为经济实用。台式机和笔记本电脑通常都能以一个可接受的价格从商店中买到。学校、大学院系等机构经常丢弃一些旧型号的计算机,即便它们仍然可以运行。我们完全可以想象,即使是一个人也能以非常低的成本建立一个 20 台机器组成的网络,这个网络中的每一台计算机从性能和速度上来说在过去都称得上是超级计算机。

在本章中,我们将使用术语处理器,其包含本地内存。现在假设每个分类(或其他数据挖掘服务)程序分别使用一个单独的处理器在其本地内存中执行。这些处理器不需要有相同的处理速度与内存容量,但为了简化问题,我们假设它们都是相同的。我们有时会用术语“机器(machine)”来表示处理器及其本地内存。

处理器网络对一个初次使用者来说是十分有诱惑力的。他们会认为如果将一个任务交由 100 台相同处理器网络处理,那么所需的时间是只使用单处理器时的百分之一。稍微具备些实践经验,很快就会消除这种幻想。事实上,很容易出现的情况是,100 个处理器的工作时间比 10 个处理器工作时间要长得多,因为其中包含通信和其他开销。

将分类任务交由多处理器处理有如下几种方式。

(1)如果所有的数据都在一个特别大的数据集中,可以将这些数据分给 p 个处理器处理,每个处理器采用相同的分类算法进行运算,最后再将得到的结果结合起来。

(2)数据来自于不同的数据集,并被不同的处理器处理,例如在公司的不同部分或者在不同的合作组织中。像(1)中的情况一样,可以在不同处理器上运行相同的分类程序,然后将各自的结果结合起来。

(3)有一种关于大数据的极端情况——信息流数据,这是一种连续不断、实时接收的数据,比如 CCTV 的信号。如果这种数据去往一处,那么这个数据的不同部分可以被不同的处理器并行处理。而如果这个数据去往不同处理器,那么可采用类似情况(2)的方式处理。

(4)还有一种完全不同的情况,有时我们的数据集不是很大,但我们希望从中生成若干个不同的分类器,然后把这些结果通过类似于“投票”的方式结合起来,以此达到对未知情况的分类。在这种情况下,我们也许只用一台处理器处理全部的数据集,通过相同或不同的分类程序来处理部分或者全部数据。或者,我们可以将全部或部分的数据分给各个处理器,之后由这些处理器运行相同或不同的分类程序来进行数据处理。这部分内容将在第 14 章“集成分类器”中讨论。

这些方法都有一个共同的特征,它们都需要某种“控制模块”将来自 p 个处理器的结果结合起来。在之前的基础上,控制模块需要实现数据的多处理器分布式处理、各处理器的初始化、同步 p 个处理器的工作等功能。它将运行于一个额外的处理器,或者在这 p 个处理器中的一个处理器上作为一个独立程序运行。

在下一节中,我们将着眼于第一种情况,即所有的数据集中在一个特别大的数据集中,我们将其中的一部分数据分给 p 个处理器,然后在各处理器上运行相同的分类程序,最后结合各处理器所得的结果。

13.2　数据的多处理器分布式处理

大数据集有以下两种类型:

(1)如果实例,也就是数据记录,远比属性多,我们称这种数据集为“竖屏类型(portrait style)”。在水平方向上分割(横向分割)数据集给不同的处理器。图 13.1 中的数据集含有 17 个实例×4 个属性,被分为 5 部分。

(2)如果属性远比实例多,我们称这种数据集为“横屏类型(landscape style)”。在垂直方向上分割(纵向分割)数据集交由不同的处理器处理。图 13.2 对此进行了解释,这个数据集含有 3 个实例×25 个属性,被分为 7 个部分。

通常来说,一个数据集既可以被横向分割,也可以被纵向分割,这要视具体情况而定。

这为如何将分类任务分配给一个处理器网络提供了思路。为了简单起见,我们假设目标是生成一组与给定数据集相对应的分类规则,而不是其他类型的分类模型。

①数据经过横向分割或纵向分割(或两者兼具)后,交由处理器处理;

②各处理器上采用相同的算法处理各个部分;

③最后,各处理器得到的结果被送往“控制模块”,在这里它们将被总结为一系列规则。此外,“控制模块”还负责步骤①②的初始化,并将采取必要措施以保证各处理器在步骤②时协调一致。

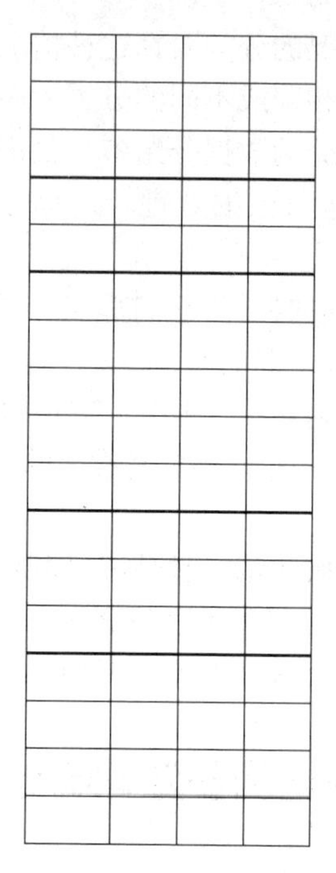

图 13.1 一个竖屏类型数据集的横向分割

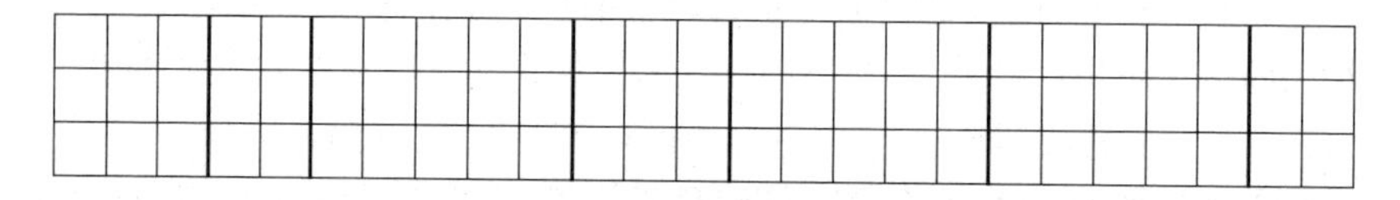

图 13.2 一个横屏类型数据集的纵向分割

这种分布式数据挖掘的一般模型由 Provost 的协作式数据挖掘(Cooperating Data Mining,CDM)模型提供[2]。图 13.3 展示了其基本结构(经文献[4]作者允许后引用于此)。

这个模型含 3 个层:

第一层:样本选择程序,它将数据样本 S 分成子样本(每个处理器可用一个子样本);

第二层:每个处理器有一个相应的学习算法 L_i,在子样本 S_i 上运行,生成一个概念描述 C_i;

第三层:接下来由一个合并程序把这些概念描述都结合起来,形成一个最终的概念描述 C_{final}(比如一系列分类法则)。

这个模型允许学习算法 L_i 之间相互通信,但并没有指出具体方法。

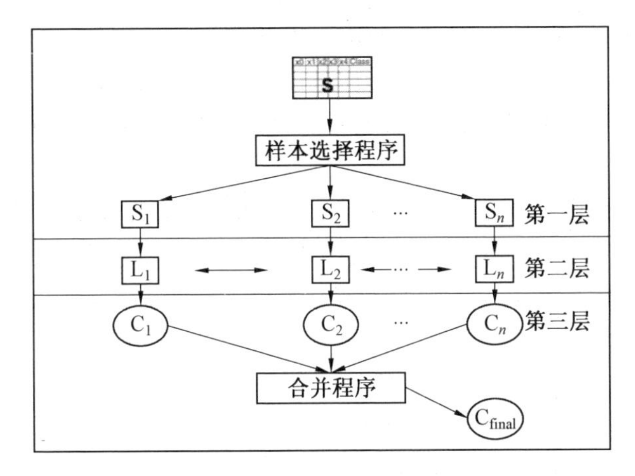

图 13.3　协作式数据挖掘

13.3　情景学习:PMCRI

有些规则生成算法非常适合并行处理,有些则不然。文献[5]中描述了一个早期尝试并行处理 TDIDT 决策树的归纳程序。在第 11 章中描述了一种生成模块化规则的 Prism 程序,它也非常适合于并行处理。PMCRI(Parallel Modular Classification Rule Induction)的框架[4,6,7]是由德国学者 Frederic Stahl 博士与本书作者共同建立的,是 Prism 的一种分布式版本。在本节和下一节中,PMCRI 将用作解释一些一般原则的工具,但算法本身在此处不做详细描述。这两部分内容的描述主要来自于文献[4]。图 13.5 ~ 13.7 引用于文献[4],图 13.4 和图 13.8 引用于文献[6]。这些引用均已得到许可。

PMCRI 使用第 11 章中描述的 Prism 算法的一种变体,称为 PrismTCS,它们之间的区别在此处并不重要,重要的是弄清楚 CDM 模型是如何被用来控制规则生成进程的。假设有 p 个基本上相同的处理器,处理器中运行第一层的样本选择程序,将数据基本均匀地分割。如果是处理横屏类型数据,我们就可以通过分给每个处理器所有的实例与 $1/p$ 总属性数的属性的方法来达到我们的目的。

在这里不讨论 Prism 源程序的具体细节,把重点放在每个分类规则的分步产生上。举个例子,我们先从一个总体规则开始:

IF…THEN class = 1

先将左边空着,然后我们一点点将它扩充:

IF X = large…THEN class = 1

IF X=large AND Z<124.7…THEN class=1

IF X=large AND Z<124.7 AND Q<12.0…THEN class=1

IF X=large AND Z<124.7 AND Q<12.0 AND M=green THEN class=1

最后一步就是这个规则的最终形式。

由于每个规则的每个项都是在层 2 生成的,因此有许多可能的属性/值对要考虑,例如, *X*=large 或 *Y*<23.4,我们需要计算每一个的概率。如果假设有 200 个属性和 10 个处理器,则可以直接为 20 个处理器分配 20 个属性。随着每个新术语产生,每个处理器查看其 20 个属性组的所有可能的属性/值对,将具有最高概率的那个作为"局部最佳规则项"并且通过下面描述的黑板(Blackboard)将概率(但不是该规则项本身)通知给控制模块,作为一种投标,比方说处理器 3 能够找到的最佳 2 的概率为 0.9。

在 DARBS 分布式黑板系统的启发下,PMCRI 通过分布式黑板架构实现 CDM 第二层中各学习算法之间的通信[8]。

"黑板系统"类似于老式教室里(当然现在可能也有)老师用粉笔写字用的黑板。一群专家都研究同一个问题,但他们都只能通过黑板进行交流,读写都在黑板上进行。当然了,这些"专家"并不是人类,在 PMCRI 中这些"专家"(图 13.4 中称之为"Learner KS Machines")指的是我们之前提到的处理器,它们对所分到的属性进行处理,得到所有可能的属性/数值对的概率。"黑板"只是一个预留出来进行存储的一个或几个独立处理器。"专家"们在黑板的本地规则项分区(Local Rule Term Partition)记录下它们"局部最佳规则项"的概率(不是规则项本身)。然后由一个可以在全局信息分区发布信息的主持人程序(moderator program)(之前我们叫它控制模块)告诉"专家"们还有一个主持人程序(以前称为控制模块),可以写入全局信息分区,告诉专家哪一个

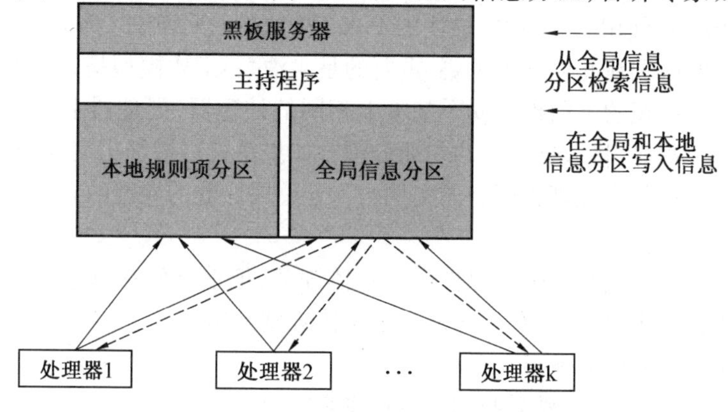

图 13.4　使用分布式黑板系统的 PMCRI 框架结构

发布了最高概率(也表明对应的规则项是全局最佳的),并告诉“专家”们接下来做什么,比如“是处理下一个规则项还是处理下一条规则”。主持程序也可以阅读局部规则词条分区,这样当所有的概率(对应于每个被“专家”找到的本地最佳项)被发送完毕后,主持程序就可以对它们进行检查并选出最高的那一个(对应的也就是全局最佳规则词条)。

PMCRI 方法的优点是处理器上的工作负载同等于规则生成进程。

一旦规则生成进程完成,每位专家将在其内存中为每个规则保留零个、一个或多个组成项。这些项所对应的概率被放在黑板上,用来产生最高“出价”。举个例子,3 号“专家”产生的规则 2 的项为 z<48.3、q=green,规则 9 的项为 x<99.1、w<62.3、j<82.67,规则 17 的项为 z<112.9。

接下来第三层的“合并程序”启动,每个专家将它的项交至全局信息分区,主持程序读取这些词条(规则框架)然后建立完整的规则集。

文献[4]给出了详细的 PMCRI 程序。本章的目的在于简述 PMCRI 大致的方法,而非详细描述。

13.4　评估分布式系统 PMCRI 的有效性

类似 PMCRI 的分布式数据挖掘系统可以按照以下三个方面进行评估:scale-up、speed-up、size-up。我们将依次讨论这几个方面。

接下来的内容里,我们将假设在这个分布式系统中的所有处理器都是相同的。我们用“运行时间”来指代整个系统完成一个具体数据挖掘任务所消耗的时间,这段时间并不包括系统在第一层面加载数据的时间,因为加载数据在任何该类型的系统中都是一个固定的时间开销。

我们使用处理器的工作负载这个术语来表示在其关联内存中保存的实例数量。需要注意的是,工作负载的数值如果是一万,那它可能代表一万个实例及其所有的属性,或者两万个实例以及每个实例一半的属性,或者十万个实例以及每个实例十分之一的属性。我们假定网络中每个处理器的工作负载是相同的。

最终,我们用“系统总工作负载”表示网络中各个处理器工作负载的总和,这一数量由实例的个数衡量。

1. scale-up

scale-up 实验用来评估在固定每个处理器负载情况下,相对于处理器数量的系统性能。我们将每个处理器的工作负载保持不变,并测量添加额外处理器时的运行时间。理想情况下,以这种方式测量的运行时间将保持不变,例如,将处理器数量翻倍会使系统整体处理的数据量也增加一倍。表格中纵轴为运行时间,横轴为处理器数量。长量运行时间在运行时间和处理器数量构成的图中是一条水平线。

图 13.5 是 PMCRI 所获得的几个展示结果之一。图中纵轴表示运行时间,横轴表示处理器数量(由 2 递增到 10),每个处理器工作负载的三个值为:130 000、300 000 和 850 000 个实例。

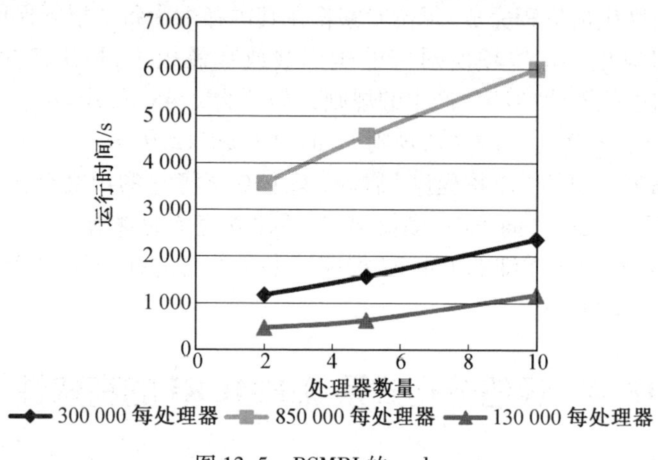

图 13.5 PCMRI 的 scale-up

可以看出,随着处理器数量的增多,每个曲线都随之增长而非保持水平。其原因是,随着更多处理器需要通过"黑板"交流信息,网络中会有额外的通信开销。毫不意外地,即便是只有两个处理器,每个处理器的工作负载越大,运行时间也越长。如果纵轴不是运行时间而是相对运行时间,例如(对三个曲线都如此处理)将运行时间除以只有两个处理器时的运行时间,我们更易观察曲线的趋势,处理后的图形如图 13.6 所示。现在每条曲线由相对时间为 1 的状态(理想的双处理器状态)开始,并且在图中还添加了理想状态下的一条水平线作为对比。

我们现在可以看出,相对运行时间在工作负载最小时(130 000)最大,在工作量最大(850 000)时是最小的。因此,在这个算法中,当每个处理器的工作负载增加时,在理想情况下增加的通信开销会降低。对于处理非常大的数据集,这是最理想的结果。

2. size-up

size-up 实验用来评估在处理器配置不变的情况下,相对于总工作负载的系统性能。我们将处理器数量保持不变,并测量增加总的训练实例数量时的运行时间。

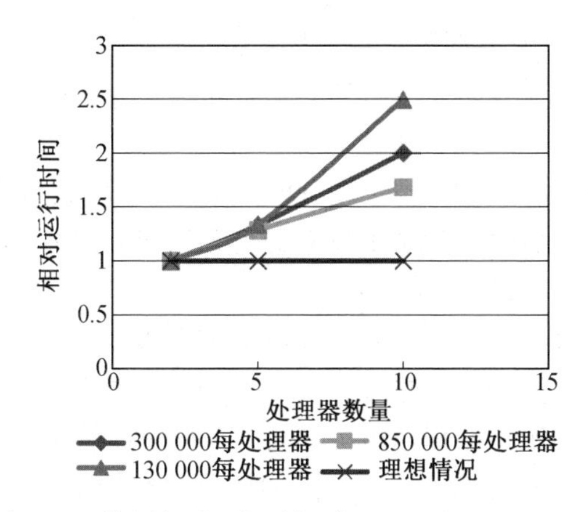

图 13.6　使用相对运行时间时 PMCRI 的 scale-up

图 13.7 展示了一个相对运行时间-实例数量的图表,实例数量由 17 000 递增到 8 000 000,四条曲线分别代表有 1、2、5、10 台处理器时的情况(相对运行时间等于运行时间除以 17 000 个实例时的运行时间)。每条曲线都近似表示一个线性的 size-up,换句话说,运行时间与训练数据的规模大体呈线性关系。

我们增加了一条理想 size-up 曲线来表示实例数量增加 N 倍时相对运行时间也增大 N 倍的情况。可以看出,相对于理想情况,单处理器情况下的曲线变差了(运行时间变得很长),但 2、5、10 个处理器对应的曲线明显地变好。这可能是由于系统处理通信开销的方式导致的。这是一个很好的结果。

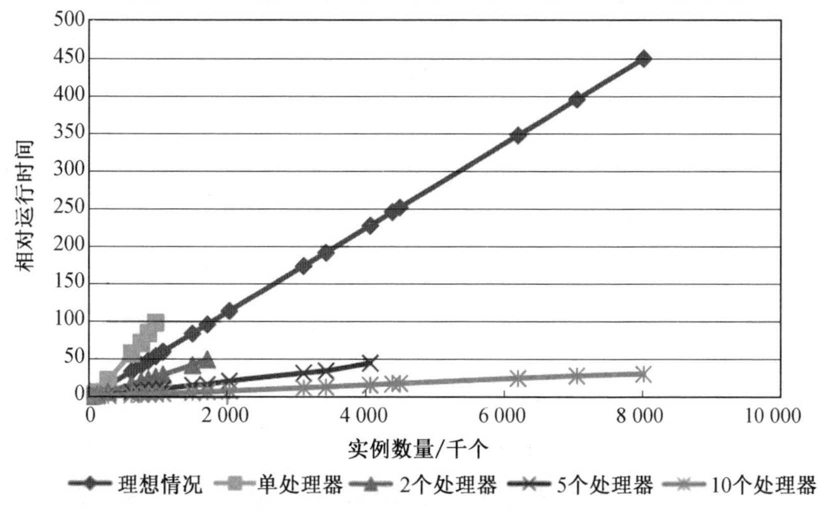

图 13.7　使用相对运行时间的 PMCRI 的 size-up

3. speed-up

speed-up 实验用来评估在固定总工作负载的情况下,相对于处理器数量的系统性能。

将系统总的工作负载保持不变,测量随着处理器数量增加运行时间的变化。随着特大数据集被分到越来越多的处理器进行处理,我们将看到分布式算法相对 serial(单处理器)情况到底快多少。

我们可以定义两个与 speed-up 相关的性能指标。

(1)speedup 因子 S_p,它由式 $S_p = R_1/R_p$ 确定,其中 R_1 和 R_p 分别表示单处理器与 p 处理器情况下的程序运行时间。这可以衡量 p 处理器比单处理器的运行时间快多少。理想情况下 $S_p = p$,但因为存在通信开销以及其他开销,通常情况下 $S_p < p$。

(2)p 处理器情况下的效率 E_p,它由式 $E_p = S_p/p$ 确定(也就是 speedup 因子除以处理器数量)。通常 E_p 是一个介于 0 到 1 之间的数,但有时会出现一种叫超线性 speedup 的情况,此时 E_p 值大于 1。

图 13.8 表示的是 speedup 因子与处理器数量的关系图,处理器数量从 1 增加到 12,几条曲线分别代表总工作量为 174 999 个实例到 740 000 个实例的情况。为了更好地显示这个结果,我们更倾向于使用运行时间与处理器数量的关系图,这样就可以更直观地看到当总工作量一定时,使运行效率最优的最大处理器个数。

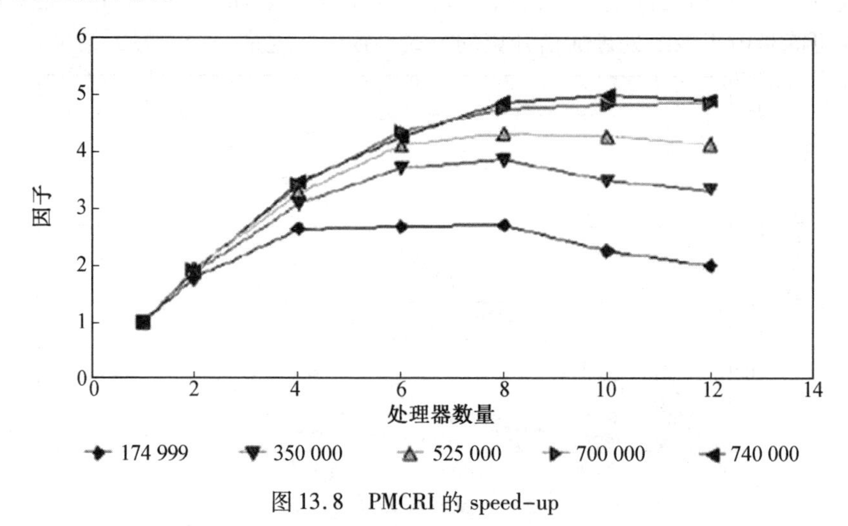

图 13.8　PMCRI 的 speed-up

从图 13.8 可以看出,对于最小工作量(174 999 实例)来说,处理器超过四个时,speedup 因数既不增也不减;但对于最大的两个工作负载来说,使用更多数量的处理器(至少 10 个)是非常有用的。因此,PMCRI 方法似乎在处理大量实例时更有意义,这也是我们想要的。

13.5　逐步修改分类器

本书我们基本上都这样假设,所有需要用来创建分类器的数据都已经被收集起来,并可以被训练集调用。这些数据很可能非常大以至于需要被采样或者交由许多处理器进行分布式处理。

当一个分类器被构造出来,然后有大量的额外数据进入时,就会出现一个非常不同的情况,例如有关零售应用程序中客户选择的数据。

我们首先用一个由十万个实例构成的训练集建立一个分类器,之后每晚补充一万个当天业务数据的实例加入分类。过几个星期,补充的实例数量就会远大于建立分类器的训练集中实例的数量。但是,即使补充很少的实例(哪怕只补充一个这种极端的情况),对于一个类似于决策树的分类器来说也会产生很大的变化。为了得到可靠的分类,应该产生新分类器来对补充数据进行利用,但该多久进行一次这种操作呢?一天一次还是一周一次?当然了,不论多久进行一次,都不想把已经被用来产生分类器的数据全都再处理一遍,即把一个不断增长的数据每次都从零开始重新处理一遍。

为了处理频繁到来的新增训练数据,我们需要使用一个可更新的分类算法,换句话说,一个已经被建好的分类器可以用新增数据进行升级,而不需要把已经分类过的数据重新处理。训练数据一经处理后,如果没有其他用途,即可被丢弃。

在此基础上,流数据的出现导致了一种极端的情况,换句话说就是实时到达的无限数据流,例如,来自 CCTV 的图像、遥感仪器的信息、新闻、信息提要(例如最高股价)、超市或信用卡产生的购物记录等大量交易信息。

鉴于分类程序的不断增大,对每个新增的实例都进行相应的分类器升级是不现实的,所以我们通常将 N 个实例为一组分批处理,每当实例增满一批时,分类器将进行一次升级。这种方法有两个重要的问题:

(1)通过这种方法建立的分类器相对于所有数据在一开始就都可用的情况下建立的分类器的精度如何?

(2)批量大小 N 的选择在多大程度上影响(1)的答案。

对于具有 Java 编程语言知识的人员,[9]中描述了一组用于挖掘流式数据的算法和工具。

在本节剩下的部分,我们介绍一种很适合于增量法的分类方法:朴素贝叶斯分类器,这种方法在第3章有过描述。相对于将一个潜在大型数据集齐后统一处理的方式,这种将数据分为任意大小批次的处理方式没有任何精确损失,这是一个非常令人满意的属性。

我们在这里使用13.3节的例子,只简略概述一下朴素贝叶斯分类算法。假如有一个如图13.9所示的训练集。

日期	季节	风速	雨量	类别
工作日	春	无	无	列车准点
工作日	冬	无	轻微	列车准点
工作日	冬	无	轻微	列车准点
工作日	冬	高	大	列车晚点
周六	夏	正常	无	列车准点
工作日	秋	正常	无	严重晚点
假期	夏	高	轻微	列车准点
周日	夏	正常	无	列车准点
工作日	冬	高	大	严重晚点
工作日	夏	无	轻微	列车准点
周六	春	高	大	列车取消
工作日	夏	高	轻微	列车准点
周六	冬	正常	无	列车晚点
工作日	夏	高	无	列车准点
工作日	冬	正常	大	严重晚点
周六	秋	高	轻微	列车准点
工作日	秋	无	大	列车准点
假期	春	正常	轻微	列车准点
工作日	春	正常	无	列车准点
工作日	春	正常	轻微	列车准点

图13.9　train数据集

构造一个概率表,给出与训练数据相对应的条件概率(在表格主体中)和先验概率(在底行中)(图13.10)。

项目	类别			
	列车准点	列车晚点	严重晚点	列车取消
日期=工作日 *	9/14=0.64	1/2=0.5	3/3=1	0/1=0
日期=周六	2/14=0.14	1/2=0.5	0/3=0	1/1=1
日期=周日	1/14=0.07	0/2=0	0/3=0	0/1=0
日期=假期	2/14=0.14	0/2=0	0/3=0	0/1=0
季节=春	4/14=0.29	0/2=0	0/3=0	1/1=1
季节=夏 *	6/14=0.43	0/2=0	0/3=0	0/1=0
季节=秋	2/14=0.14	0/2=0	1/3=0.33	0/1=0
季节=冬	2/14=0.14	2/2=1	2/3=0.67	0/1=0
风速=无	5/14=0.36	0/2=0	0/3=0	0/1=0
风速=高 *	4/14=0.29	1/2=0.5	1/3=0.33	1/1=1
风速=正常	5/14=0.36	1/2=0.5	2/3=0.67	0/1=0
雨量=无	5/14=0.36	1/2=0.5	1/3=0.33	0/1=0
雨量=轻微	8/14=0.57	0/2=0	0/3=0	0/1=0
雨量=大 *	1/14=0.07	1/2=0.5	2/3=0.67	1/1=1
先验概率	14/20=0.70	2/20=0.10	3/20=0.15	1/20=0.05

图13.10　train数据集的可能性表格

然后可以根据上面显示的行中带星号标记的值来计算每个类未知实例的得分。例如一个未知实例的属性如下：

工作日	夏	高	大	????

类别 = 列车准点 0.70×0.64×0.43×0.29×0.07 = 0.003 9

类别 = 列车晚点 0.10×0.5×0×0.5×0.5 = 0

类别 = 严重晚点 0.15×1×0×0.33×0.67 = 0

类别 = 列车取消 0.05×0×0×1×1 = 0

得分最高的类别被选中，即：类别= 列车准点。

首先，我们注意到没有必要存储上面显示的所有值。需要为每个属性存储的都是一个频率表，它显示了属性值和分类的每个可能组合的实例数。对于属性日期，该表如图13.11所示。

日期	类别			
	列车准点	列车晚点	严重晚点	列车取消
工作日	9	1	3	0
周六	2	1	0	1
周日	1	0	0	0
假期	2	0	0	0

图 13.11　日期属性的频数表

每个属性都需要有一张汇总表,用一行来显示四个分类各自的总频数,如图 13.12 所举的例子。

	类别			
	列车准点	列车晚点	严重晚点	列车取消
总数	14	2	3	0

图 13.12　分类频数

将 TOTAL 行中的值作为分母,各属性频数表中的各值作为分子进行计算。例如,对属性 day 的频数表来说,表示工作日/列车准点的值是 9/14。图 13.10 中的先验概率行不需要全部储存,因为每种情况的值等于实例总数(20)减去其他相关类别的实例数量。

即便数据总量很大,其分类的数量也总是很小。即便属性很多,每个属性可取的值也往往很少。所以总体来说,为每个属性存储一个频数表(图 13.11)加上一个独立的分类总频数表的方法非常实用。

将朴素贝叶斯算法程序得到的概率模型用表格表现出来后,逐步升级一个分类器就变得很容易了。假设我们基于十万个实例得到了一张属性 A 的频数表,如图 13.13 所示。

四个分类的频数分别为 50 120、19 953、14 301 和 15 626,其总和为 100 000。

再假设我们现在想用这个频数表处理属性 A 新增的 50 000 多个实例,如图 13.14 所示。

	class = c1	class = c2	class = c3	class = c4
a1	8 201	8 412	5 907	8 421
a2	34 202	7 601	6 201	5 230
a3	7 717	3 940	2 193	1 975

图 13.13　属性 A 的频数表(开始的 100 000 个实例)

	class = c1	class = c2	class = c3	class = c4
a1	4 017	5 412	2 907	6 421
a2	15 002	2 601	4 201	2 253
a3	2 289	1 959	2 208	753

图 13.14　属性 A 的频数表(新增的 50 000 个实例)

对应于新增的实例来说,各分类的频数分别是 21 308、9 972、9 316 和 9 404,其总和为 50 000。

为了使任何未知实例获得相同的分类结果,需要把来自两部分的 150 000 个实例当作一个整体产生一个分类器。因此有必要将每个属性的两个频数表逐元素地加起来,将各个分类的总频数也加起来。这一步很简单,不会有精确性的损失。

回到原来的话题,将数据垂直分割后分给许多处理器处理,换句话说,为每个处理器分配一部分属性,这种方法非常适合于朴素贝叶斯算法程序。每个处理器需要做的就是对每个分给它的属性值/属性分类对的频数进行计数,并且每当收到控制模块请求时,处理器就要向控制模块提交一小份关于每个属性值/属性分类对的表格。

实验表明,朴素贝叶斯算法的分类准确性相对其他方法总体上来讲是具备竞争力的。它的主要缺点是,它只适用于属性值都是分类类型的情况,并且生成的概率模型不像决策树那样明确。模型的明确性的重要程度要视具体应用而定。

13.6　本章总结

本章涉及与大数据相关的问题,特别是扩展分类算法的能力以用于处理大量数据。

本章描述了分类任务可以分布在个人计算机局域网上的一些方式及使用称为 PMCRI 的 Prism 规则归纳算法扩展版本的案例研究。然后说明了评估这种分布式系统的技术。

我们还考虑了流数据的问题,继而讨论了一种分类算法,即朴素贝叶斯分类器。该分类算法很好地适用于增量的方法。

13.7 自测题

在图 13.9 中的训练数据集被收集完后,另外又收集 10 天的数据记录。如下表所示。

日期	季节	风速	雨量	类别
工作日	夏	无	无	列车取消
工作日	冬	无	无	列车准点
工作日	冬	无	无	列车准点
工作日	夏	高	大	列车晚点
周六	夏	正常	无	列车准点
工作日	夏	正常	轻微	严重晚点
假期	夏	高	轻微	列车准点
周日	夏	正常	无	列车准点
工作日	冬	高	大	严重晚点
工作日	夏	无	轻微	列车准点

1. 为这四个属性各自创建一个频数表,然后将两个训练集的数据合并创建一个类别频数表。

2. 通过创建的新表,找到下方未知实例最可能的分类。

工作日	夏	高	大	????

参考文献

[1] Blake, C. L., & Merz, C. J. (1998). UCI repository of machine learning databases. Irvine: University of California, Department of Information and Computer Science. http://www.ics.uci.edu/mlearn/MLRepository.html.

[2] Catlett, J. (1991). Megainduction: machine learning on very large databases. Sydney: University of Technology.

[3] Provost, F. (2000). Distributed data mining: scaling up and beyond. In H.

Kargupta & P. Chan (Eds.), Advances in distributed data mining. San Mateo: Morgan Kaufmann.

[4] Stahl, F., Bramer, M., & Adda, M. (2009). PMCRI: a parallel modular classification rule induction framework. In LNAI: Vol. 5632. Machine learning and data mining in pattern recognition (pp. 148-162). Berlin: Springer.

[5] Shafer, J. C., Agrawal, R., & Mehta, M. (1996). SPRINT: a scalable parallel classifier for data mining. In Twenty-second international conference on very large data bases.

[6] Stahl, F. T., Bramer, M. A., & Adda, M. (2010). J-PMCRI: a methodology for inducing pre-pruned modular classification rules. In Artificial intelligence in theory and practice III (pp. 47-56). Berlin: Springer.

[7] Stahl, F., & Bramer, M. (2013). Computationally efficient induction of classification rules with the PMCRI and J-PMCRI frameworks. Knowledge based systems. Amsterdam: Elsevier.

[8] Nolle, L., Wong, K. C. P., & Hopgood, A. (2002). DARBS: a distributed blackboard system. In M. A. Bramer, F. Coenen, & A. Preece (Eds.), Research and development in intelligent systems XVIII. Berlin: Springer.

[9] Bifet, A., Holmes, G., Kirkby, R., & Pfahringer, B. (2010). MOA: massive online analysis, a framework for stream classification and clustering. Journal of Machine Learning Research, 99, 1601-1604.

第 14 章　集成分类

14.1　引　　言

集成分类的概念是，不是要学习一个分类器，而是学习一组分类器，称为分类器集合，然后以某种策略组合它们的预测结果来对不可见的实例进行分类，分类器原理如图 14.1 所示。集成分类器希望总体上的预测准确率高于任何单个分类器，虽然不能保证这一定能实现。

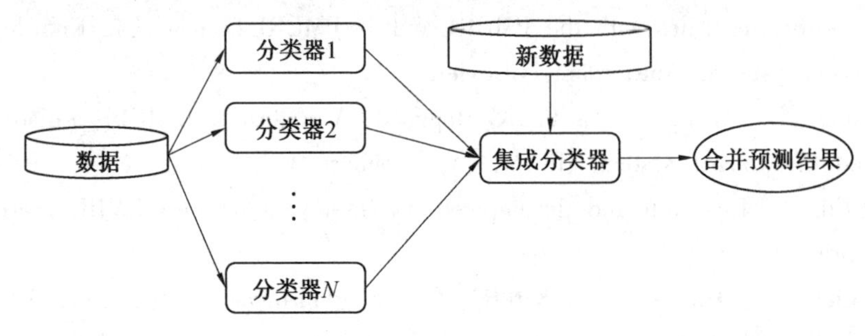

图 14.1　集成分类器

"集成学习"一词通常指的是"集成分类"，但前者是一种更通用的技术，在这种技术中，可以将一组模型用于解决任何类型的问题，而不仅仅是分类。

集成器中的个体分类器被称为基分类器。如果基分类器都是同类的（例如决策树），集成器被称为同构的，否则为异构的。

一种简单的集成分类算法流程是：

（1）为给定的数据集生成 N 个分类器。

（2）对于一个不可见的实例 X。

①计算 N 个分类器中每个分类器对于 X 的预测分类。

②选择出现频率最高的预测分类。

这是一个多数投票模型，每当一个分类器预测出带预测实例的特定分类时，就被算作是对该分类的一次"投票"。对于含有 N 个分类器的集成器中，总共会有 N 张选票。获得选票最多的分类结果即被认为是集成器的预测结果。

对集成分类器方法的反对意见是生成 N 个分类器需要比仅仅生成一个分类器花费更长的时间,并且这种额外的花费只有在集成器的性能比单个分类器的性能好得多的情况下才是值得的。对于给定的一组测试数据,不能保证集成器的性能总是比单个分类器的性能好。但直觉上认为 N 个分类者一起工作似乎是合理的,有可能比单个分类器提供更好的预测准确性。实际上,这可能取决于分类器是如何生成的以及它们的预测如何组合(绝对多数投票或其他)。

在本章中,我们将把注意力集中在同构情况下,所有的分类器都是相同的,例如决策树。有几种方法形成集成器,例如:

① 使用相同的树生成算法生成 N 棵树,具有不同的参数设置,使用相同的训练数据。

② 使用相同的树生成算法生成 N 棵树,使用不同的训练数据,采用相同或不同的参数设置。

③ 使用各种不同的树生成算法生成 N 棵树,采用相同的或者不同的训练数据。

④ 每棵树使用不同的属性子集生成。

如果为了生成分类器集合所需的额外工作是值得的,最好的方法不太可能是生成非常相似的树,因为它们都可能提供非常类似的"标准"性能。一个更好的策略可能是生成多样化的树(或其他分类器),希望有些树能够比"标准"的性能好得多,即使其他的更糟糕,后者不应包含在集成器中,前者应被保留。这自然引出了以某种随机方式生成大量分类器,然后仅保留最佳分类器的想法。

这个领域的两项开拓性工作是由 Tin Kam Ho[1] 开发的随机决策森林系统(Random Decision Forests system)和 Leo Breiman 的随机森林系统(Random Forests system)[2]。两者都使用了生成大量决策树的方法,这种方法具有大量的随机元素,通过测量它们的性能,然后选择合适的最佳树。引用 Stahl 和 Bramer[3] 的描述:"Ho 认为传统的树往往不能在一定程度的复杂性上生长,不会因为过度匹配训练数据而导致泛化损失。Ho 建议在随机选择的特征空间子集中引入多棵树。他声称合并后的分类将会得到改善,因为单个树将会更好地对其子集的特征空间进行分类。"

Ho 的研究工作介绍了在生成每个分类器时随机选择所需属性的想法。Breiman 通过引入一种被称为 bagging 的技术,从一组训练数据中生成多个不同但相关的训练集,目的是减少过度拟合和提高分类精度[4]。当然,这种方法的计算成本很高。Ho 和 Breiman 的论文都是对这一领域的重要贡献,值得详细研究。当然还有其他的方式实现相同的目的,本章中给出的描述是我们自己的。

进一步发展基于随机分类器的集成器方法,我们需要:

① 一种随机生成大量分类器(例如100个)的方法。

② 一种测量每个分类器性能的方法。

最后一步是选择所有符合某些标准的分类器集合。有几种方法可以做到这一点。例如,可以选择具有最佳性能的10个分类器或具有超过某个精度阈值的所有分类器。

14.2 评估分类器性能

在本书的其他地方,我们描述了训练和评估分类器性能的标准方法:将可用数据分为训练集和测试集,使用训练集训练分类器,然后使用测试集来估计分类器的性能。

对于集成分类器,该过程需要额外的数据集,即每个分类器关联的验证数据集。方法如下:

(1)将可用数据分为测试集和其余部分。

(2)对于每个候选分类器,

①将来自步骤(1)的剩余数据以适当的方式分成训练数据和验证数据。

②使用训练数据生成分类器。

③针对验证数据运行分类器以评估其性能。

(3)使用性能估计来查找最佳分类器。例如,所有预测精度大于指定百分比的分类器或者性能最好的前 X 个分类器。如果这一步剩下的分类器的数量是 M,它们一起构成一个大小为 M 的集成分类器。

(4)使用集成分类器对步骤(1)中选择的测试集中的每个实例进行分类,并将结果作为集成分类器对待分类数据集的性能估计。

用于预测步骤(4)中不可见实例的分类方法通常是独立地使用 M 个分类器中的每一个,然后将它们的"投票"合并为正确的分类(参见后面的第14.5节)。

在一个集合中使用多少分类器是实验的问题。但通过设置随机产生分类器数量的参数,可以使得一些性能特别好的分类器出现。若要选取10个最佳的分类器组成集成器,可能初始需要产生100个候选分类器。

14.3　为每个分类器选择不同的训练集

在实施上一节中的算法步骤(2)①“将数据的其余部分以某种合适的方式分成训练数据和验证数据”时出现的一个问题是,每次采用不同的划分方式如何最优地多次执行此操作。

Breiman[4] 在不同应用背景下实施并随后在他的随机森林系统中使用的一种方法称为 Bagging。(Bagging 是“ bootstrap aggregating ”的缩写,但这个术语的意义不在这里解释。)

让我们假设,在上一节中描述的“剩余数据”,所有可用数据较少的实例被删除后形成一个测试集,包括 N 个实例。Bagging 方法如下,依次生成每个候选分类器。

① 随机选择 N 个实例,一个接一个在每次抽取时都从完整的实例集合中进行选择(我们将这个抽样称为替换)。这将生成一个 N 个实例的训练集,其中一些实例可能会出现不止一次,而其他的则不会出现。

② 这一过程可能会有许多未被选中的实例。将它们收集在一起,形成一个验证集。

从 N 个实例的集合中抽样 N 次,不太可能使得每个实例都被抽到。极端情况是,一个单一的实例恰好被选为 N 次,这也是极不可能的。为了了解通常情况下可能发生的情况,我们首先要问的是,“剩余数据”中某个特定实例从未被选中的概率是多少?

在第一次“挑选”中,选择特定实例的概率为 $1/N$,因此未选中的概率为 $1-1/N$。由于所有 N 个实例可用于每次抽样,所以 N 次抽样中的每次抽样独立于其他抽样,因此特定实例从未被抽进 N 个实例的训练集的概率是 $(1-1/N)^N$。随着 N 变大,这个值可以证明变得非常接近 $1/e$ 值(数学家称之为它的极限值)。符号 e 代表一个著名的“数学常数”,其值为 2.718 28。因此极限值是 $1 / e = 0.368$。对于 N 值小于 64 的值,$(1-1/N)^N$的值近似为该值的小数点后两位。

由于相同的计算适用于所有的实例,而那些从未被选择的实例构成了分类器的验证数据集,因此,对于一个相当大的“剩余数据”数据集,可以预期验证数据集将包含(平均)36.8% 的实例,其他 63.2% 的实例组成训练集,某些实例会多次进入训练集。

不能忽视训练集 N 个实例中可能含有重复值这一特性。根据所使用的算法,生成的分类器可能不同于从训练集中删除重复值时获得的分类器。

14.4 为每个分类器选择不同的属性集

Ho 的随机决策森林系统中引入的一个想法是只处理可用属性(使用相同的术语“特征”)的一个子集,为每个决策树随机选择属性。一般的想法是,将由树产生的分类器组合起来会比单个分类器更准确。

随机选择属性的一种方法就是从可用集合中选择一个随机子集,并为每个分类器选择一个不同的子集。另一个更复杂的方法与上一节中选择训练集实例的方法类似。如果总共有 N 个属性,则每次从 N 个属性中选取一个属性,为每个分类器选取 N 次。上一节给出的分析表明,通过这种方法平均将为每个决策树选择大约 63.2% 的属性。在这种情况下,未选择的属性将被丢弃。已经选择的属性重复值也会被丢弃。对于每个决策树,可以只对属性进行一次随机选择。另一种选择是,在进化决策树的每个节点上,从正在考虑的属性中进行进一步的随机选择。

14.5 合并分类:替代投票系统

构建了 N 个分类器的集成器,如何将一个不可见的实例(无论是在测试集合中还是在真正未知的实例中)的 N 个预测结果组合成一个预测?

Ho 的随机决策森林论文和 Breiman 的随机森林论文中所采用的方法就是将每个预测视为对特定分类的投票,总共有 N 票,得票最多的预测被认为是赢家。我们称这种做法为绝对多数投票法(majority voting)或简单多数投票法(simple majority voting)。与真实世界的选举投票系统一样,这种方法的缺陷也是显而易见的。

图 14.2 显示了一个可能的情况。类别 A 获得 4 票,B 获得 3 票,C 获得 3 票,因此分类 A“被选举”作为最终预测结果,尽管 10 个分类中只有 4 个预测为 A。如果一个国家的政府处于危机之中,少数票获胜可能(或不可能)是可以接受的。就本书而言,重要的问题是这样的预测有多可靠,显然答案是“不太可靠”。

图 14.3 与图 14.2 相同,但增加了一个列:“准确性”。用来表示在集成创建过程中,分类器对其验证数据集的预测精度,其值为从 0 到 1 的比例。所有的值都很高,否则分类器不会被包含在集成器中,但是有些值明显高于其他的。

我们现在可以采用加权多数投票方式,每一票都按表中中间列的比例加

分类器	预测类别
1	A
2	B
3	A
4	B
5	A
6	C
7	C
8	A
9	C
10	B

图 14.2　10 个分类器组成的集成器的预测结果

分类器	精度	预测类别
1	0.65	A
2	0.90	B
3	0.65	A
4	0.85	B
5	0.70	A
6	0.70	C
7	0.90	C
8	0.65	A
9	0.80	C
10	0.95	B
总和	7.75	

图 14.3　集成分类器的预测精度

权。

① 现在类别 A 获得 0.65+0.65+0.7+0.65=2.65 票。

② 类别 B 获得 0.9+0.85+0.95=2.7 票。

③ 类别 C 获得 0.7+0.9+0.8=2.4 票。

④ 选票总数为 0.65+0.9+…+0.95=7.75。

用这种方法,分类器 B 现在是赢家。这似乎是合理的,根据它们在验证数据集上的表现(不同的分类器不同),它获得了三个最佳分类器的投票,而候选分类器 A 获得了四个相对弱的分类器的选票。在这种情况下,选择 B 作为获胜的分类器似乎是合理的。

然而情况可能更加复杂。总体预测精度为 0.85,可以掩盖相当大的性能变化。我们将重点关注分类器 4,其总体预测精度为 0.85,并考虑一个可能的混淆矩阵,假设在其验证数据集中恰好有 1 000 个实例。(在第 7 章中讨论了混淆矩阵。)

从图 14.4 可以看出,在分类器 4 的验证数据集中,分类 B 非常少见。在 100 个实例中,只有 50 个被正确地预测。更糟糕的是,如果我们看一下分类器 4 所预测的 120 次,只有 50 次预测是正确的。现在看来,给予分类器 4 的权重值是 0.85,但它对 B 分类的预测过于乐观了。也许应该是 50/120 = 0.417。

		预测类别			总和
		A	B	C	
实际类别	A	550	30	20	600
	B	20	50	30	100
	C	10	40	250	300
总和		580	120	300	1 000

图 14.4　分类器 4 的混淆矩阵

通过查看混淆矩阵,可以合并来自多个分类器的投票,称之为"跟踪记录投票"。对于分类器 4,当它预测 B 类时:120 次中有 30 次的正确分类是 A (25%),120 次中有 50 次正确的分类是 B(41.7%)和 120 次中 40 次正确的分类是 C(33.3%)。

我们说分类器 4 对 B 的预测对分类 A、B 和 C 的投票分别为 0.25、0.417 和 0.333。请注意,这些数字都远低于分类器的整体预测准确度(0.85)。这是因为,当分类器 4 预测 A 类(580 次中正确预测 550 次,为 94.8%)和 C 类(300 次中正确预测 250 次,为 83.3%)时非常可靠,但在预测 B 类时非常不可靠(120 次仅正确预测 50 次,为 41.7%)。

图 14.5 是图 14.3 的修订版。现在,每一个分类器都有一个投票,它被分成三个比例。例如,分类器 4 预测不可见实例为 B 类,对 B 类不是一个单独的投票,而是分为了三个部分,对 A、B 和 C 分类的票数分别为 0.25、0.42 和 0.33。这些比例来自于分类器 4 的混淆矩阵的"预测类 B"列(图 14.4)。

在图 14.5 中为这三个类中的每一个添加选票,现在的获胜者(相当令人吃惊的是)是 C 类,主要由于 C 获得了三次高选票(两次 0.9 和一次 0.8)。

本节中所说明的三种方法中哪一种最可靠? 第一种预测为 A 类,第二种 B 类和第三种 C。对此没有明确的答案。问题的关键在于我们可以通过多种方式将选票组合到集合分类器中,而不仅仅是一种。

再看一下图 14.5,需要考虑更多的复杂性。分类器 5 预测 A 类的"票数"为 0.4、0.2 和 0.4。这意味着对于预测 A 类时的验证数据,只有 40% 的实例

分类器	预测类别	类别投票			总和
		A	B	C	
1	A	0.80	0.05	0.15	1.0
2	B	0.10	0.80	0.10	1.0
3	A	0.75	0.20	0.05	1.0
4	B	0.25	0.42	0.33	1.0
5	A	0.40	0.20	0.40	1.0
6	C	0.05	0.05	0.90	1.0
7	C	0.10	0.10	0.80	1.0
8	A	0.75	0.20	0.05	1.0
9	C	0.10	0.00	0.90	1.0
10	B	0.10	0.80	0.10	1.0
总和		3.40	2.82	3.78	10.0

图14.5　集成器的跟踪记录投票

是A类,20%的实例是B类,40%的实例是C类。该分类器对A类的预测可信度是多少呢?当预测A类时,我们可以将分类器5的三个比例作为其“记录”的指示。以此判断,似乎完全没有理由相信它,因此可以考虑在预测结果为A时将该分类器从候选中删除,同样当预测结果为B类时删除分类器4。然而,如果这样做,将会从“民主”模式(一个分类器,一个选票)转向“专家社区”模式。

假设10个分类器在医院里代表10名医疗顾问,而A、B和C是对于一个生命垂危的病人的三种治疗方法。顾问们正试图预测哪种疗法最有可能是有效的。为什么会有人认为顾问4和5在预测B和A时,他们的跟踪记录很糟糕?相比之下,顾问6的预测是治疗方案C将被证明是挽救病人最有效的方法,在进行预测时有90%的成功记录。与顾问6比较,唯一可信的顾问是9,他在预测C时也有90%的成功记录。有两个这样的专家做出同样的选择,谁愿意反驳他们呢?计算选票不仅毫无意义,而且是不必要的冒险,以防其他8位不太成功的顾问可能会以超过两位顶尖专家的票数胜出。

我们可以继续阐述这个例子,但会在这里停止讨论。很明显,我们可以看看如何以不同的组合方式最好地将不同分类器的分类组合在一起。哪一种方法最有可能在不可见的数据上给出较高的分类准确率?像数据挖掘中经常发生的那样,只有使用不同数据集进行实验才能给出答案,但对于“平均”数据集无论最好的方法是什么,对于所有数据集或所有不可见的实例,单一方法最不可能是最优的,因此我们希望有一组可用方法。

14.6 并行集成分类器

正如前面所提到的,集成分类器方法的一个关键的实际瓶颈是生成 N 个分类器所需的计算时间。

处理这种情况的一种方法是在计算机局域网中分配工作,每台机器负责生成一个或多个分类器并使用相应的验证数据集估计其性能。在第 13 章中这种通用方法描述了处理大量数据的情况,而不是(在这里)生成大量的分类器。

根据集成器的形成方式(如 14.1 节所述),网络中的机器可能都使用中央位置中的相同数据,或者所有机器都具有相同的本地数据副本,或者可能会先抽取一个通用数据集的样本(例如 14.3 节中的 bagging 方法)。

如果设想一个由 10 台机器组成的网络,那么可能会生成 500 个分类器(每台机器 50 个),每个分类器用它自己的验证数据集估计其性能,并保留最好的 50 个。然后,可以重新排列最佳 50 个分类器的位置,这样每台机器上就有 5 个。如果需要处理的不可见数据的数量很小,可以把它们全部放在一台机器上。

并行集成分类器领域是一个相对较新的领域,但很有前景。两篇提供进一步信息的论文是[5]和[6]。

14.7 本章总结

本章涉及集成分类,即使用一组分类器对不可见的数据进行分类,而不是仅仅采用一个分类器。集合中的分类器都可以对每个不可见的实例进行预测,然后使用某种形式的投票系统将预测结果组合起来。

本文介绍了随机森林的概念,并讨论了在构造每个分类器时从给定数据集选择不同训练集和不同属性集的问题。

本章讨论了将多个分类器所产生的分类结果相结合的多种替代方法。本章最后简要讨论了分布式处理方法,以处理生成集成分类器所需的大量计算。

14.8 自 测 题

给定如图 14.5 所示的值:

1. 设定门限为 0.5,即删除对预测类的投票小于 0.5 的分类器,投票结果有什么变化?

2. 设定门限为 0.8,投票结果有什么变化?

参考文献

[1] Ho, T. K. (1995). Random decision forests. International Conference on Document Analysis and Recognition, 1, 278.

[2] Breiman, L. (2001). Random forests. Machine Learning, 45 (1), 5-32.

[3] Stahl, F., & Bramer, M. (2011). Random prism: an alternative to random forests. In Research and development in intelligent systems XXVIII (pp. 5-18). Springer.

[4] Breiman, L. (1996). Bagging predictors. Machine Learning, 24 (2), 123-140.

[5] Stahl, F., May, D., & Bramer, M. (2012). Parallel random prism: a computationally efficientensemble learner for classification. In Research and development in intelligent systems XXIX. Springer.

[6] Panda, B., Herbach, J. S., Basu, S., & Bayardo, R. J. (2009). Planet: massively parallel learning of tree ensembles with mapreduce. Proceedings of the VLDB Endowment, 2, 1426-1437.

第 15 章　分类器性能比较

15.1 引　言

在第 12 章中,我们考虑了如何在应用于相同数据集的不同分类器之间进行选择。对于那些真实数据集来说,这是主要问题。

然而,数据挖掘从业者有一个完全不同的类别:那些开发新算法或希望改进现有算法的人不仅仅是为了在一个数据集上,而是在大量可能的数据集上提供更好的性能,这些数据集在开发新方法时大部分是未知的甚至不存在的。这个类别包括学术研究人员和商业软件开发人员。

无论将来开发什么新方法,我们都可以确定:没有人会开发出一种新算法,该算法可以为所有可能的数据集提供比所有现有分类方法(例如本书中描述的方法)都好的性能。旨在用于各种应用领域的数据挖掘软件包需要包括可供选择的分类算法。进一步发展的目的是建立新技术,这些新技术通常比已有的技术更好。为了做到这一点,有必要将它们的性能与至少一个已建立的算法在一系列数据集上进行比较。

有许多已发表的论文描述了有趣的新分类算法,并附带了一个性能表,如图 15.1 所示。每列都给出了一个分类器在一组数据集上的预测准确度,以百分比表示。(对于我们下面描述的比较方法,将两列中所有的值都乘以一个常数对结果没有影响。因此,我们用百分数还是用 0 和 1 之间的比例,例如 0.8 和 0.85,来表示预测准确率是没有区别的。)

像图 15.1 这样的比较值表的生成相对于一些较旧的数据挖掘文献而言是一个相当大的改进,在某些文献里新算法根本没有被评估(仅提供了作者的思路以自圆其说,即一个假设)或仅在作者可用或未命名的数据集上进行评估。随着时间的推移,已建立"标准"数据集的集合,使得开发人员可以在相同数据集上将他们的结果与其他方法获得的结果进行比较。在许多情况下,后一种结果只出现在已出版的文献中,因为除非是商业软件包,否则作者通常不会使用软件实现他们的算法,以防其他开发人员和研究人员可以获得他们的算法。

数据集	已建立的分类器A	新的分类器B
数据集1	80	85
数据集2	73	70
数据集3	85	85
数据集4	68	74
数据集5	82	71
数据集6	75	65
数据集7	73	77
数据集8	64	73
数据集9	75	75
数据集10	69	76
总和	744	751
平均	74.4	75.1

图 15.1　分类器 A 和 B 在 10 个数据集上的性能

一个非常广泛使用的数据集集合是“UCI 资源库”[1],它是在 2.6 节中引入的。在相同的数据集上对性能进行比较,就像以前的作者所使用的那样,使得评估新的算法变得更加容易。然而这种知识库的广泛使用并不是没有缺陷,这将在后面解释。

图 15.1 显示了算法 A 和 B 在 10 个数据集上的预测精度。我们可以看到,在三个数据集上 A 的表现优于 B,在两个数据集上表现是相同的,在其他五个数据集上 B 的表现优于 A。A 的平均准确率为 74.4%,B 的平均准确率为 75.1%。我们能得出什么结论呢?

15.2　成对 t 检验

比较分类算法的常用方法是成对 t 检验(paired t-test)。我们将首先说明该方法,然后讨论与之相关的一些问题。

首先,我们将 A 和 B 值之间的差异(即 B− A)添加到图 15.1 中,用字母 z 表示。我们还构建了一个列,显示差异的平方,即 z^2。

我们可以看到 A 和 B 之间的平均差是 0.7,也就是 0.7% 支持分类器 B。这看起来并不多。是否有足够的理由拒绝零假设,即分类器 A 和 B 的性能实际上是相同的?我们将用成对 t 检验来解决这个问题。名称中“成对”这个词是指结果是自然配对的,即比较 A 和 B 分类器在数据集 1 上的结果是有意义的,但是这些结果与数据集 2 的结果是分开的。

要执行成对 t 检验,只需要三个值:z 值总和、z^2 值总和及数据集的数量。

我们分别用$\sum z$、$\sum z^2$、n表示,所以$\sum z = 7$, $\sum z^2 = 437$, $n = 10$.

从这三个值中可以计算出由变量t表示的统计值。在20世纪早期,英国统计学家威廉·戈塞特(William Gosset)引入了t统计数据,他"student"的笔名最为人所知,因此这个测试也经常被称为Student's t-test。

t的值的计算可以分解为以下几个步骤。

步骤1:计算z的平均值,$\sum z/n = 7/10 = 0.7$。

步骤2:计算$(\sum z)^2/n$的值。此处得$7^2/10=4.9$。

步骤3:$\sum z^2$减去步骤2的结果。此处得$437-4.9=432.1$

步骤4:步骤3的结果除以$(n-1)$得到样本方差,用s^2表示。这里s^2为$432.1/9 = 48.01$。

步骤5:取s^2的平方根为s,即样本标准差。这里s的值是$\sqrt{48.01} = 6.93$。

步骤6:s除以$\sqrt{n}$得到标准误差。这里的值是$6.93/\sqrt{10} = 2.19$。

步骤7:最后将z的平均值除以标准误差,得到t统计量的值。这里$t = 0.7/2.19 = 0.32$。

在"样本方差"和"样本标准差"两个词中,"样本"一词指的是表中给出的10个数据集并不是所有可能存在的数据集。它们只是未来存在或可能存在的所有可能数据集的一个非常小的样本。我们把它们作为这个更大数据集的"代表"。

标准偏差和方差是统计中常用的术语。标准差测量z值的波动值为0.7。在图15.2中,波动是相当大的:z值和平均值(0.7)之间的差异从-11.7到$+8.3$变化,这反映在样本标准偏差s中,值为6.93,几乎是平均值的10倍。标准误差值的计算是用样本中数据集的数量调整s。因为t是z的平均值除以标准误差,所以s的值越小(即z值的平均波动)t越大。(对t检验的详细解释感兴趣的读者,可以参考相关统计学教科书。)

计算了t,下一步是使用它来确定是否接受分类器A和B的性能实际上相同的零假设。我们以等价的形式提出这个问题:t的值是否足够远离零来拒绝零假设?我们说"离零距离足够远"而不是"足够大",因为t可以是正值或负值。(z的平均值可以是正值或负值,标准差总是正值。)现在可以将问题重新表述为:"t的值有多大的可能性落在-0.32至$+0.32$的范围之外?这个问题的答案取决于数据集n的数量,统计学家引用自由度的数量来表述,它的值总是比数据集的数量少1,即$n-1$。"

图15.3显示了9个自由度的t统计量的分布(之所以选择这个数据是因

为表中有 10 个数据集)。

数据集	已建立的分类器A	新的分类器B	差异z	差异的平方z^2
数据集1	80	85	5	25
数据集2	73	70	−3	9
数据集3	85	85	0	0
数据集4	68	74	6	36
数据集5	82	71	−11	121
数据集6	75	65	−10	100
数据集7	73	77	4	16
数据集8	64	73	9	81
数据集9	75	75	0	0
数据集10	69	76	7	49
总和	744	751	7	437
平均	74.4	75.1	0.7	43.7

图 15.2　分类器 A 和 B 在 10 个数据集上的性能(带有 z 及 z^2)

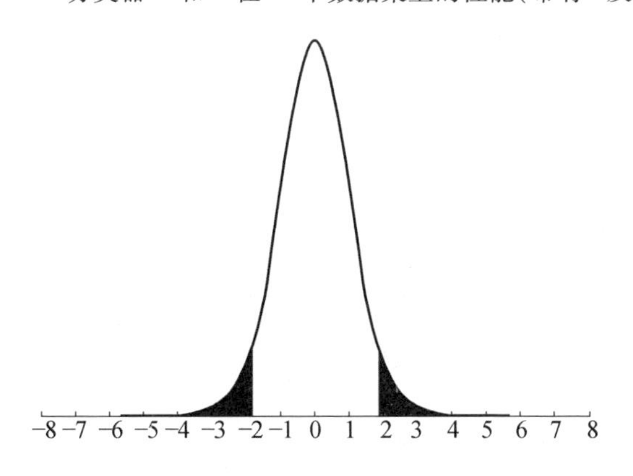

图 15.3　自由度为 9 时的 t 分布

曲线的左端和右端(称为“尾巴”)在两个方向上无限地延续。整条曲线与水平轴(t 轴)之间的区域给出了 t 将会采用其中一个可能值的概率,当然这个值是 1。图中 $t = -1.83$ 和 $t = +1.83$ 处采用垂直线标记。$t = -1.83$ 左边或 $t = +1.83$ 右边的曲线部分与横轴之间的区域是 $t \leqslant -1.83$ 或 $t \geqslant +1.83$ 的概率,即至少远离零点 1.83。我们需要以这种方式来看两条尾巴,负值-1.83 与正值+1.83 对于否定零假设(即两个分类器是等价的)提供同样多的证据。当我们比较两个分类器时,没有理由相信如果 A 和 B 显著不同,那么 B 一定比 A 好,也可能是 B 比 A 差。

图 15.3 所示的面积,即 t 至少为 1.83 的概率,计算得到 0.100 5。

看看 $t \leqslant -1.83$ 或 $t \geqslant +1.83$ 的概率,或者采用一般形式,对于任何正值 a,

$t \leqslant -a$ 或 $t \geqslant +a$ 的概率给出了我们所谓的双尾检验的显著性。

已经针对不同的自由度计算了两个尾部 $t \leqslant -a$ 和 $t \geqslant +a$ 的面积值及特定概率相对应的 t 值。其中的一些总结在图 15.4 中。图 15.4 显示了从 1 到 19 自由度下,t 统计量的一些关键值,数据集的个数为 2 到 20。(因为我们使用的是双尾检验,所以在上面的讨论中,表中概率 0.10、0.05 和 0.01 分别对应 $a = 0.05$、0.025 和 0.005)

查看自由度为 9(即 $n = 10$)时的值,在"概率 0.10"列中的值为 1.833,表明 $t \geqslant 1.833$(或 $\leqslant -1.833$)偶然发生的概率为 0.10 或更小,即 10 次中不超过 1 次。如果 t 值为 2.1,我们可以拒绝"在 10% 水平"的零假设,这意味着 t 取这样一个极值,10 次中只会偶然发生少于 1 次。这是拒绝零假设的常用标准,在此基础上,我们可以自信地说分类器 B 明显优于分类器 A.

$t \geqslant 2.262$(或 $\leqslant -2.262$)的值将使我们能够拒绝 5% 水平的零假设,20 次中偶然出现 1 次。$t \geqslant 3.250$(或 $\leqslant -3.250$)的值将使我们能够拒绝 1% 水平的零假设,100 次偶然出现 1 次。

自由度	概率0.1	概率0.05	概率0.01
1	6.314	12.71	63.66
2	2.920	4.303	9.925
3	2.353	3.182	5.841
4	2.132	2.776	4.604
5	2.015	2.571	4.032
6	1.943	2.447	3.707
7	1.895	2.365	3.499
8	1.860	2.306	3.355
9	1.833	2.262	3.250
10	1.812	2.228	3.169
11	1.796	2.201	3.106
12	1.782	2.179	3.055
13	1.771	2.160	3.012
14	1.761	2.145	2.977
15	1.753	2.131	2.947
16	1.746	2,120	2.921
17	1.740	2.110	2.898
18	1.734	2.101	2.878
19	1.729	2.093	2.861

图 15.4　自由度 1 ~ 19 的 t 值(双尾检验)

当然,可以使用其他的阈值,并计算一个相应的 t 值,但一般我们使用图

15.4 所示的阈值之一。通常强加的最小限制条件是：为了拒绝零假设，我们需要一个 t 值，这个值偶然发生的次数在 10 次中不超过 1 次。

回到我们的例子，自由度为 9，t 值只有 0.32，远小于 1.833。根据所提供的证据，认为分类器 B 的性能与分类器 A 的性能显著不同，是不安全的。令人失望的结果（对于分类器 B 的创建者来说是令人失望的）产生的原因并不是 z(0.7)的相对较低的平均值，而是相对于 z 的平均值，标准误差(2.19)的值相对较高。

为了说明这一点，引入一个新的分类器 C，它将会更成功地成为分类器 a 的挑战者。

图 15.5 显示了 10 个数据集上每个分类器的百分比准确度。z 的平均值再次为 0.7，但这一次在平均值附近 z 值的传播要少得多。z 值和平均值(0.7)之间的差异从-1.7 变化到+1.3。

数据集	已建立的分类器A	新的分类器B	差异z	差异的平方z^2
数据集1	80	81	1	1
数据集2	73	74	1	1
数据集3	85	86	1	1
数据集4	68	69	1	1
数据集5	82	83	1	1
数据集6	75	75	0	0
数据集7	73	75	2	4
数据集8	64	63	−1	1
数据集9	75	75	0	0
数据集10	69	70	1	1
总和	744	751	7	11
平均	74.4	75.1	0.7	1.1

图 15.5　分类器 A 和 C 在 10 个数据集上的性能

这一次重要的取值为 $\sum z = 7$，$\sum z^2 = 11$，$n = 10$。只有第二个改变了，但效果相当不错。t 的七步计算如下所示。

步骤 1：计算 z 的平均值，$\sum z/n = 7/10 = 0.7$。

步骤 2：计算$(\sum z)^2/n$ 的值。此处得 $7^2/10=4.9$。

步骤 3：$\sum z^2$减去步骤 2 的结果。此处得 $11-4.9=6.1$

步骤 4：步骤 3 的结果除以$(n-1)$得到样本方差，用 s^2 表示。这里 s^2 为 $6.1/9 = 0.68$。

步骤 5：取 s^2的平方根为 s，即样本标准差。这里 s 的值是$\sqrt{0.68} = 0.82$。

步骤 6：s 除以$\sqrt{n}$得到标准误差。这里的值是 $0.82 / \sqrt{10} = 0.26$。比图

15. 2 计算的标准误差(即 2. 19)要小得多。

步骤 7：最后将 z 的平均值除以标准误差,得到 t 统计量的值。这里 $t = 0.7/0.26 = 2.69$。

这个 t 的值大于图 15. 4 中自由度为 9 时 5% 的值。可以说,分类器 C 在 5% 的水平上明显优于分类器 A。

这个例子和图 15. 2 例子之间决定性的区别不是 z 的平均值(它们是相同的),而是更小的标准误差。

15. 3　选择数据集进行比较评估

现在回到分类器 B 比分类器 A 更好(或者可能更差)的原始问题。

现在假设,无论出于何种原因,数据集 5 和 6 都给出了对分类器 A 非常有利的结果,但是从所研究的样本中被省略了。然后我们将获得一个图 15. 2 的修改版本,只有 8 个数据集,如图 15. 6 所示。

数据集	已建立的分类器A	新的分类器B	差异z	差异的平方z^2
数据集1	80	85	5	25
数据集2	73	70	−3	9
数据集3	85	85	0	0
数据集4	68	74	6	36
数据集7	73	77	4	16
数据集8	64	73	9	81
数据集9	75	75	0	0
数据集10	69	76	7	49
总和	587	615	28	216
平均	73.375	76.875	3.5	27

图 15. 6　移除数据集 5、6 后分类器 A 和 B 的性能

现在 $\sum z = 28$, $\sum z^2 = 216$, $n = 8$。

z 的平均值是 3. 5。标准误差是 1. 45, t 的值是 2. 41。这足以让分类器 B 在 5% 的水平上被宣布明显好于分类器 A (对于 7 个自由度,概率 0. 05 的阈值为 2. 365)。分类器 B 的开发者显然很幸运,因为数据集 5 和 6 被排除在分析之外。

现在假设数据集 5 和数据集 6 被省略了,但是分析中包括了两个有利于分类器 B 的另外两个数据集 11 和 12,结果如图 15. 7 所示。

现在 $\sum z = 39$, $\sum z^2 = 277$, $n = 10$。

z 的平均值是 3. 9。标准误差是 1. 18, t 的值是 3. 31。这足以在 1% 的水

数据集	已建立的分类器A	新的分类器B	差异z	差异的平方z^2
数据集1	80	85	5	25
数据集2	73	70	−3	9
数据集3	85	85	0	0
数据集4	68	74	6	36
数据集7	73	77	4	16
数据集8	64	73	9	81
数据集9	75	75	0	0
数据集10	69	76	7	49
数据集11	75	80	5	25
数据集12	82	88	6	36
总和	704	783	39	277
平均	70.4	78.3	3.9	27.7

图 15.7　用数据集 11、12 替换 5、6 后分类器 A 和 B 的性能

平上显著。

矛盾的是，如果分类器 B 的在数据集 11 和 12 上的结果好得多，分别为 95% 和 99%，那么 t 的值将会更低，为 2.81。直观上，我们会认为通过增加 z 的平均值附近的波动性，会使得分类器之间的差异更有可能偶然发生，但为了获得显著的 t 值，通常 z 值较低的波动性要比获得较大的 z 的平均值更重要。

显然，如何选择在性能表（图 15.1）中包含的数据集是至关重要的。比较从图 15.2、图 15.6 和图 15.7 中计算出的 t 值，可知遗漏（或包含）新算法 B 表现不好（好）的数据集可获得更“显著差异”的结果（反之亦然）。矛盾的是，省略特别有利的结果，通过降低标准误差，也可以增加 t 值。

在这里提出作弊的问题是不是太粗俗了？我们很容易忽略一些不利的结果，而使 t 值显得很重要。当然，本书读者不会为了获得公众的认可、更高的学位、奖金或晋升而放弃不好的结果。但也有可能其他人并不总是那么谨慎。尽管这是一种可能，但更大的问题可能是“欺骗自己”。若一个新方法已取得了良好的结果，人们有多少动机去寻找使得结果变差的其他数据集？

置信区间

图 15.6 给出的结果表明分类器 B 在 5% 的水平统计上显著优于分类器 A，并且表中列出的 8 个数据集的平均改进是 3.5%。表中未能包括全部的可能数据集，建立平均改进的置信区间将有助于指出所获得改进的可信范围。

在这个例子中，z 的平均值是 3.5，标准误差是 1.45。由于图 15.4 中 7 个自由度的“概率 0.05”列中的 t 值为 2.365，可以说真实平均差的 95% 置信区间为 $3.5 \pm (2.365 \times 1.45) = 3.5 \pm 3.429$。我们可以 95% 确定真实平均改进在

0.071%和 6.929%之间。

对于图 15.7 给出的性能数据,分类器 B 在 1%的水平上明显优于分类器 A。这里 z 的平均值是 3.9,标准误差是 1.18。有 9 个自由度,并且在该自由度的“概率 0.01”列中的 t 的值是 3.250。我们可以说真实平均差异的 99%置信区间是 $3.9\pm(3.250\times1.18)=3.9\pm3.835$。我们可以 99%确定真实平均改进在 0.065%和 7.735%之间。

15.4　采　样

到目前为止,我们已经展示了如何测试两个分类器在某些特定数据集上的性能差异的显著性。然而,在大多数情况下,我们这样做并不是因为我们对这些数据集特别感兴趣,而是因为我们希望我们的新方法在所有可能的数据集上被认为更好,这给我们带来了抽样问题。

任何数据集的集合都可以被认为是来自全部数据集的完整集合(当然这是我们无法获得的)的一个样本,但它是一个有代表性的样本,即准确反映整个群体成员的样本。如果没有,为什么有人会认为一个分类器在数据集 1 ~ 10 上的性能改进,代表了在所有其他(或实际上任何其他)数据集上的性能改进?

这种情况类似于广告界,常见的说法是:“10 个女人中有 8 个喜欢产品 B,而不是产品 A。”(诽谤法阻止我们在这一节使用更现实的例子。)

这是否意味着广告商只问了 10 位女性,也许询问的都是密友、家人或员工。这并不令人信服。为什么这 10 个人要代表世界上所有的女人呢? 即使我们限制自己的目标,比如说在英国所有的女性,很明显,仅仅问 10 个人是不够的。

一些广告更进一步说(例如)“被调研的女性总人数为 94”。这种表述比较好,但是 94 是如何选择的呢? 如果他们都在同一个星期二早上在同一个购物中心,或者体育中心被询问,那么对于居住在狭小地理区域、在周二早上回答调查问卷的人们的偏好是显而易见的。

为了针对英国女性人口的喜好做出有意义的陈述,我们需要根据地理位置、年龄组和社会经济地位等特征,将人口划分为若干相互独立和同质的小组。然后确保我们采访了一个相当大的女性群体,她们以整体人口一样的比例分配到每个组。这被称为分层抽样,并且是进行民意调查的公司通常采用的方法。

回到数据挖掘中,当面对一张显示不同分类器在多个数据集上的性能对比表格时,我们自然而然地会问一个问题,那就是如何选择这些数据集?我们希望他们是世界上所有数据集的代表性样本,但这是不现实的。让我们假设所有的数据集都是从一个标准的资源库中选择出来的,比如 UCI 资源库,这个资源库是为了方便与以前的软件开发人员的工作进行比较而建立的。是否有理由假设它们是 UCI 资源库中所有数据集的代表性样本(而不仅仅是样本)?实现这一点是可能的,尽管不可避免地可能不准确。例如,通过选择一些被认为包含相当大比例噪声的数据集、一个被认为是无噪声的数字集、一些具有分类属性的数据集、一些具有连续属性的数据集,等等。

实际上,大多数作者并没有试图声称他们的数据集是 UCI 资源库的代表性样本。在许多情况下,这些数据集是开发者可以轻易得到的。这被称为使用机会样本,在某些情况下这是一种合理的处理方法,但这样的样本不太可能具有代表性。

当目标是与著名数据挖掘专家 X 教授几年前发布的结果进行比较时,除了使用与 X 在研究中所使用的相同数据集外,没有别的选择。新方法的研究人员不会因为这样做而受到指责,但它又提出了一个问题:X 教授如何选择这些数据集?

即使假设我们能够找到一种方法来选择 UCI 存储库中数据集的代表性样本,这是否能保证我们拥有世界上所有数据集的代表性样本?不幸的是,没有理由相信数据集是以随机的方式输入到 UCI 资源库中的。我们可以假设,在大多数情况下只有那些已经在其上建立了具有良好预测性能方法的数据集才会被放在资源库中,作为对未来工作者获得更好结果的一个挑战。那些在"困难"数据集上工作并没有取得进展的人或许不太可能将数据集放在存储库中,作为他们失败的提示。

不幸的是,与 UCI 资源库的广泛使用有关的问题远远不止这些。早在 1997 年,Salzberg[2] 就在一篇论文中讨论了这些问题,即"社区实验"效应。他说:"许多人都在共享一个小的数据集库,并重复使用相同的数据集进行实验。因此,即使使用严格的显著性标准和适当的显著性检验,公布的结果也存在着重大的危险。假设有 100 个不同的人在研究算法 A 和 B 的影响,试图确定哪一个更好,假设实际上两者的平均精度是相同的(在一些非常庞大的数据集上),尽管算法在特定数据集上的性能是随机变化的。现在,如果有 100 人正在研究算法 A 和 B 的影响,我们预计其中 5 个人将得到在[0.05]水平上具有统计显著性的结果,并且一个将在 0.01 水平上得到显著性!显然,在这种情况下,这些结果是偶然的,但如果 100 个人单独工作,得到显著结果的人将会发布,而其他人则会继续进行其他实验。社区实验效果的问题会变得更加严峻。在短期内,可以通过创建新的存储库来应对它。然而,从长远来看,很多人在研究分类算法和产生结果,这些结果可以与将来其他人获得的结果进行比较。这意味着社区实验效应也将不可避免地影响到这些新的存储库。”

为什么评估是大部分关于新分类算法的文献的致命弱点,这或许正变得越来越清楚。至少,像图 15.1 这样的比较表应该解释所列出的数据集是如何被选择的——但似乎很少有人这样做。

面对这些问题,研究人员需要尽其所能。发布更多数据集的研究结果显然是可取的,不仅有利于那些试图判断其工作成果的人,而且是未来工作的基准。最重要的是,开发人员应该解释他们如何以及为什么选择他们所分析的数据集——因为,在运行任何新的算法之前,应该总是做出选择。

15.5　“没有显著差异”的结果有多糟糕?

尽管我们需要有一系列可用的分类算法,但没有一种算法能够保证在所有数据集上都能提供最佳性能,上面引用的关于“社区实验”的讨论反映了这样一种情况,虽然许多针对新分类器的实验仍在进行,但其中大多数实验在一系列相似的数据集上都表现出非常类似的性能。

我们不需要无穷无尽的分类算法,这些分类算法与成熟的分类算法没有显著差异,或者只对少数数据集提供稍好的性能。尽管如此,开发新的分类算法还是有原因的,即使新算法的预测精度与众所周知的“标准”分类器的性能没有显著差异。

预测精度并不是判断分类器质量的唯一标准。由于其他原因,新的分类器 B 可能比现有的分类器更好,例如:

① B 在理论上可能比 A 更好。

② B 可能在计算上比 A 更高效。

③ B 可能产生比 A 更容易理解的模型。

④ 对于某些类型的数据集,B 可能比 A 具有更好的性能,例如有许多缺失值或可能存在较高比例噪声的数据集。

给定一个如图 15.1 所示的性能表,需要解决的问题是区分 B 值大于 A 值的那些数据集与其他数据集的区别。通常,这些差异可能没有明显的原因,但是如果存在的话,对于特定类型的数据集,可能已经找到了一种有价值的新算法。

15.6 本章总结

本章讨论了如何在一组数据集上比较备选分类器的性能。本章结合实例对通常使用的配对 t 检验进行描述和说明,当发现两个分类器的预测精度显著不同时,可使用置信区间。

讨论了比较分类器时所涉及的陷阱,从而引出了比较它们性能的替代方法,这种方法不依赖于比较预测精度。

15.7 自测题

下表显示了两个分类器 A 和 B 在 20 个数据集上的百分比精度。

1. 计算差值 B - A 的平均值。

2. 计算标准误差和 t 统计量的值。

3. 判断在 5% 的水平分类器 B 是否明显优于或低于分类器 A。

4. 如果问题 3 的答案为是,则计算分类器 A 和 B 之间百分比准确度真实差异的 95% 置信区间。

数据集	分类器A	分类器B
1	74	86
2	69	75
3	80	86
4	67	69
5	84	83
6	87	95
7	69	65
8	74	81
9	78	74
10	72	80
11	75	73
12	72	82
13	70	68
14	75	78
15	80	78
16	84	85
17	79	79
18	79	78
19	63	76
20	75	71

参考文献

[1] Blake, C. L., & Merz, C. J. (1998). UCI repository of machine learning databases. Irvine: University of California, Department of Information and Computer Science. http://www.ics.uci.edu/mlearn/MLRepository.html.

[2] Salzberg, S. L. (1997). On comparing classifiers: pitfalls to avoid and a recommended approach. Data Mining and Knowledge Discovery, 1, 317-327. Kluwer.

第 16 章　关联规则挖掘一

16.1 引　言

分类规则涉及预测特别重要的分类属性的值,在本章我们将要继续关注那些更加普遍的问题,找到可以从给定数据集导出的任何兴趣规则。

我们会把我们的注意力约束在 IF…THEN…这种在左右两边拥有“属性=值(attribute = value)”连接关系的规则。我们还将假定所有属性都是可分类的 (在使用本章讨论的任何方法之前,可以通过全局离散化来处理连续属性)。

与分类不同,规则的左边和右边可能包括对任何属性或属性组合的测试,并服从于一些约束条件,如至少有一个属性必须出现在每条规则的等式两端并且同一属性不可以出现超过一次。在实际中,数据挖掘系统经常对生成的规则进行限制,比如每边的最大项数。

如果我们有一个金融数据集,其中一个提取出来的规则如下所示:

IF Has-Mortgage = yes AND Bank Account Status = In credit

THEN Job Status = Employed AND Age Group = Adult under 65

这种表示某些特定属性值与其他属性值之间的关联关系的规则,被称为关联规则。从给定数据集中提取这些规则的过程称为关联规则挖掘(Association Rule Mining,ARM)。与分类规则归纳(classification rule induction)相比,关联规则挖掘使用的方法为广义规则归纳(Generalised Rule Induction, GRI)。(注意,如果我们要应用约束条件,则规则的右边必须只有一项,它必须是指定的分类属性的属性/值对,关联规则挖掘将减少对分类规则的归纳。)

对于一个给定的数据集,存在任何确切的关联规则的概率可能并不高,所以我们通常将每个规则与一个置信度(confidence value)联系在一起,即同时匹配左右两侧的实例数与只匹配左侧的实例数的比例。这是一个与分类规则的预测精度相同的度量,但置信度更加普遍应用在联合规则中。

关联规则挖掘算法需要能够产生置信度小于 1 的规则,但对于一个给定数据集的可能的联合规则的数目非常大,并且有相当比例的规则通常只有很

少的价值。例如,对于上文提到的(虚拟的)金融数据集,规则会包括如下的内容(毫无疑问具有很低的置信度):

IF Has-Mortgage = yes AND Bank Account Status = In credit

THEN Job Status = Unemployed

几乎可确定这个规则具有一个很低的置信度并且没有多少实际价值。

联合挖掘规则的主要困难是计算效率。如果说有10个属性,则每个规则能够在左边有多达9个"属性=值"这样的连接。每个属性都可以以任何可能的值出现。任何不用于左边的属性都可以出现在右边,并可能以任何可能的值出现。可能的规则有很多,生成所有可能的规则涉及大量计算,尤其是在数据集中有大量实例的情况下。

对于一个给定的不可见实例,对于预测任何感兴趣的属性的不同值,可能有几个或很多的规则,质量差异也很大。此时需要第11章中讨论的冲突解决策略,它参考所有规则的预测,以及有关规则及其质量的信息。但是,本章我们将集中在规则生成上,而不是解决冲突。

16.2　规则兴趣度量

对于分类规则,我们通常对整个规则集的质量感兴趣。所有的规则结合起来工作决定了分类器的有效性,而不是任何单独的规则或几个规则。

在关联规则挖掘中,它强调的是每个规则的质量。例如,一个单一的高质量规则会将一个金融数据集的属性值或超市客户的购买行为联系起来,这可能具有重要的商业价值。

要区分一条规则和另一条规则,我们需要一些规则质量的度量。这些通常被称为规则兴趣度量(rule interestingness measures)。同时这些措施也可以应用于规则分类。

在技术文献中提出了几种兴趣度量。不幸的是,使用的符号还没有很好地标准化,所以在这本书中,我们将对所描述的所有度量采用我们自己的记号。

在本节中,我们将编写如下形式的规则:

if LEFT then RIGHT

我们首先定义四个数值,对于任何规则这些数值可以通过计数来简单地确定。

N_{LEFT}匹配左侧的实例数量;

N_{RIGHT} 匹配右侧的实例数量；

N_{BOTH} 匹配左右两侧的实例数量；

N_{TOTAL} 实例的总数。

我们可以用维恩图(Venn diagram.)来直观地描述这个图形。在图 16.1 中,可以设想外部框包含正在考虑的所有 N_{TOTAL} 实例。左边和右边的圆圈分别包含匹配左侧的 N_{LEFT} 实例和匹配右侧的 N_{RIGHT} 实例。圆圈交叉的散列区域(hashed area)包含了匹配左右侧的 N_{BOTH} 实例。

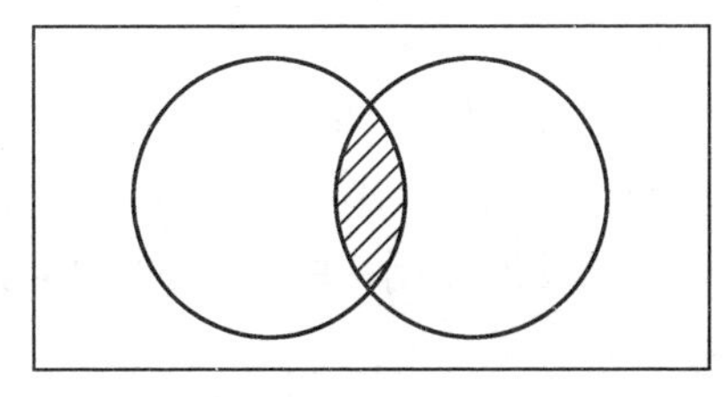

图 16.1 左侧匹配、右侧匹配以及两侧同时匹配的实例

N_{LEFT}、N_{RIGHT}、N_{BOTH} 和 N_{TOTAL} 的值都太过基本以至于它们自身不能被认为是规则的兴趣度量,但是大多数兴趣度量值都可以从它们中计算出来。

图 16.2 给出了三种常用的方法。其中第一种方法在技术文献中有多个名字。

置信度(预测准确性、可靠性)

N_{BOTH}/N_{LEFT}

匹配左侧的实例中被规则正确预测的比例

支持度

N_{BOTH}/N_{TOTAL}

训练集中被规则正确预测的比例

完整度

N_{BOTH}/N_{RIGHT}

匹配右侧的实例中被规则正确预测的比例

图 16.2 规则兴趣的基本度量

我们可以使用 16.1 节给出的金融规则来说明这一点。

IF Has-Mortgage = yes AND Bank Account Status = In credit

THEN Job Status = Employed AND Age Group = Adult under 65

假设我们通过计算得出下列值。

$N_{LEFT}=65$

$N_{RIGHT}=54$

$N_{BOTH}=50$

$N_{TOTAL}=100$

由此可以计算出图 16.2 中的三个兴趣度量值。

置信度 $= N_{BOTH}/N_{LEFT} = 50/65 = 0.77$

支持度 $= N_{BOTH}/N_{TOTAL} = 50/100 = 0.5$

完整度 $= N_{BOTH}/N_{RIGHT} = 50/54 = 0.93$

该规则的置信度为 77%,这似乎并不高。但是,它正确地预测了数据集中与规则的右边相匹配的 93% 的实例,并且适用于数据集 50% 的实例。这似乎是一个有价值的规则。

在其他一些兴趣度度量中,有时使用的是可辨别性。

这度量了一个规则能够多好地区别一个分类与另一个分类。它被定义为

$$1-(N_{LEFT}-N_{BOTH})/(N_{TOTAL}-N_{RIGHT})$$

也就是

1 -(由规则产生的错误分类数)/(其他分类的实例数)

如果该规则可以完美预测,即 $N_{LEFT}=N_{BOTH}$,那么可识别性的值为 1。

在上面给出的例子中,可识别性的值是

$$1-(65-50)/(100-54) = 0.67$$

16.2.1 Piatetsky-Shapiro 准则和 RI 度量

在一篇有影响力的论文中,美国研究人员 Gregory Piatetsky-Shapiro 提出了三个主要的准则,且任何规则兴趣度量都应满足这三个准则。准则列在图 16.3 中,并会在后文中解释。

准则 1

如果 $N_{BOTH}=(N_{LEFT}\times N_{RIGHT})/N_{TOTAL}$,那么这项度量应该是 0;

如果前提和结果是统计独立的(随后解释),那么兴趣值应该是 0。

准则 2

这个度量应该随着 N_{BOTH} 单调增加。

准则 3

这一度量应该随着 N_{LEFT} 和 N_{RIGHT} 单调递减。

对于准则 2 和 3,假定所有其他参数都是固定的。

图 16.3　规则兴趣度量的 Piatetsky-Shapiro 准则

第二个和第三个比第一个更容易解释。

准则 2 指出,如果其他的都是固定的,那么被一个规则正确预测的右侧实例越多,该规则就会更有兴趣。这显然是合理的。

准则 3 指出,如果其他的都是固定的。

(a) 匹配规则左边的实例越多,那规则的兴趣度就越小。

(b) 匹配规则右边的实例越多,那规则的兴趣度就越小。

(a)的目的是优先选择那些能从尽可能少的匹配左侧的实例中,正确预测出给定数目的右侧实例的规则(对 N_{BOTH} 的固定值来说,N_{LEFT} 的值越小越好)。

(b)的目的是优先考虑所预测的右侧实例相对较少的规则(因为预测常见的右端更容易做到)。

准则 1 关注的是一个规则的前提和结果(即它的左和右)独立的情况。我们期望的是多少个右侧能够被偶然正确预测?

我们知道数据集中的实例数是 N_{TOTAL},而与规则右边匹配的实例数是 N_{RIGHT}。因此,如果我们毫无根据地预测了一个右侧实例,无论有怎样的期望,预测 N_{TOTAL} 次正确的次数都为 N_{RIGHT},即正确预测的比例为 N_{RIGHT}/N_{TOTAL} 的倍数。

如果预测同一右侧 N_{LEFT} 次(每个实例与规则的左边相匹配),会偶然正确预测 $N_{LEFT}\times N_{RIGHT}/N_{TOTAL}$ 次。

根据定义,正确预测的次数是 N_{BOTH}。因此,准则 1 指出,如果规则所做的正确预测次数与偶然出现的次数相同,则规则的兴趣度为零。

Piatetsky-Shapiro 提出的规则兴趣度量,称为 RI,这是符合他的三个标准的最简单的度量。定义如下:

$$RI = N_{BOTH} - (N_{LEFT} \times N_{RIGHT} / N_{TOTAL})$$

RI 测量了实际匹配数和预期值之间的差值,如果规则的左边和右边是独立的。通常 RI 的值为正。零值表示规则并不比偶然的好。而一个负值意味着这个规则比偶然的情况还差。

RI 指数满足 Piatetsky-Shapiro 的所有三个标准。

准则 1: 如果 $N_{BOTH} = (N_{LEFT} \times N_{RIGHT}) / N_{TOTAL}$,则 RI 为 0。

准则 2: RI 随着 N_{BOTH} 单调地增加 (假设所有其他参数都是固定的)。

准则 3: RI 随着 N_{LEFT} 和 N_{RIGHT} 单调递减(假设所有其他参数都是固定的)。

尽管人们对这三种标准的有效性表示怀疑,在这方面仍有许多研究有待完成,但 RI 度量本身仍是一项有价值的贡献。

此外还有一些其他的规则兴趣度量,一些重要的随后会在本章和第 17 章中描述。

16.2.2 适用于 chess 数据集的规则兴趣度量

尽管规则兴趣度量对于关联规则特别有价值,但如果我们愿意,也可以将它们应用于分类规则。

从 chess 数据集(使用熵进行属性选择)产生的未剪枝决策树包含 20 条规则。其中之一(图 16.4 中的第 19 条规则)是

IF inline = 1 AND wr _bears_ bk = 2 THEN Class = safe

对于这条规则

$N_{LEFT} = 162$

$N_{RIGHT} = 613$

$N_{BOTH} = 162$

$N_{TOTAL} = 647$

因此,我们可以计算各种规则兴趣度量的值如下:

置信度 = 162/162 = 1

完整度 = 162/613 = 0.26

支持度 = 162/647 = 0.25

识别度 = 1-(162-162)/(647-613) = 1

RI = 162(162 613/647) = 8.513

置信度和识别度的完美取值在这里是没有价值的。它们总是在从未剪枝

分类树中提取规则时发生(在训练数据中没有遇到任何冲突而产生)。RI 值表明,该规则可以比偶然发生的情况多预测出 8.513 个正确的分类。

chess 数据集的所有 20 个分类规则的兴趣值表如图 16.4 所示,非常具有启发性。

规则	N_{LEFT}	N_{RIGHT}	N_{BOTH}	置信度	完整度	支持度	可识别度	RI
1	2	613	2	1.0	0.003	0.003	1.0	0.105
2	3	34	3	1.0	0.088	0.005	1.0	2.842
3	3	34	3	1.0	0.088	0.005	1.0	2.842
4	9	613	9	1.0	0.015	0.014	1.0	0.473
5	9	613	9	1.0	0.015	0.014	1.0	0.473
6	1	34	1	1.0	0.029	0.002	1.0	0.947
7	1	613	1	1.0	0.002	0.002	1.0	0.053
8	1	613	1	1.0	0.002	0.002	1.0	0.053
9	3	34	3	1.0	0.088	0.005	1.0	2.842
10	3	34	3	1.0	0.088	0.005	1.0	2.842
11	9	613	9	1.0	0.015	0.014	1.0	0.473
12	9	613	9	1.0	0.015	0.014	1.0	0.473
13	3	34	3	1.0	0.088	0.005	1.0	2.842
14	3	613	3	1.0	0.005	0.005	1.0	0.158
15	3	613	3	1.0	0.005	0.005	1.0	0.158
16	9	34	9	1.0	0.265	0.014	1.0	8.527
17	9	34	9	1.0	0.265	0.014	1.0	8.527
18	81	613	81	1.0	0.132	0.125	1.0	4.257
19	162	613	162	1.0	0.264	0.25	1.0	8.513
20	324	613	324	1.0	0.529	0.501	1.0	17.026

$N_{TOTAL}=647$

图 16.4　从 chess 数据集导出的规则的规则兴趣值

根据 RI 的判断来看,似乎只有最后五项规则才让人感兴趣。它们是正确预测的实例数至少比偶然发生多 4 个的规则(20 个规则中)。规则 20 预测 324 次正确的次数是 324。它的支持度为 0.501,即它适用于超过一半的数据集,其完整度为 0.529。相比之下,规则 7 和 8 的 RI 值低至 0.053,也就是说,它们只略好于偶然情况。

理想情况下,我们可能更倾向于使用规则 16 ~ 20。然而,在分类规则的情况下,我们不能抛弃其他 15 个质量较低的规则。如果这样做的话,我们将会有一个只有五个分支的树,它无法对数据集 647 个实例中的 62 个实例做出分类。这说明一个有效的分类器(规则集)可以包含许多低质量的规则。

16.2.3　利用规则兴趣度量进行冲突解决

我们现在回到冲突解决的话题,当多个规则预测一个不可见实例的一个或多个兴趣属性的值不同时,规则兴趣度量给出一种处理这个问题的方法。

例如我们可能只使用兴趣度最高的规则,或最有趣的三个规则,或我们可能使用"加权投票"系统来调整每个规则的兴趣度或值。

16.3　关联规则挖掘任务

从给定数据集中产生的通用规则的数量可能非常大,在实践中,我们的目标通常是找到满足指定标准的所有规则,或者找到最好的 N 个规则。后者将在下一节讨论。

作为接受规则的一个标准,我们可以使用对规则的置信度的测试,比如"置信度>0.8",但这并不能完全令人满意。很有可能我们找到的置信度很高的规则,但适用性很差。例如,在之前使用的财务示例中我们可能找到规则:

IF Age Group = Over seventy AND Has-Mortgage = no

THEN Job Status = Retired

这很可能具有很高的置信度,但是很可能只对应于数据集中很少的实例,因此没有什么实用价值。避免此问题的一种方法是使用另一种度量方法。一个常用度量方法是支持度。支持度是规则(成功地)应用到的数据集中的实例的比例,即匹配左右侧的实例的比例。一个在 10 000 个数据集中仅成功地应用于两个实例的规则,即使它的置信度很高,它的支持值也很低(只有 0.000 2)。

一个常见的要求是找到置信度和支持度超过特定阈值的所有规则。使用这种方法的关联规则的一种特别重要的类型称为市场购物篮分析。这包括分析超市、电话公司、银行等收集到的关于客户交易(购买、打电话等)的大量数据,以发现在超市案例中,顾客购买的产品之间的关联。这样的数据集通常是通过限制属性来处理的,这些属性只有值 true 或 false(表示购买或不购买某些产品），并约束生成的规则中的每个属性值为 true。

市场购物篮分析将在第 17 章详细讨论。

16.4　找到最好的 N 条规则

在本节中，我们将讨论一种方法，以找到从给定数据集生成的最佳的 N 条规则。假设 N 的值是一个小数字，比如 20 或 50。

首先需要确定一些数值，由此可以衡量任何满足所谓的“最好的”规则。我们把这称为质量衡量。在本节中，我们将使用一种质量衡量（或规则兴趣度量），被称为 J 度量（J-measure）。

接下来，我们需要决定一些我们感兴趣的规则。这可能是所有在左边和右边同时有“属性=值”这种连接关系的规则，唯一的限制是没有属性会同时出现在规则的两边。然而通过计算可知，即使只有 10 个属性，可能存在的规则的数量也是巨大的，在实践中，我们可能希望将兴趣规则限制在一些较小（但可能仍然非常大）的数量上。例如我们可能限制规则“阶数”，比方说左边的条件不超过 4 个，也可能限制右边的条件，例如最多两项或只有一项，甚至仅包含一个指定属性的项。我们称这种可能的兴趣规则为搜索空间。

最后，我们需要决定如何以有效的阶数在搜索空间中生成可能的规则，这样就可以计算出每一个规则的质量度量。这就是所谓的搜索策略。理想情况下，我们希望找到一种搜索策略，以避免产生低质量的规则。

随着规则的生成，我们维护一张目前为止找到的最好的 N 个规则的表格，并按照相应的质量度量降序排列。如果新生成的一个规则的质量度量大于表中最小值，则删除第 N 条最佳规则，并将新规则放置在表中适当的位置。

16.4.1　J 度量：衡量规则的信息内容

J 度量被 Smyth 和 Goodman[2] 引入到数据挖掘文献中，作为一种基于理论的量化规则信息内容的方法。证明这个公式超出了本书的范围，但是计算它的值很简单。

给定一个形式为 If $Y = y$, then $X = x$ 的规则，使用 Smyth 和 Goodman 的表示法。由 $J(X;Y = y)$ 表示规则的信息内容（以比特为单位），这被称为规则的 J 度量。

J 度量的值是两项的乘积：

① $p(y)$：这条规则的左边（前提）发生的概率。

② $j(X;\ Y = y)$:j 度量(注意是小写字母 j)或交叉熵。

交叉熵项由以下公式定义:

$$j(X;Y=y) = p(x\mid y)\cdot\log_2\frac{p(x\mid y)}{p(x)} + (1-p(x\mid y))\cdot\log_2\frac{1-p(x\mid y)}{1-p(x)}$$

交叉熵的值取决于两个值:

① $p(x)$。如果我们没有其他信息(被称为规则结果的先验概率),则该规则的右边(结果)的概率将得到满足。

② $p(x|y)$。如果我们知道左边是满足的,那么这个规则右边的概率就会得到满足(读为"条件 y 下的 x 概率")。

在图 16.5 中画出了给定各种 $p(x)$ 值时的 j 度量的图。

关于 16.2 节所介绍的基本度量:

$p(y) = N_{\text{LEFT}}/N_{\text{TOTAL}}$

$p(x) = N_{\text{RIGHT}}/N_{\text{TOTAL}}$

$p(x|y) = N_{\text{BOTH}}/N_{\text{LEFT}}$

J 度量关于上界有两个有用的性质。首先,$J(X;\ Y = y)$ 的值小于等于 $p(y)\cdot\log_2\dfrac{1}{p(y)}$。当 $p(y) = 1/\mathrm{e}$ 时,该表达式的最大值为 $\dfrac{\log_2 \mathrm{e}}{\mathrm{e}}$,约为 0.530 7 bit。

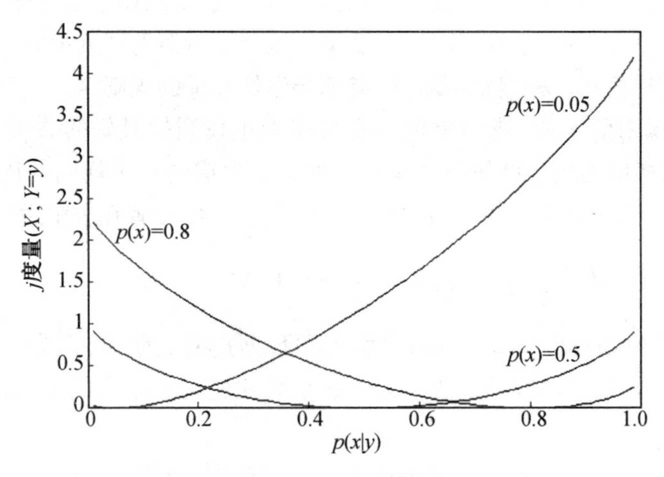

图 16.5　不同 $p(x)$ 值下的 j 度量

可以证明,通过增加更多项来专业化既有规则而获得的任何规则的 J 值都受到如下值的限制:

$$J_{max} = p(y) \cdot \max\{p(x \mid y) \cdot \log_2\left(\frac{1}{p(x)}\right), (1 - p(x \mid y)) \cdot \log_2\left(\frac{1}{1 - p(x)}\right)\}$$

因此,如果一个给定的规则有一个已知的 J 值,比如说 0.352,并且 J_{max} 的值也是 0.352,对于关心的信息内容而言,通过进一步添加左边的项,不会得到任何好处(甚至可能更糟)。

我们将在下一节讨论这个话题。

16.4.2　搜索策略

可以通过多种方式搜索给定的搜索空间,例如生成所有的兴趣规则并计算它们的质量度量。在本节中,我们将描述一种利用 J 度量特性优势的方法。

为了简化描述,假设有 10 个属性 a_1, a_2,…,a_{10},每一属性各有 3 个可能的值 1、2 和 3。搜索空间包含右边只有一个项,左边至多可有 9 个项的规则。

我们从生成所有可能的右边开始。共有 30 个,10 个属性中的每一个与它的 3 个值相结合,例如 $a_1 = 1$ 或 $a_7 = 2$。

从这些可以生成所有可能的阶数为 1 的规则,即在左边有一项。对于每一个右边,比如"$a_2 = 2$",有 27 个可能的左边,例如其他 9 个属性与它们的 3 个可能值相结合,因此有 27 个可能的顺序规则,例如:

IF $a_1 = 1$ THEN $a_2 = 2$

IF $a_1 = 2$ THEN $a_2 = 2$

IF $a_1 = 3$ THEN $a_2 = 2$

IF $a_3 = 1$ THEN $a_2 = 2$

IF $a_3 = 2$ THEN $a_2 = 2$

IF $a_3 = 3$ THEN $a_2 = 2$

等等。

我们计算了每个 27×30 个可能的规则的 J 值。根据 J 值降序排列,我们将 N 个最高 J 值的规则放在最佳规则表中。

下一步是专业化阶数为 1 的规则,来形成阶数为 2 的规则,例如扩张规则

IF $a_3 = 3$ THEN $a_2 = 2$

形成规则集:

IF $a_3 = 3$ AND $a_1 = 1$ THEN $a_2 = 2$

IF $a_3 = 3$ AND $a_1 = 2$ THEN $a_2 = 2$

IF $a_3 = 3$ AND $a_1 = 3$ THEN $a_2 = 2$

IF $a_3 = 3$ AND $a_4 = 1$ THEN $a_2 = 2$

IF $a_3 = 3$ AND $a_4 = 2$ THEN $a_2 = 2$

IF a_3 = 3 AND a_4 = 3 THEN a_2 = 2

等等。

然后我们可以生成所有的阶数 3 的规则,然后是阶数 4、5,直到 9。

这显然涉及生成大量规则。对应 30 个可能的右边,每一个右边有 262 143个可能的左边,共有 7 864 290 条规则需要考虑。有两种方法可以使该过程在计算上更有效率。

第一个是只扩展最好的(比如)20 个阶数 1 的规则。随后计算阶数 2 的规则的 J 值,并调整“最好的 N 个规则”表。阶数 2 的最好的 20 条规则(无论它们是否处于最佳的 N 规则表中)随后通过附加项被进一步扩展,以给出阶数 3 的规则等等。这种技术被称为光束搜索(beam search),通过与火炬光束的宽度限制进行类比。在这种情况下,光束宽度 20。光束的宽度不需要是固定的值。例如,它可能从 50 开始,当扩大阶数 1 的规则时,会为了更高的阶数的规则而逐步减少。

很重要的一点是,要意识到使用一种光束搜索技术来减少产生的规则数量是一种启发式的(heuristic),即一种“经验法则”,它不能保证在任何情况下都能正常工作。阶数 K 的最佳规则不能保证都是 $K-1$ 阶数的所有最佳规则的专门化结果。

减少生成规则数量的第二种方法是保证总是正确地工作,并且依赖于 J 度量的一个属性。

让我们假设在“最好的 N 个规则表”中最后一个条目(即表中 J 值最低的条目)的 J 值为 0.35,并且有一个包含两项的规则,例如

IF a_3 = 3 AND a_6 = 2 THEN a_2 = 2

它的 J 值为 0.28。

一般来说,通过增加一个项来专门化一个规则,可以增加或减少它的 J 值。所以如果 3 阶规则:

IF a_3 = 3 AND a_6 = 2 AND a_8 = 1 THEN a_2 = 2

有一个很低的 J 值,也许是 0.24,那么它很有可能增加一个可能含有更高 J 值的第四项来让规则进入最好的 N 个。

通过使用在 16.4.1 节描述的 J_{max} 值,可以避免大量不必要的计算。如前所述,如下规则的 J 值为 0.28:

IF a_3 = 3 AND a_6 = 2 THEN a_2 = 2

让我们假设它的 J_{max} 是 0.32。这意味着通过添加项到左边来进一步专门化,产生的规则(右侧相同)不能够拥有大于 0.32 的 J 值。这小于规则扩展形式符合最好的 N 个规则表所需的最小值 0.35。因此,规则的二阶形式可以

安全地被丢弃。

将光束搜索法与利用 J_{max} 值的规则修剪法结合,可以使从相当大的数据集中生成规则的计算变得可行。

在下一章中,我们将讨论在市场购物篮分析中生成关联规则的问题,其中的数据集通常很大,但是采取了受限的规则形式。

16.5 本章总结

本章讨论了寻找从给定数据集产生的感兴趣规则的问题,而不仅仅是分类规则。这被称为关联规则挖掘或一般化的规则归纳。定义了一些规则兴趣度量的方法,并讨论了在度量之间进行选择的标准。本章描述了一种利用规则信息内容的 J 度量和光束搜索策略从数据集生成最优的 N 个规则的算法。

16.6 自 测 题

1. 用以下值计算规则的置信度、完整度、支持度、可识别度和 RI 值。

规则	N_{LEFT}	N_{RIGHT}	N_{BOTH}	N_{TOTAL}
1	720	800	700	1 000
2	150	650	140	890
3	1 000	2 000	1 000	2 412
4	400	250	200	692
5	300	700	295	817

2. 给定一个具有四个属性 w、x、y 和 z 的数据集,每个属性都有三个可能值,在右侧只有一项的条件下可以生成多少条规则?

参 考 文 献

[1] Piatetsky-Shapiro, G. (1991). Discovery, analysis and presentation of strong rules. In G. Piatetsky-Shapiro & W. J. Frawley (Eds.), Knowledge discovery in databases (pp. 229-248). Menlo Park: AAAI Press.

[2] Smyth, P. , & Goodman, R. M. (1992). Rule induction using information theory. In G. Piatetsky-Shapiro & W. J. Frawley (Eds.), Knowledge discovery in databases (pp. 159-176). Menlo Park: AAAI Press.

第17章　关联规则挖掘二

本章需要基础的数学集合理论知识。如果你还不具备这些知识，可以参考附录A中的内容。

17.1　引　言

本章涉及一种特殊形式的关联规则挖掘，即市场购物篮分析（Market Basket Analysis）。市场购物篮分析产生的规则都是某种限制性的。

在这里，我们感兴趣的是任何与顾客在商店（尤其是在有成千上万种产品的大型商场）购买的物品有关的规则，而不是预测顾客是否会购买某一特定商品。尽管在本章中针对这一应用介绍了关联关系挖掘（ARM），但介绍的方法并不仅限于零售行业。其他类似的应用包括信用卡购物分析、病人的医疗记录、犯罪数据和卫星数据。

17.2　交易和商品集

假设有一个包含 n 个交易（即记录）的数据库，每个交易都是一组商品。

针对市场购物篮分析，可以把每一笔交易都看作是顾客购买的一组商品，例如：{牛奶、奶酪、面包}或{鱼、奶酪、面包、牛奶、糖}。这里有牛奶、奶酪、面包等，我们称{牛奶、奶酪、面包}为一个商品集。我们感兴趣的是找到适用于顾客购买的相关规则，例如“购买鱼和糖通常与购买牛奶和奶酪有关”，当然这些规则需要符合特定的“兴趣”标准，具体的标准将随后介绍。

在一个交易中包含的商品即意味着它被购买了。本章中，我们对购买奶酪和宠物食品罐头的数量不感兴趣。我们不记录顾客未买的东西，也不对那些未买东西的规则感兴趣，比如“买牛奶但不买奶酪的顾客一般都买面包”。我们只寻找那些连接所有实际购买的商品的规则。

我们假设有 m 个可能的商品可以被购买，并使用字母 I 来表示所有可能商品的集合。

在现实情况下，m 的值可能达到数百甚至数千。这在一定程度上取决于一家公司是否将其销售的所有肉类作为单一的“肉类”商品，还是将每种肉类

(“牛肉”“羊肉”“鸡肉”等)作为单独的商品,亦或是将每种肉类及其质量的组合作为单独的商品。很明显,即使是在一个很小的商店里,购物篮分析中需考虑的不同商品的数量也可能非常大。

交易中的商品(或任何其他商品集)是按照标准顺序列出的,可能是根据首字母顺序或其他顺序,例如我们总是将一个交易写成{奶酪,鱼,肉},而不是{肉,鱼,奶酪}等等。这并没有坏处,因为不同写法的含义是相同的,但是大大减少和简化了我们需要做的计算,以发现可以从数据库中提取的所有“有趣”规则。

举一个例子,如果一个数据库包含 8 个交易($n = 8$),且只有 5 个不同的商品(一个不切实际的小数量),用 a、b、c、d 和 e 来表示,所以 $m = 5$ 与 $I = \{a, b, c, d, e\}$,数据库可能包含的交易如图 17.1 所示。

请注意,信息如何存储在数据库中的细节问题是一个单独的问题,在这里不考虑。

交易序号	交易(商品集)
1	{a, b, c}
2	{a, b, c, d, e}
3	{b}
4	{c, d, e}
5	{c}
6	{b, c, d}
7	{c, d, e}
8	{c, e}

图 17.1 一个含有 8 个交易的数据库

为了方便起见,我们将集合中的商品以它们在集合 I 中出现的顺序排列,即写成 $\{a, b, c\}$ 而不是 $\{b, c, a\}$。

所有商品集都是 I 的子集。我们不把空集作为商品集,所以商品集可以有从 1 到 m 个成员。

17.3 对商品集的支持

我们将使用术语一个商品集 S 的支持计数(support count),或一个商品集 S 的计数,来表示数据库中与 S 匹配的交易的数量。

如果商品集 S 是交易 T(它本身就是一个商品集)的子集,那么我们说 S 匹配 T,也就是说,S 中的所有项也都在 T 中。例如,商品集{面包,牛奶}与交易{奶酪,面包,鱼,牛奶,酒}相匹配。

如果一个商品集 S = {面包,牛奶} 有一个 12 的支持计数,写为 count(S)= 12或 count({面包,牛奶})= 12,则意味着数据库中 12 个交易包含了面包和牛奶。

定义商品集的支持度,写成 support(S),作为数据库中与 S 匹配的商品集的比例,即包含 S 所有商品的交易的比例。我们又可将其理解为 S 中的项目在数据库中发生的频率。所以有 support(S) = count(S)/n,其中 n 是数据库中的交易数。

17.4　关联规则

关联规则挖掘的目的是检查数据库的内容,并在数据中寻找关联规则。例如,我们可能注意到,当商品 c 和 d 被购买时,e 也经常被购买。我们可以把它写成规则:

$$cd \to e$$

这个箭头的意思是"意味着(implies)",但我们必须注意不要把它解释为购买 c 和 d 会导致 e 被购买。最好是在预测方面考虑规则:如果我们知道 c 和 d 被购买,我们可以预测 e 也被购买了。

规则 $cd \to e$ 是关联规则挖掘中大多数规则的典型表示形式,但它并不总是正确的。对于图 17.1 中的交易 2、4 和 7 是满足规则的,但交易 6 不满足规则,即这一规则满足 75% 的交易。在购物篮分析中可以被解释为"如果同时买了牛奶和面包,奶酪有 75% 的概率被购买"。

请注意,在交易 2、4 和 7 中存在商品 c、d 和 e,也可以用来证明其他规则。

$$c \to ed$$

和

$$e \to cd$$

这也不一定总是正确的。

从一个很小的数据库生成的规则数量可能非常大。实际上,它们中的大多数都没有什么实用价值。我们需要一些方法来决定丢弃哪些规则和保留哪些规则。

首先,我们将介绍一些术语和符号。用 L 和 R 分别表示在规则左面和右面出现的商品集合,并且将规则写作 $L \to R$。L 和 R 集合中必须至少有一个成员,并且两个集合必须是不相交的,即没有共同的成员。规则的左边和右边通常分别被称为前提和结果或者主体和头部(body and head)。

注意,在 $L \to R$ 表示法中,规则的左边和右边都是集合。然而,我们仍将采用简化的形式表示规则,例如 $cd \to e$,而不是更精确但也更笨拙的形式 $\{c, d\} \to \{e\}$。

集合 L 和 R 的并集表示在 L 或 R 中出现的商品的集合,它被写成 $L \cup R$(读作 L 并 R)。由于 L 和 R 是不相交的,并且每个都至少有一个成员,所以商品集 $L \cup R$ 中的项数,即 $L \cup R$ 的基数,至少为 2。

对于规则 $cd \to e$,我们有 $L = \{c, d\}$,$R = \{e\}$ 和 $L \cup R = \{c, d, e\}$。我们可以计算数据库中与前两个商品集匹配的交易的数量。商品集 L 匹配 4 个交易,编号 2、4、6 和 7,商品集 $L \cup R$ 匹配 3 个交易,编号 2、4 和 7,所以 $\text{count}(L) = 4$,$\text{count}(L \cup R) = 3$。

由于数据库中有 8 个交易,我们可以计算

$$\text{support}(L) = \text{count}(L)/8 = 4/8$$

并且

$$\text{support}(L \cup R) = \text{count}(L \cup R)/8 = 3/8$$

大量的规则可以从一个很小的数据库中生成,而我们通常只对那些满足兴趣标准的规则感兴趣。有很多方法可以衡量一个规则的兴趣度,但最常用的两个方法是支持度和置信度。这样做的理由是,使用只适用于数据库一小部分交易的规则或只能预测很差的规则是没有意义的。

规则 $L \to R$ 的支持度是规则成功适用的数据库的比例,即 L 中的项和 R 中的项在一起发生的交易的比例。这个值即是对商品集 $L \cup R$ 的支持度,所以有

$$\text{support}(L \to R) = \text{support}(L \cup R)$$

规则 $L \to R$ 的预测精度是由它的置信度来衡量的,它定义为满足规则的交易的比例,即与左右两边相匹配的交易数和只与左边相匹配的交易数的比值,即 $\text{count}(L \cup R)/\text{count}(L)$。

理想情况下,每一个与 L 匹配的交易都将与 $L \cup R$ 匹配,在这种情况下,置信度将为 1,规则是精确的,即始终正确。在实践中规则一般并不是精确的,$\text{count}(L \cup R) < \text{count}(L)$,置信度小于 1。

由于一个商品集的支持计数是它的支持度乘以数据库中交易的总数,规则的置信度可以通过下式计算:

$$\text{confidence}(L \to R) = \text{count}(L \cup R)/\text{count}(L)$$

或者

$$\text{confidence}(L \to R) = \text{support}(L \cup R)/\text{support}(L)$$

通常情况下,我们拒绝任何支持度低于最小阈值的规则,支持度最小阈值称为最小支持度(minsup),通常是 0.01(即 1%)。同时,也拒绝任何置信度

低于最小阈值的规则,置信度最小阈值称为最小置信度(minsup),通常为 0.8(即 80%)。

对于规则 $cd \rightarrow e$,置信度是 count($\{c, d, e\}$)/count($\{c, d\}$) = 3/4 = 0.75。

17.5 生成关联规则

有许多方法可以从给定的数据库中生成所有可能的规则。一个基本但低效的方法有两个步骤。

我们使用术语支持项目集(supported itemset)来表示支持度大于或等于最小支持度的商品集。术语频繁项目集(frequent itemset)和大项目集(large itemset)是支持项目集的别称。

1. 生成所有基数至少为 2 的支持商品集 $L \cup R$。
2. 对于每个这样的商品集,生成所有每边至少一项的规则,保留那些置信度≥最小置信度(minconf)的规则。

这个算法中的第 2 步很容易实现,将在第 17.8 节中讨论。

主要的问题是,第 1 步"生成所有基数至少为 2 的支持商品集 $L \cup R$"。我们首先生成基数为 2 或更大基数的所有可能的商品集,然后检查它们是否被支持。此类商品集的数量取决于商品 m 的总数。对于实际应用来说,这可能非常大。

$L \cup R$ 可能存在的商品集的数量与所有 m 个商品组成的集合 I 的子集数量相同,有 $2m$ 个子集。其中,有 m 个单元素集合,一个空集。因此,具有基数最少为 2 的商品集 $L \cup R$ 的数量为 $2^m - m - 1$。

如果 m 为 20,那么这个商品集的数量是 $2^{20} - 20 - 1 = 1\,048\,555$。如果 m 取比较实际的,但仍然相对较小的值 100,商品集 $L \cup R$ 的数量是 $2^{100} - 100 - 1$,大约是 1 030。

生成所有可能的商品集 $L \cup R$,然后检查数据库中的交易,以确定哪些是被支持的,在实践中显然是不现实的或不可能的。

幸运的是,有一种更有效的方法来查找受支持的商品集,这使得工作量变得可控,尽管在某些情况下它仍然是很大的。

17.6 Apriori 算法

本节内容基于 Agrawal 和 Srikant[1] 的非常有影响的 Apriori 算法,它展示了如何在一个实际的时间尺度上生成关联规则,至少对于相对较小的数据库是这样的。在此基础上,人们花费了大量精力寻求对基本算法的改进,以便处理越来越大的数据库。

该方法依赖于以下非常重要的结果。

定理 1

如果商品集是被支持的,那么它的所有(非空的)子集也会被支持。

证明

从商品集中删除一个或多个项目不会减少且通常会增加与它匹配的交易数量。因此,对商品集的子集的支持至少与原始商品集一样好。因此,支持的商品集的任何(非空的)子集也一定能得到支持。

这个结果有时被称为商品集的向下闭合属性(downward closure property)。

如果我们将包含所有受支持的商品集的集合写为 L_k,基数为 k,那么第二个重要的结果将从上面得到(字母 L 代表“大型商品集”)。

定理 2

如果 $L_k = \varnothing$ (空集),那么 L_{k+1}、L_{k+2} 等也必须是空的。

证明

如果有任何受支持的基数为 $k+1$ 或更大的商品集,它们就会有基数为 k 的子集,并且根据定理 1,所有这些子集都一定得到支持。但是,我们知道基数为 k 的商品集没有被支持,因为 L_k 是空的。因此,基数为 $k+1$ 或更大的子集没有被支持,并且 L_{k+1}、L_{k+2} 等都必须是空的。

利用这个结果,我们生成按基数升序排列的支持商品集,例如首先生成所有一个元素的商品集,然后是包含两个元素的,接着是包含三个元素的,等等。在每个阶段,包含 k 个支持商品的集合 L_k 由先前的集合 L_{k-1} 生成。

这种方法的好处是,如果在任何阶段 L_k 是空集,我们知道 L_{k+1}、L_{k+2} 等也一定是空的。基数 $k+1$ 或更大的商品集不需要被生成,也不需要根据数据库中的交易进行测试,因为它们肯定不会被支持。

我们需要一种方法，依次从每一个集合 L_{k-1} 转到下一个 L_k。可以分两个阶段进行。

首先，使用 L_{k-1} 来形成一个候选（candidate）集 C_k，包含基数为 k 的商品集。C_k 肯定包含所有基数为 k 的受支持的商品集，但可能也包含不被支持的其他商品集。

接下来，我们需要生成 L_k 作为 C_k 的子集。我们通常可以通过检查 L_{k-1} 的元素，丢弃一些 C_k 的成员，其余的需要检查数据库中的交易，以确定它们的支持度，只有那些支持大于或等于最小支持度（minsup）的商品集可以从 C_k 复制到 L_k。

这为我们提供了一个用于生成至少基数为 2 的所有支持商品集的 Apriori 算法（图 17.2）。

```
生成 L_1 = 基数为 1 的受支持商品集合
设定 k 为 2
当(L_{k-1} ≠ ∅ ){
        从 L_{k-1} 生成 C_k
        修剪 C_k 中所有不被支持的商品集，生成 L_k
        K 加 1
}
包含至少两个成员的所有支持商品集的集合是 L_2 ∪ … ∪ L_{k-2}。
```

图 17.2　Apriori 算法（改编自[1]）

为了开始这个过程，我们构建了 C_1，即所有包含单个元素的商品集的集合，然后通过数据库计算与这些商品集匹配的交易数。并将这些计数除以数据库中的交易总数来获得每个单元素商品集的支持度。我们放弃所有支持度小于最小支持度（minsup）的商品集，然后赋给 L_1。

所涉及的过程可以以图 17.3 的形式表示，直到 L_k 为空。

Agrawal 和 Srikant 的论文也给出了一个算法 Apriori-gen，它利用 L_{k-1} 生成 C_k，而不使用前面的任何一个先于 L_{k-2} 的集合，它需要两个步骤。在图 17.4 中被给出。

为了说明这个方法，让我们假设 L_4 是如下列表。

$\{\{p, q, r, s\}, \{p, q, r, t\}, \{p, q, r, z\}, \{p, q, s, z\}, \{p, r, s, z\}, \{q, r, s, z\}, \{r, s, w, x\}, \{r, s, w, z\}, \{r, t, v, x\}, \{r, t, v, z\}, \{r, t, x, z\}, \{r, v, x, y\}, \{r, v, x, z\}, \{r, v, y, z\}, \{r, x, y, z\}, \{t, v, x, z\}, \{v, x, y, z\}\}$

包含 17 个基数为 4 的商品集。

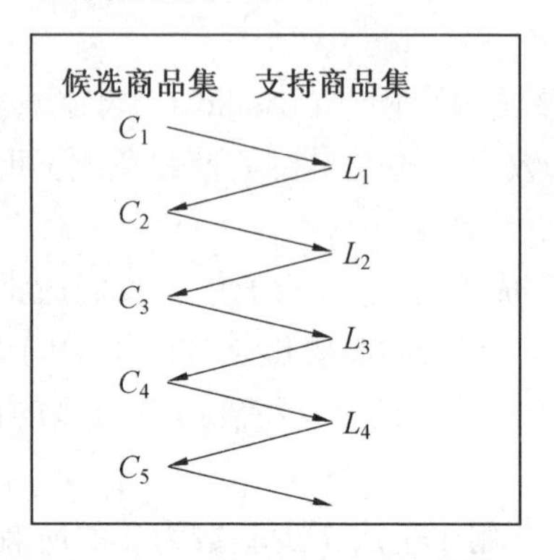

图 17.3 图解说明 Apriori 算法

(从 L_{k-1} 生成 C_k)

<u>连接步骤</u>

将 L_{k-1} 的每一个成员,例如 A,与其他每一个成员,例如 B,比较。如果 A 和 B 中前 $k-2$ 项是相同的(即除了两个商品集的最右边的元素),那么把集合 $A \cup B$ 放进 C_k 中。

<u>修剪步骤</u>

依次为 C_k 的每个成员 c {

检查所有拥有 $k-1$ 个元素的 c 的子集

如果任何子集不是 L_{k-1} 的成员,则从 C_k 中删除 c。

}

图 17.4 Apriori-gen 算法(由[1]改编而成)

我们从连接步骤开始。共有 6 对集合,每对集合的前 3 个元素是一样的。下表列出了每对集合及其被放置在 C_5 中的它们组合后的集合。

第一个商品集	第二个商品集	对 C_5 的贡献
$\{p,q,r,s\}$	$\{p,q,r,t\}$	$\{p,q,r,s,t\}$
$\{p,q,r,s\}$	$\{p,q,r,z\}$	$\{p,q,r,s,z\}$
$\{p,q,r,t\}$	$\{p,q,r,z\}$	$\{p,q,r,t,z\}$
$\{r,s,w,x\}$	$\{r,s,w,z\}$	$\{r,s,w,x,z\}$
$\{r,t,v,x\}$	$\{r,t,v,z\}$	$\{r,t,v,x,z\}$
$\{r,v,x,y\}$	$\{r,v,x,z\}$	$\{r,v,x,y,z\}$

候选集合 C_5 的初始版本是

$\{\{p, q, r, s, t\}, \{p, q, r, s, z\}, \{p, q, r, t, z\}, \{r, s, w, x, z\}, \{r, t, v, x, z\}, \{r, v, x, y, z\}\}$

现在,我们进行修剪步骤,C_5中的每一个子集都被依次检查,并得到以下结果:

C_5 中商品集	子集都在 L_4 中?
$\{p,q,r,s,t\}$	否,$\{p,q,s,t\}$ 不是 L_4 的成员
$\{p,q,r,s,z\}$	是
$\{p,q,r,t,z\}$	否,$\{p,q,t,z\}$ 不是 L_4 的成员
$\{r,s,w,x,z\}$	否,$\{r,s,x,z\}$ 不是 L_4 的成员
$\{r,t,v,x,z\}$	是
$\{r,v,x,y,z\}$	是

我们可以从 C_5中删除第一个、第三个和第四个商品集,得到最终版本的候选集 C_5,即

$$\{\{p, q, r, s, z\}, \{r, t, v, x, z\}, \{r, v, x, y, z\}\}$$

需要在数据库中对 C_5中的三个商品集进行检查,以确定是否被支持。

17.7　生成支持商品集:一个例子

我们可以用下面的例子来说明从一个交易数据库生成受支持商品集的整个过程。

假设我们有一个包含 100 个商品和大量交易的数据库。我们首先构造 C_1,一组包含单个元素的商品集。我们通过数据库分别计算 C_1中 100 个商品集的支持计数,从而获得仅包含一个元素的支持商品集 L_1。

我们假设 L_1只有 8 个成员,即$\{a\}$、$\{b\}$、$\{c\}$、$\{d\}$、$\{e\}$、$\{f\}$、$\{g\}$和$\{h\}$。我们不能从这些集合中生成任何规则,因为它们只有一个元素,但是我们现在可以形成基数为 2 的候选商品集。

在从 L_1生成 C_2时,L_1中所有成对的(单项)商品集被认为是在"连接"步骤中相匹配的集合,因为最右边元素的左边没有其他任何元素。

在这种情况下,候选生成算法将从 8 个商品 a、b、c、…、h 中抽取两个成员并组合成 C_2 的成员。注意,对于两个元素的候选项集,包含任何原始的 100 个商品中的其他 92 个都是无意义的。例如,$\{a, z\}$的一个子集是$\{z\}$,而它是不被支持的。

商品 a、b、c、…、h 可以形成 28 个可能的基数为 2 的商品集。它们是

$\{a, b\}$, $\{a, c\}$, $\{a, d\}$, $\{a, e\}$, $\{a, f\}$, $\{a, g\}$, $\{a, h\}$,
$\{b, c\}$, $\{b, d\}$, $\{b, e\}$, $\{b, f\}$, $\{b, g\}$, $\{b, h\}$,
$\{c, d\}$, $\{c, e\}$, $\{c, f\}$, $\{c, g\}$, $\{c, h\}$,
$\{d, e\}$, $\{d, f\}$, $\{d, g\}$, $\{d, h\}$,
$\{e, f\}$, $\{e, g\}$, $\{e, h\}$,
$\{f, g\}$, $\{f, h\}$,
$\{g, h\}$

如前所述,将商品集的元素按标准顺序排列是很方便的。因此我们不包括诸如$\{e, d\}$等集合,因为它与$\{d, e\}$相同。

我们现在需要再一次遍历数据库,以确定每个商品集的支持计数,然后除以数据库中的交易总数来获得支持度,并拒绝任何支持度小于最小支持度(minsup)的商品集。假设有两个元素的 28 个商品集中只有 6 个被支持,则 $L_2 = \{\{a, c\}, \{a, d\}, \{a, h\}, \{c, g\}, \{c, h\}, \{g, h\}\}$。

生成 C_3的算法现在只提供4 个成员,如$\{a, c, d\}$, $\{a, c, h\}$, $\{a, d, h\}$和$\{c, g, h\}$。

在进入数据库之前,我们首先检查每个候选项是否满足其所有子集都被支持的条件。

商品集$\{a, c, d\}$和$\{a, d, h\}$不能通过这个测试,因为它们的子集$\{c, d\}$和$\{d, h\}$不是 L_2的成员。只剩下$\{a, c, h\}$和$\{c, g, h\}$为 L_3的可能成员。

现在需要第三次遍历数据库,以找到商品集$\{a, c, h\}$和$\{c, g, h\}$的支持计数。我们假设它们都被支持,所以 $L_3 = \{\{a, c, h\}, \{c, g, h\}\}$。

现在需要计算 C_4。它没有成员,因为 L_3的两个成员没有共同的头两个元素。因此 C_4是空的,L_4也一定是空的,这意味着 L_5、L_6等也必须是空的并直到过程结束。

只通过遍历三次数据库,我们已经找到了所有的基数至少为 2 的商品集。在此过程中,我们需要找到 100+28+2 = 130 个商品集的支持计数,相对于检查 100 个商品的可能商品集,大约是 10^{30},这是一个巨大的改进。

至少有两个元素的所有受支持的商品集的集合是 L_2 和 L_3 的并集,即$\{\{a, c\}, \{a, d\}, \{a, h\}, \{c, g\}, \{g, h\}, \{a, c, h\}, \{c, g, h\}\}$,集合成员有八个商品集。我们接下来需要从这些规则中生成候选规则,并确定其中哪些规则的置信度大于或等于最小置信度(minsup)的置信度。

尽管使用 Apriori 算法向前迈进了重要一步,但是当有大量的交易、商品或两者都很大时,它可能仍会遇到效率问题。其中一个主要问题是在过程的早期阶段生成的大量候选商品集。如果被支持的基数为 1 的商品集(L_1的成员)数量很多,比如为 N,则 C_2中候选商品集的数量,即 $N(N-1)/2$,可能是一个非常大的数。

一个相当大(但不是很大)的数据库可能包含超过 1 000 个商品和100 000个交易。如果在 L_1 中有 800 个支持商品集,那么 C_2中的商品集的数量是 800×799/2,大约为320 000。

自从 Agrawal 和 Srikant 的论文发表以来,大量的研究工作致力于寻找更有效的方法来生成支持商品集。这些研究通常涉及减少遍历数据库的次数,减少在 C_k中不被支持的商品集的数量,更高效的统计与 C_k中每个商品集相匹配的交易数(也许使用之前遍历数据库时收集的信息)或它们的一些组合。

17.8　从支持商品集中生成规则

如果支持商品集 $L \cup R$ 有 k 个元素,我们可以系统地从中生成所有可能的规则 $L \to R$,然后检查每一个的置信度。

这样做只需要依次生成所有可能的右边。每个右边必须至少有一个元素,最多 $k-1$ 个。在生成了规则的右边之后,$L \cup R$ 中所有未使用的元素都在左边。

对于商品集$\{c, d, e\}$,有 6 条可能的规则可以生成,如下所示。

Rule $L \to R$	count($L \cup R$)	count(L)	confidence($L \to R$)
$de \to c$	3	3	1.0
$ce \to d$	3	4	0.75
$cd \to e$	3	4	0.75
$e \to cd$	3	4	0.75
$d \to ce$	3	4	0.75
$c \to de$	3	7	0.43

只有一条规则的置信值大于或等于最小置信度(即 0.8)。

对于基数为 k 的支持商品集,从 k 个商品中选择 i 个商品作为一个规则的右边,选择方法的数量的数学表达式是${}_kC_i$,它的值是 $\frac{k!}{(k-i)!\,i!}$。

从一个基数为 k 的商品集 $L \cup R$ 构造的可能的规则总数是${}_kC_1 + {}_kC_2 + \cdots +$

$_kC_{k-1}$,这个加和的值是 2^k-2。

假设 k 很小,比如10,这个数字是可以控制的。对于 $k=10$,有 $2^{10}-2=1\ 022$条可能的规则。然而,随着 k 的增加,可能规则的数量迅速增加。例如 $k=20$,则规则数等于1 048 574。

幸运的是,我们可以通过使用以下结论减少候选规则的数量。

<u>定理3</u>

从规则的左边向右边转移一个支持商品集的成员,不能增加规则的置信度。

<u>证明</u>

为了达到这个目的,我们将把原来的规则写为 $A\cup B\rightarrow C$,在这里集合 A、B 和 C 都包含至少一个元素,没有共同的元素,并且三个集合的并集是支持商品集 S。

将 B 中的商品从左边转移到右边,就相当于创建了一个新的规则 $A\rightarrow B\cup C$。

两个规则左右两侧的并集是相同的,即支持商品集 S,所以我们有

$$\text{confidence}(A\rightarrow B\cup C)=\frac{\text{support}(S)}{\text{support}(A)}$$

$$\text{confidence}(A\cup B\rightarrow C)=\frac{\text{support}(S)}{\text{support}(A\cup B)}$$

很明显,在数据库中与商品集 A 匹配的交易的比例一定至少与较大的商品集 $A\cup B$ 所匹配的比例一样大,即 $\text{support}(A)\geqslant\text{support}(A\cup B)$。

因此 $\text{confidence}(A\rightarrow B\cup C)\leqslant\text{confidence}(A\cup B\rightarrow C)$。

如果一个规则的置信度≥最小置信度(minconf),我们称它的右边的商品集是可信的。否则,我们称右边的商品集是不可信的。从上面的定理,我们得出两个重要的结论,适用于一个规则的两边商品集的并集是固定的情况:

任何一个不可信的右侧商品集的母集都是不可信的。

可信的右侧商品集的任何(非空)子集都是可信的。

这与第17.6节所描述的支持商品集非常相似。我们可以通过与Apriori相似的方式生成基数逐步增加且可信的右侧商品集,并大大减少了需要计算置信度的候选规则的数量。如果在任何阶段对于某一基数不存在可信的商品集,则对于任何较大的基数也不存在可信的商品集,因此停止规则生成过程。

17.9 规则兴趣度量:提升度和杠杆率

支持度和置信度大于指定阈值的规则尽管只是从数据库中产生的所有可

能规则中的很小一部分，但它们的数量依旧可能很大。我们需要额外的度量指标，可使用兴趣度量将数量减少到一个可控的大小，或按重要性排列规则。经常使用的两项测量指标是提升度(lift)和杠杆率(leverage)。

如果商品集 L 和 R 在统计上是独立的，规则 $L \rightarrow R$ 的提升度测量了在交易中 L 和 R 中的商品同时发生的次数比预期的要多多少倍。

L 和 R 中的商品在交易中共同发生的次数就是 $\text{count}(L \cup R)$，L 中商品发生的次数是 $\text{count}(L)$。与 R 匹配的交易的比例是 $\text{support}(R)$。因此，如果 L 和 R 是独立的，那么我们就会期望 L 和 R 中的项在交易中共同出现的次数是 $\text{count}(L) \times \text{support}(R)$。

这给出了提升度的公式，

$$\text{lift}(L \rightarrow R) = \frac{\text{count}(L \cup R)}{\text{count}(L) \times \text{support}(R)}$$

这个公式可以用其他几种形式表示，包括

$$\text{lift}(L \rightarrow R) = \frac{\text{support}(L \cup R)}{\text{support}(L) \times \text{support}(R)}$$

$$\text{lift}(L \rightarrow R) = \frac{\text{confidence}(L \rightarrow R)}{\text{support}(R)}$$

$$\text{lift}(L \rightarrow R) = \frac{n \times \text{confidence}(L \rightarrow R)}{\text{count}(R)}$$

其中 n 是在数据库中交易的数量，且

$$\text{lift}(L \rightarrow R) = \frac{\text{confidence}(R \rightarrow L)}{\text{support}(L)}$$

这 5 个公式中的第 2 个公式中，对于 L 和 R 是对称的，可知

$$\text{lift}(L \rightarrow R) = \text{lift}(R \rightarrow L)$$

假设我们有一个具有 2 000 个交易的数据库及一个具有以下支持计数的规则 $L \rightarrow R$。

count(L)	count(R)	count($L \cup R$)
220	250	190

我们可以从这些数据中计算出支持度和置信度：

$$\text{support}(L \rightarrow R) = \text{count}(L \cup R)/2000 = 0.095$$

$$\text{confidence}(L \rightarrow R) = \text{count}(L \cup R)/\text{count}(L) = 0.864$$

$$\text{lift}(L \rightarrow R) = \text{confidence}(L \cup R) \times 2000/\text{count}(R) = 6.91$$

如果我们检查整个数据库，support(R)的值衡量了对 R 的支持。在这个

例子中,商品集与 2 000 笔交易中的 250 笔交易匹配,比例为 0. 125。

如果我们只检查与 L 匹配的交易,则 confidence($L \to R$)衡量了对 R 的支持。在这个例子中是 190/220 = 0. 864。因此,购买 L 中的商品使得 R 中的商品被购买的可能性增加了 0. 864/0. 125 = 6. 91 倍。

大于 1 的提升度是“有趣的”。它们表明包含 L 的交易比不包含 L 的交易更容易包含 R。

虽然提升度是一种有用的方法,但它并不总是最好的。在某些情况下,高支持度及低提升度的规则比低支持度及高提升度的规则更有趣,因为它适用于更多的情况。

另一种兴趣度量的方法是杠杆率。它度量了 $L \cup R$ 的支持度(即在数据库中同时出现 L 和 R 中的商品)与 L 和 R 独立情况下所期望的支持度的差异。

前者只是支持($L \cup R$),L 和 R 的频率(即支持)分别为 support(L)和 support(R)。如果 L 和 R 是独立的,那么在同一交易中发生的期望频率将是 support(L)和 support(R)的乘积。

这里给出了杠杆的公式。

$$\text{leverage}(L \to R) = \text{support}(L \cup R) - \text{support}(L) \times \text{support}(R)$$

规则的杠杆率显然总是小于它的支持度。

通过设置一个杠杆率约束,可以减少满足支持度≥最小支持度及置信度≥最小置信度约束条件的规则的数量,例如杠杆率≥0. 000 1,对应于数据库中每 10 000 笔交易中商品集比预期多出现一次。

如果一个数据库有 100 000 个交易,并且我们有一个包含如下支持计数的规则 $L \to R$,支持度、置信度、提升度和杠杆率的值可分别通过计算得到,为 0. 070、0. 875、9. 722 和 0. 063(全部取小数点后三位)。

因此,该规则适用于数据库中 7% 的交易,并且满足与 L 相匹配的 87. 5% 的交易。规则出现的频率是偶然情况下的 9. 722 倍。与偶然情况相比,支持的改进是 0. 063,对应于数据库中每 100 个交易中的 6. 3 个交易,即 100 000 个交易的数据库中大约 6 300 个交易。

count(L)	count(R)	count($L \cup R$)
8 000	9 000	7 000

17.10　本章总结

本章涉及一种特殊形式的关联规则挖掘,即市场购物篮分析,最常见的应用是将顾客在商店中所购买的商品联系起来。描述了在支持度和置信度高于指定阈值的情况下找到这种规则的方法。这是基于支持商品集的思想。详细描述了寻找支持商品集的 Apriori 算法。规则兴趣度量指标,提升度和杠杆率,可以用来减少产生的规则的数量。

17.11　自 测 题

1. 假定 L_3 是如下列表

$\{\{a, b, c\}, \{a, b, d\}, \{a, c, d\}, \{b, c, d\}, \{b, c, w\}, \{b, c, x\},$
$\{p, q, r\}, \{p, q, s\}, \{p, q, t\}, \{p, r, s\}, \{q, r, s\}\}$

在 apriorigen 算法的合并步骤中,哪些商品集被放置在 C_4 中? 在修剪步骤中哪些被移走?

2. 假设我们有一个含有 5 000 个交易的数据库,及一个有如下支持计数的规则 $L \rightarrow R$

$\text{count}(L) = 3\ 400$

$\text{count}(R) = 4\ 000$

$\text{count}(L \cup R) = 3\ 000$

这条规则的支持度、置信度、提升度和杠杆率是多少?

参 考 文 献

[1] Agrawal, R., & Srikant, R. (1994). Fast algorithms for mining association rules in large databases. In J. B. Bocca, M. Jarke & C. Zaniolo (Eds.), Proceedings of the 20th international conference on very large databases (VLDB94) (pp. 487-499). San Mateo: Morgan Kaufmann. http://citeseer.nj.nec.com/agrawal94fast.html.

第18章　关联规则挖掘三:频繁模式树

18.1　引言: FP-growth

第17章中描述的Apriori算法是一种成功地从交易数据库产生关联规则的方法。然而,它也有严重的缺点。在本章中,提出了一种称为FP-growth算法的替代方法,旨在克服这些问题。在扩展之前,我们将首先回顾第17章中的一些基本要点。

假设我们有一个交易数据库,每笔交易都包含一些商品,比如:

牛奶,鱼,奶酪 蛋,牛奶,猪肉,黄油 奶酪,奶油,面包,牛奶,鱼

每个记录都对应着一个交易,比如一个人在超市购买了一系列的商品,如{鱼,猪肉,奶油}等,被称为商品集。

商品集的支持计数(或只是计数)是商品与其他商品在交易中共同出现的次数。因此,上述包含三笔交易的数据库中count({牛奶}) = 3,count({猪肉}) = 1,count({奶酪, 牛奶}) = 2,count({鱼,牛奶}) = 2,等等。

商品集的支持度定义为支持计数的值除以数据库中交易的数量值。

其目的是找到购买商品时关联规则。

例如:

鸡蛋、牛奶→面包、奶酪、猪肉

也就是说含有鸡蛋和牛奶的交易通常也包括面包、奶酪和猪肉。

我们分两个步骤做这件事:

(1)查找具有足够高的支持度(由用户定义)的商品集,例如{蛋,牛奶,面包}。

(2)对于每个这样的商品集,提取一个或多个关联规则,并将商品集中的所有商品放置在规则的左边或右边。

本章只关注这个过程的步骤(1),即寻找商品集。从商品集中提取关联规则的方法已在第 17 章的 17.8 节中描述。

在第 17 章中使用的术语,对具有足够高的支持度的商品集称为支持商品集。鉴于本章的标题,我们将在这里使用等价的术语频繁商品集(frequent itemsets),这在技术文献中更常用,尽管可能不太有实际意义。(我们将使用频繁商品集而不是频繁模式。)

相对于第 17 章,这里还有一个细节的变化。在上一章中,频繁(或支持)商品集的定义是支持计数的值除以数据库中交易的数量,即支持度,大于或等于用户定义的阈值,例如 0.01,即最小支持度。这相当于说支持计数必须大于或等于交易总数乘以最小支持度。

对于一个具有 100 万交易的数据库,最小支持度乘以交易总数将是一个很大的数字,例如 10 000。

在本章中,我们将定义一个频繁商品集,其中的商品的支持计数大于或等于用户定义的整数,我们将其称为最小支持计数(minsupportcount)。

这两个定义显然是等价的。最小支持计数通常是一个大整数,但是对于本章余下部分中使用的示例,我们将把它设置为 3,当然这是个极度不现实的值。

在第 17 章中建立的一个重要的结论是商品集的向下闭合属性:如果一个商品集是频繁商品集,那么它的任何(非空的)子集也是频繁商品集。它通常以不同的形式表述:如果一个商品集不是频繁的,那么它的任何父集也一定是不频繁的。例如,如果$\{a, b, c, d\}$不是频繁的,那么$\{a, b, c, d, e, f\}$也一定是不频繁的。因为如果后者是频繁的,那么$\{a, b, c, d\}$作为它的子集也必须是频繁的,但是我们知道它不是。这一结果的实际意义在于,我们只需要考虑包含 6 个元素的商品集,通过在 5 个元素的商品集中添加额外的元素即可产生。

现在回到 Apriori 算法。它虽然很有效,但有两个缺点。

①要考虑的候选商品集的数量可能非常大,特别是对于包含两个元素的商品集。如果有 n 个单项商品集,例如经常出现的{鱼},则为检验而生成的两项商品集的数量大约为 $n^2/2$。由于 n 可能是成千上万的,这时需要处理大量的商品集,其中很大一部分很可能被证明是不常见的。

②尽管与更原始的方法相比,Apriori 减少了扫描数据库的次数,但是扫描的次数仍然很大,这会产生大量的处理开销,特别是对于大型交易数据库。

生成关联规则的最流行的替代方法之一是 FP-growth(Frequent Pattern Growth)算法,由 Han 等人引入[1]。其目的是尽可能高效地从交易数据库中提取所有频繁商品集。提高 Apriori 算法效率的一种方法是减少数据库扫描次数,另一种方法是尽可能少检查不频繁商品集。有 n 个不同商品的数据库的可能(非空)商品集的数量是 2^n-1,其中只有一小部分是频繁的,因此减少检查不频繁商品集的数量是非常重要的。即使对于非常小的交易数据库,上面显示的只有三笔交易,也有8个不同商品,提供 $2^8-1=255$ 个可能的商品集。即使是一个很小的超市,商品的数量也很可能是几千个。

FP-growth 算法有两个步骤:

①首先,处理交易数据库产生一个数据结构称为 FP 树(频繁模式树 Frequent Pattern Tree),就提取关心的频繁商品集而言,它抓住了数据库的本质特征。

②接着,通过建立一个减少树的序列,也被称为条件 FP 树(conditional FP-tree),FP 树被递归处理。

交易数据库只会在步骤①中被处理,并且扫描两次。对于任何可想到的代替方法,数据库至少都要被扫描一次,对于这个算法,减少扫描次数到两次是一个很有价值的特点。

文献[1]声称 FP-growth 比 Apriori 快一个数量级。当然,这取决于很多因素,例如 FP-tree 是否可以用足够紧凑的方式表示以适应主内存。与本书中几乎所有的算法一样,Apriori 和 FP-growth 都有许多变种,旨在减少内存或计算成本,未来将会有更多改进版本。

在下面的章节中,通过一系列图来描述和说明 FP-growth 算法,这些图显示了与示例交易数据库相对应的 FP 树,随后用一系列条件 FP 树从中直接提取频繁商品集。

18.2 建立 FP 树

18.2.1 交易数据库的预处理

为了说明这个过程,我们会使用文献[1]中的交易数据。在交易数据库中只有5笔交易,每个交易中的商品用单一的字母表示:

f, a, c, d, g, i, m, p
a, b, c, f, l, m, o
b, f, h, j, o
b, c, k, s, p
a, f, c, e, l, p, m, n

第一步是在交易数据库中进行扫描来统计每一个商品出现的次数,这与相对应的单项商品集的支持计数相同。结果如下所示。

f, c: 4

a, m, p, b: 3

l, o: 2

d, g, i, h, j, k, s, e 和 n: 1

用户现在需要决定一个最小支持计数。因为数据总数很小,这个例子中我们会使用一个极度不现实的值:最小支持计数=3。

只有 6 个商品,它们相对应的单项商品集的支持计数大于最小支持计数。根据支持计数的降序排列,它们是:f, c, a, b, m 和 p。

我们将它们存储在一个名为 orderedItems 的数组中(图 18.1)。

index	orderedItems
0	f
1	c
2	a
3	b
4	m
5	p

图 18.1　orderedItems 数组

在提取频繁商品集时,不需要考虑在 orderedItems 数组中不存在的商品,因为它们不能出现在任何频繁商品集中。

例如,如果商品 g 是一个频繁商品集的成员,然后由商品集的向下闭合属性,那么该商品集的任何非空子集也是频繁的,所以 $\{g\}$ 必须是频繁的,但是我们通过计数知道它不是。

从计算的角度来看,商品集中的商品按固定顺序排序是非常重要的。对于 FP-growth,它们是按照在 orderedItems 数组中的位置降序排列的,即按照每一个发生的交易数量的降序排列。

因此 $\{c, a, m\}$ 是一个有效的商品集,它可能是频繁或不频繁的,但是 $\{m, c, a\}$ 和 $\{c, m, a\}$ 是无效的。我们只关心在这个定义上有效的商品集是频繁的还是不频繁的。

接下来我们将对交易数据库进行第二次也是最后一次扫描。在进行 FP 树的构建过程之前,将每笔交易中不在 orderedItems 集(orderedItems)中的商品移除,剩下的商品按降序排列(即 orderedItems 中商品的顺序)。

上文中数据库中的5笔交易经处理后,得到如下结果。

f, c, a, m, p
f, c, a, b, m
f, b
c, b, p
f, c, a, m, p

但是交易数据库本身保持不变。

现在我们继续描述创建FP树的过程,并从中提取频繁商品集。虽然交易数据是从[1]中获得的,但是这种描述尤其是用数组表示演化树的方法是本书作者自己的方法,他对过程中出现的任何意外错误或失真负责。

18.2.2　初始化

我们可以用表示根的单个节点来表示FP树的初始状态。

我们还将通过四个数组的内容来表示进化树:

①两个二维数组nodes和child,其数值索引将对应于树中的节点编号(0表示根节点)。这些数组的列的名称如图18.2所示。注意,child的列数是不定的,但是这个示例中只需要前两列。

②单维数组startlink和endlink由orderedItems数组中的商品名称索引,即f、c、a、b、m和p。

index	item name	count	linkto	parent
0	root			

nodes数组

child1	child2

child数组

index	startlink	endlink
f		
c		
a		
b		
m		
p		

link 数组

图18.2　对应于FP树初始形式的数组:根节点

18.2.3　处理交易 1:f、c、a、m、p

(1)商品 f。

由于这是交易中商品的第一项,所以我们将"当前节点"作为根节点。在这种情况下,当前节点没有商品名为 f 的后代节点,因此,对于商品 f,添加了编号为 1 的新节点,其父节点编号为 0(指示根节点),如图 18.4 所示。注意,在图 18.3 中,一个名称为 f 和支持计数为 1 的商品被表示为 $f/1$。

> 对于名为 Item,父节点编号为 P 的商品,添加一个编号为 N 的新节点
>
> 一个编号 N 的新节点被添加到树中,名称为 Item 且支持计数为 1 的商品作为编号 P 节点的后代。
>
> 将一个编号为 N 的新行添加到带有商品名为 Item、计数为 1 和父节点为 P 的数组 nodes 中。对于节点 P,第一个未使用的 child 值设置为 N。
>
> 在 startlink 和 endlink 数组中索引为 Item 的行的值被设置为 N。

(2)商品 c。

当前节点是节点 1,该节点没有商品名为 c 的后代节点,因此添加了编号为 2 的新节点,商品 c 的父节点编号为 1。

(3)商品 a。

当前节点是节点 2,该节点没有商品名为 a 的后代节点,因此添加了编号为 3 的新节点,商品 a 的父节点编号为 2。

(4)商品 m。

当前节点是节点 3,该节点没有商品名为 m 的后代节点,因此添加了编号为 4 的新节点,商品 m 的父节点编号为 3。

(5)商品 p。

当前节点是节点 4,该节点没有商品名为 p 的后代节点,因此添加了编号为 5 的新节点,商品 p 的父节点编号为 4。

给出了部分树和相应的表,如图 18.3 和图 18.4 所示。

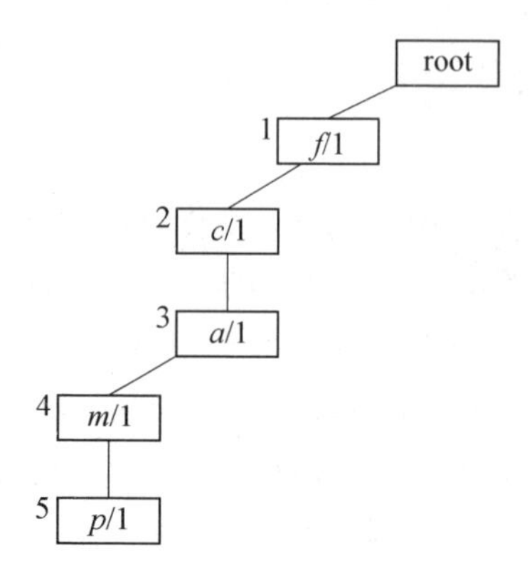

图 18.3 处理交易 1 后的 FP 树

index	item name	count	linkto	parent
0	root			
1	*f*	1		0
2	*c*	1		1
3	*a*	1		2
4	*m*	1		3
5	*p*	1		4

nodes数组

child1	child2
1	
2	
3	
4	
5	

child数组

index	startlink	endlink
f	1	1
c	2	2
a	3	3
b		
m	4	4
p	5	5

link 数组

图 18.4 处理交易 1 后对应于 FP 树的数组

18.2.4 处理交易 2:*f*、*c*、*a*、*b*、*m*

(1)商品 *f*、*c* 和 *a*。

从根节点到 *f*、*c* 及 *a* 已经有了一个节点链,因此除了将节点 1、2 和 3 以及数组 nodes 相应行的计数加一,不需要进行任何更改,得到图 18.5 和 18.6。

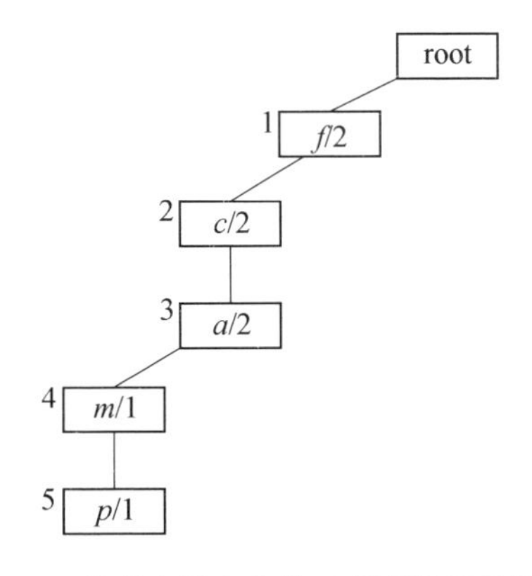

图 18.5　处理交易 2 中前三项商品后的 FP 树

index	item name	count	linkto	parent
0	root			
1	*f*	2		0
2	*c*	2		1
3	*a*	2		2
4	*m*	1		3
5	*p*	1		4

nodes数组

child1	child2
1	
2	
3	
4	
5	

child数组

index	startlink	endlink
f	1	1
c	2	2
a	3	3
b		
m	4	4
p	5	5

link 数组

图 18.6　处理交易 2 中前三项商品后对应的 FP 树的数组

(2)商品 b。

当前节点(最后一次访问的节点)即节点 3,没有商品名为 b 的后代节点,因此添加了一个编号为 6 的新节点,其父节点编号为 3(图 18.7 和图 18.8)。

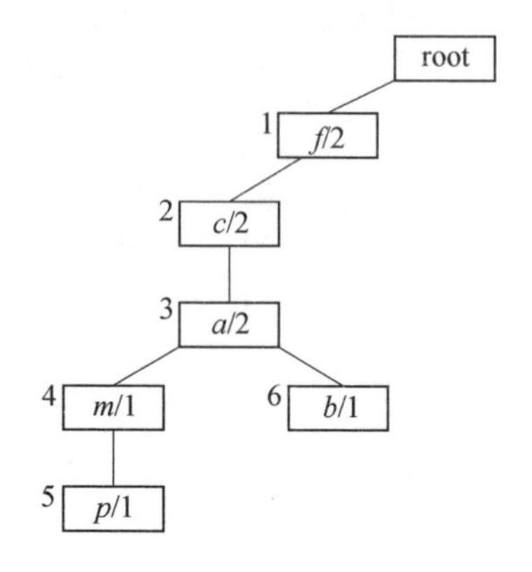

图 18.7　处理交易 2 的前 4 项商品后的 FP 树

index	item name	count	linkto	parent
0	root			
1	*f*	2		0
2	*c*	2		1
3	*a*	2		2
4	*m*	1		3
5	*p*	1		4
6	*b*	1		3

nodes数组

child1	child2
1	
2	
3	
4	6
5	

child数组

index	startlink	endlink
f	1	1
c	2	2
a	3	3
b	6	6
m	4	4
p	5	5

link 数组

图 18.8　处理交易 2 的前 4 项商品后的 FP 树的数组

(3)商品 m。

为商品 m 添加了一个编号为 7 的新节点,其父节点编号为 6。

第一次在本例中,endlink 数组对于新添加的节点具有非空值,因为 endlink[m]是 4。因为这一点,在商品 m 中,从节点 4 到节点 7 有一个虚线连接(图 18.9 和图 18.10)。

> 在树中节点 A 到节点 B 之间为商品 Item 创建"虚线"链接
>
> nodes 数组的 A 行中的 linkto 值和 endlink [Item]的值都设置为 B。

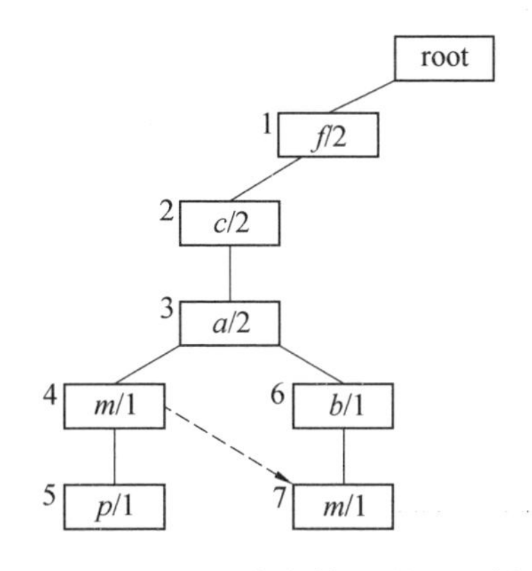

图 18.9 处理所有交易 2 后的 FP 树

index	item name	count	linkto	parent
0	root			
1	*f*	2		0
2	*c*	2		1
3	*a*	2		2
4	*m*	1	7	3
5	*p*	1		4
6	*b*	1		3
7	*m*	1		6

nodes数组

child1	child2
1	
2	
3	
4	6
5	
7	

child数组

index	startlink	endlink
f	1	1
c	2	2
a	3	3
b	6	6
m	4	7
p	5	5

link 数组

图 18.10 处理所有交易 2 后对应的 FP 树的数组

18.2.5 处理交易 3:*f*, *b*

(1)商品 *f*。

树中节点 1 和数组 nodes 中第 1 行的计数都增加 1。

(2)商品 *b*。

当前节点(节点 1)没有商品名为 b 的后代节点,因此为 b 商品添加了一个编号为 8 的新节点,其父节点编号为 1。

endlink 数组对于新节点具有非空值,因为 endlink[b]是 6。在商品 b 中,从节点 6 到节点 8 有一个虚线链接(图 18.11 和图 18.12)。

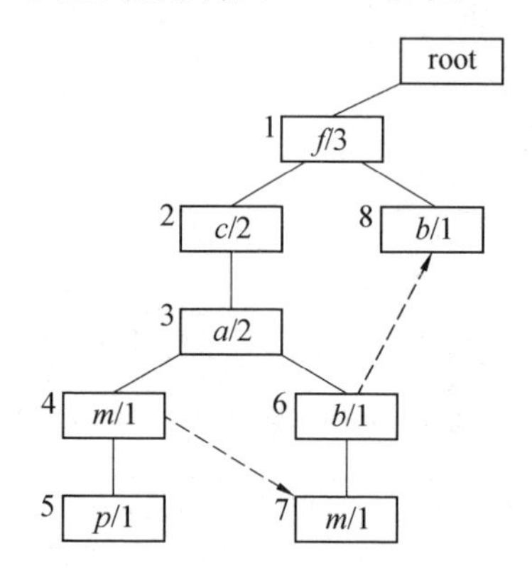

图 18.11　处理交易 3 的全部后对应的 FP 树

index	item name	count	linkto	parent
0	root			
1	*f*	3		0
2	*c*	2		1
3	*a*	2		2
4	*m*	1	7	3
5	*p*	1		4
6	*b*	1	8	3
7	*m*	1		6
8	*b*	1		1

nodes数组

child1	child2
1	
2	8
3	
4	6
5	
7	

child数组

index	startlink	endlink
f	1	1
c	2	2
a	3	3
b	6	8
m	4	7
p	5	5

link 数组

图 18.12　处理交易 3 的全部后对应的 FP 树的数组

18.2.6　处理交易 4:c、b、p

(1)商品 c。

当前节点(根节点)没有商品名为 c 的后代节点,因此为商品 c 添加了一个编号为 9 的新节点,其父节点编号为 0(指示根节点)。一条虚线由节点 2 连接到节点 9。

(2)商品 b。

当前节点现在是节点 9,该节点没有商品名为 b 的后代节点,因此为商品 b 添加了一个编号为 10 的新节点,其父节点编号为 9。一条虚线从节点 8 连接到节点 10。

(3)商品 p。

当前节点现在是节点 10,该节点没有商品名为 p 的后代节点,因此为商品 p 添加了一个编号为 11 的新节点,其父节点编号为 10。一个虚线由节点 5 连接到节点 11(图 18.13 和图 18.14)。

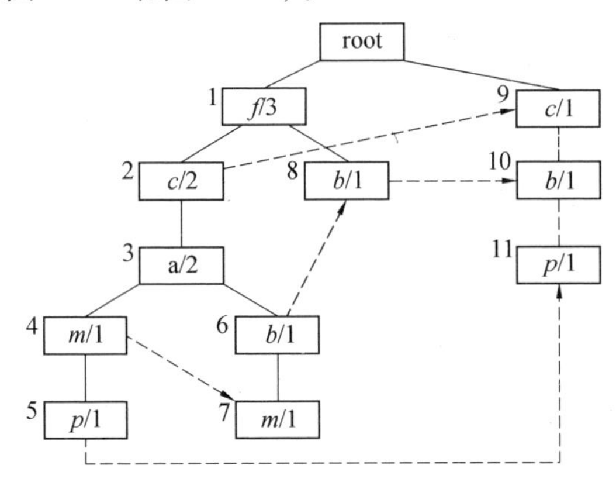

图 18.13　处理交易 4 的全部后的 FP 树

index	item name	count	linkto	parent
0	root			
1	*f*	3		0
2	*c*	2	9	1
3	*a*	2		2
4	*m*	1	7	3
5	*p*	1	11	4
6	*b*	1	8	3
7	*m*	1		6
8	*b*	1	10	1
9	*c*	1		0
10	*b*	1		9
11	*p*	1		10

nodes数组

child1	child2
1	9
2	8
3	
4	6
5	
7	
10	
11	

child数组

index	startlink	endlink
f	1	1
c	2	9
a	3	3
b	6	10
m	4	7
p	5	11

link 数组

图 18.14　处理交易 4 的全部后对应 FP-tree 的数组

18.2.7　处理交易 5:*f*, *c*, *a*, *m*, *p*

从根节点依次到*f*、*c*、*a*、*m* 和 *p* 已经有了一个节点链,所以除了将节点 1、2、3、4 和 5 及 nodes 数组相应行的计数加 1 之外,不需要进行任何更改。给出了最终形式的 FP 树和相应的数组集合,如下所示(图 18.15 和图 18.16)。

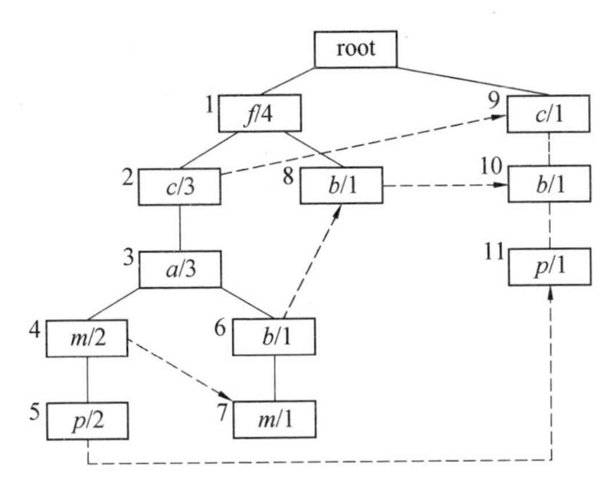

图 18.15　处理交易 5 后的最终 FP 树

index	item name	count	linkto	parent
0	root			
1	*f*	4		0
2	*c*	3	9	1
3	*a*	3		2
4	*m*	2	7	3
5	*p*	2	11	4
6	*b*	1	8	3
7	*m*	1		6
8	*b*	1	10	1
9	*c*	1		0
10	*b*	1		9
11	*p*	1		10

nodes数组

child1	child2
1	9
2	8
3	
4	6
5	
7	
10	
11	

child数组

index	startlink	endlink
f	1	1
c	2	9
a	3	3
b	6	10
m	4	7
p	5	11

link 数组

图 18.16　处理交易 5 后的最终 FP 树的对应数组

一旦 FP 树被创建,child 和 endlink 就可以被丢弃。树的内容可完全由 nodes 数组和 startlink 表示。

18.3　从 FP 树查找频繁商品集

构建了 FP 树后,如图 18.15 所示,并由图 18.16 所示的 nodes 数组和 startlink 表示,现在可以分析它来提取交易数据库的所有频繁商品集。

我们将通过一系列图来说明这个过程,并描述如何通过构建一些等价于 FP 树简化版本的表,以递归的方式实现频繁商品集的提取。

我们从观察一些一般点开始。

①图 18.15 中的虚线(连接)不是树本身的一部分(如果在树之间有连接,它就不再是树状结构)。不如说,它们是一种跟踪带有 b 这样特殊名称的所有节点的方式,无论它们出现在树中的任何位置。这将在接下来的内容中非常有用。

②用于标注从树根向下的每一个分支上的节点的商品总是与 orderedItems 数组中商品的顺序相同,即 f, c, a, b, m, p。这是交易数据库中相应商品集(例如 $\{f\}$)的支持计数的降序排列或是 orderedItems 数组中的商品顺序,在图 18.17 中被再一次给出(并不是树的每一个分支都包含所有的六个商品)。

③尽管图 18.15 中的节点标有 c、m、p 等名称,但这些都是节点对应的商品集中的最右边的项。因此,节点 1、2、3、4 和 5 分别对应于商品集 $\{f\}$ 、$\{f,c\}$ 、$\{f,c,a\}$ 、$\{f,c,a,m\}$ 和 $\{f,c,a,m,p\}$ 。

为了方便起见,orderedItems 数组在图 18.17 中再一次被给出。

index	orderedItems
0	f
1	c
2	a
3	b
4	m
5	p

图 18.17　orderedItems 数组

> 从 FP 树中提取所有频繁商品集的过程本质上是递归的,它可以通过调用一个递归函数 findFrequent 来表示,需要四个参数:
>
> ①两个数组表示的树。最初是 nodes 数组和 startlink,对应于原始的 FP 树。调用函数后,将被 nodes2 数组和 startlink2 替代,此时对应一个有条件的 FP 树,随后将对此进行解释。
>
> ②整数变量 lastitem,它最初被设置为 orderedItems 数组中元素的数量(本例中为 6)。
>
> ③一个名叫 originalItemset 的集合,最初是空集,即{ }。

我们将从一个没有成员的"原始商品集"开始,即{ },并且按照 orderedItems 数组中元素的升序,即{p}、{m}、{b}、{a}、{c}和{f}的顺序,将一个新项添加到它的最左侧的位置,来生成所有可能的单项商品集[①]。对于每个频繁商品集[②],比如{m},我们在其最左边位置添加一个额外的商品,例如{b, m}、{a, m}或{c, m}来查找任何频繁发生的商品集。注意,附加项必须在 orderedItems 数组中位于 m 之上,以保证商品集中商品的常规顺序。如果我们找到一个频繁商品集,例如{a, m},我们就会在其最左边添加新项来构建商品集,例如{c, a, m},然后检查每一个新的商品集是否频繁,等等。这样做的结果是,我们一旦发现了一个单项频繁商品集,将在找出所有以此商品结尾的频繁商品集之后,才检查下一个单项商品集。

通过在左边添加一个新项来构造新的商品集,维持与 orderedItems 数组中相同的顺序是一种非常有效的方法。对于已经建立了的频繁商品集,例如{c, a},唯一需要检查的其他商品集是{f, c, a},因为在排列商品集中,f 是唯一在 c 之上的项。它可能是真实的(并且在这种情况下是正确的),其他一些商品集,例如{c, a, m}也是频繁的,但是在另一个阶段已经处理过了。

以此顺序检查商品集也利用了商品集的向下闭合属性。如果我们找到一个商品集,比如说{b,m}是不频繁的,那么检验所有在其基础上添加新项的商品集是没有意义的。如果其中的任何一个,比如{f, c, b, m}是频繁的,那么根据向下闭合属性,{b, m}也必须是频繁的,但是我们已经知道它不是。

---

① 采用这样一种复杂的方式来描述商品集{p}、{b}、{a}、{c}和{f}的生成,是为了与后面描述两项、三项等商品集的生成保持一致。

② 所有单项商品集一定是频繁的,因为初始树中的商品是在此基础上从交易数据库中选择的。然而,当我们继续使用 findFrequent 递归分析 FP 树的简化版本时,情况往往不是这样。

这个生成频繁商品集的策略,可以通过函数 findFrequent 中的一个循环变量 thisrow 从 lastitem-1 变化到 0 来实现。

①我们设置变量 nextitem 为 orderedItem[thisrow]并且设置 firstlink 为 startlink[nextitem]。

②如果 firstlink 是空,我们则继续到下一个 thisrow 的值。

③否则,我们将变量 thisItemset 设为 originalItemset 的扩展版,其中 nextitem 项作为其最左边的项,然后调用函数 condfptree,该函数需要 4 个参数:nodes、firstlink、thisrow 和 thisItemset。

④函数 condfptree 首先设变量 lastitem 为 thisrow 的值。然后检查 thisItemset 是否是频繁的。如果是,它就继续以 nodes2 数组和 startlink2 的形式为商品集产生一个有条件的 FP 树,然后以两个替换数组以及 lastitem 和 thisItemset 作为参数,递归地调用 findFrequent。

18.3.1　以商品 p 结尾的商品集

1. 商品集{p}——从原始商品集{ }扩展而来

我们首先确定商品集{p}是否频繁。可以从 FP 树中确定这一点,检查两个相接的 p 节点(节点 5 和 11),它们的支持计数分别是 2 和 1,总计数是 3,它等于最小支持计数(即本例中为 3),所以商品集{p}是频繁的。

在 FP 树中,可直接从 nodes 和 startlink 数组中找到 p 节点链(图 18.16)。startlink[p]的值为 5,nodes 数组第 5 行 linkto 列的值为 11,nodes 数组第 11 行 linkto 列的值为空,表示"没有进一步的节点"。因此,从节点 5 到节点 11 存在 p 节点链。

(1)为商品集{p}生成条件 FP 树。

在检验其他单项商品集{m}、{b}、{a}、{c}和{f}的频率之前,算法首先通过在最左边增加项来扩展商品集{p},生成一个两项商品集的序列。它对 orderedItems 数组中 p 以上的所有商品执行此操作。因此,依次检查两项商品集{m, p}、{b, p}、{a, p}、{c, p}和{f, p}。如果它们中的任何一个是频繁的,那么就会构造一个条件 FP 树,并且通过在最左边的位置添加一个项来扩展两项商品集,从而生成一个 3 项商品集序列。持续这一过程直到整个树结构被检查。在每个阶段,当前商品集通过在最左边添加一个额外的项来扩展时,只需考虑 orderedItems 数组(图 18.17)中位于之前最左边商品之上的商品。

现在需要检查在商品集{p}中添加一个附加项所形成的两项商品集是否

也是频繁的。为此,首先为商品集{p}构造一个条件 FP 树。

这是原始 FP 树的一个简化版本,它只包含从根节点开始,并在标记为 p 的两个节点上结束的分支,但是节点重新编号,并且通常有不同的支持计数。(在这一点上,看一下图 18.20 和图 18.21 是很有帮助的。)

(2)初始化。

我们可以用一个未编号的节点表示 FP 树的初始状态,代表树根。

> 我们将用四个数组的内容来表示演进中的树,这些数组最初都是空的:
>
> ①一个二维数组 nodes2,其数值索引将对应于树中的节点编号。这个数组的列的名称与第 18.2 节中的数组 node 的名称相同。
>
> ②一个一维数组 oldindex,它为每个节点保存产生演进条件 FP 树(初始是图 18.15所示的 FP-tree)的树中相应节点的编号。
>
> ③一维数组 startlink2 和 lastlink,以在 orderedItems 数组中部分或全部商品集的名字为索引。

再次通过连接 p 节点的链来说明这一过程,这次将一个分支添加到一个商品集{p}的演进条件 FP 树中,并将相应的值添加到四个数组中。

(3)第一分支。

在 FP 树的最左侧分支中添加五个节点(图 18.15),从底部向上编号,作为一个指向根节点的分支,所有这些节点都有最低节点(即商品名为 p 的节点)的支持计数。

依次将对应于每个节点的值添加到四个数组中,如下框所示(注意,这还不是完整的描述)。

> 添加以支持计数为 Count 的节点结尾的分支
>
> 版本 1
>
> 对于每个节点:
>
> ①将变量 thisitem 和 thisparent 分别设置为原始节点的 itemname 和 parent 的值。向数组 nodes2 添加一个新行,并将 itemname 的值设为 thisitem。将 count 的值(对于所有节点)设为 Count。
>
> ②将 oldindex 数组中的值设为派生出演进条件 FP 树的树中的节点数。
>
> ③将 startlink2[thistiem]和 lastlink[thisitem]的值设为新的行号。
>
> ④如果 thisparent 的值不是 0 或空,那么将数组 nodes2 中 parent 的值设为下一行的编号。

注意,在图 18.18 中,节点的编号与图 18.15 中的编号不同。它反映了生成新树的顺序,从底部(节点 p)到每个分支的顶部(根节点)。根节点没有被编号,其他节点从 1 开始向上编号。

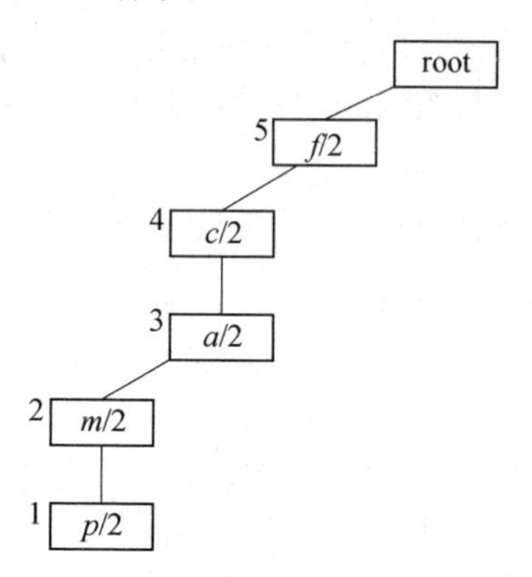

图 18.18 {p}的条件 FP 树——仅为第一分支

图 18.19 显示了对应第一个分支的 nodes2、oldindex、startlink2 和 lastlink 数组中的值。

index	item name	count	linkto	parent
1	*p*	2		2
2	*m*	2		3
3	*a*	2		4
4	*c*	2		5
5	*f*	2		

nodes2数组

oldindex
5
4
3
2
1

oldindex

index	startlink2	lastlink
p	1	1
m	2	2
a	3	3
c	4	4
f	5	5

link 数组

图 18.19 {p}的条件 *FP* 树对应的数组——仅为第一分支

在节点 5 中 parent 列的空值表示连接到根节点。当继续添加第二个分支时,将解释数组 nodes2 中 linkto 列如何使用。数组 oldindex 的使用将在第 18.3.2节中解释。

注意,图 18.18 中分支的支持计数与 FP 树中的对应分支的支持计数不同(图 18.15)。当我们构建原始的 FP 树时,考虑如节点 3 这样的节点,它表示一个支持计数为 3 的商品集{f, c, a}。在分支中从节点 1 到节点 5 的所有节点都表示从 f 开始的商品集,例如节点 4 表示{f, c, a, m}。我们需要以不同的方式,从每个分支的底部到顶部考虑一个条件 FP 树。图 18.18 中最低的节点(现在编号为 1)表示(部分)商品集{p},节点 2 表示商品集{m, p},节点 3、4 和 5 分别表示商品集{a, m, p}、{c, a, m, p}和{f, c, a, m, p}。在所有情况下,商品集以商品 p 结束,而不是从商品 f 开始。以这种方式查看图 18.18,对于 a、c 和 f 节点的支持计数与 FP 树中的 2、3 和 4 不一致。如果有两个交易包含商品 p,那么同时包括商品 a 和 p 或任何其他此类组合的交易不能超过两个。

因此,构造{p}的条件 FP 树的最佳方法是使用 p 节点的计数,自下而上地,逐个分支地构造树。在树中输入的每个新节点都"继承"了分支底部的 p 节点的支持计数。

(4)第二分支。

现在,我们在 FP 树中添加第二个也是最后一个以 p 节点结尾的分支。

给出了商品集{p}的条件 FP 树的最终版本,如图 18.20 所示。

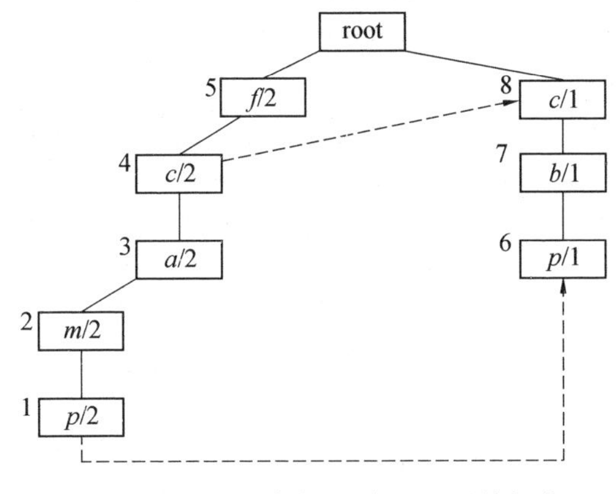

图 18.20　{p}的条件 FP 树——最终版本

与添加第一个分支的重要区别是,为节点 p 和 c 添加了虚线连接。这对于在提取过程的每个阶段确定商品集是否频繁是非常重要的。

需要增加额外节点的算法来处理这个问题。例如,在添加节点 6(第二个 p 节点)时,我们发现 lastlink[p]的值为非空,表明树中已经有了一个 p 节点。lastlink[p]的当前值为 1,因此我们将第 1 行的 linkto 值和 lastlink[p]的新值设置为当前行号(即 6)。这创建了从节点 1 到节点 6 的两个 p 节点的链。当添加节点 8 (c 节点)时也会发生类似的过程。

下面的框中给出了添加新分支的算法的修改版本(但这仍然不是完整的

描述)。

添加以支持计数为 Count 的节点结尾的分支
版本 2
对于每个节点:
①将变量 thisitem 和 thisparent 分别设置为原始节点的 itemname 和 parent 的值。向数组 nodes2 添加一个新行,并将 itemname 的值设为 thisitem。将 count 的值(对于所有节点)设为 Count。
②将 oldindex 数组中的值设为派生出演进条件 FP 树的树中的节点数。
③将 lastval 设置为 lastlink[thisitem]。
如果 lastval 不为空,那么将 lastval 行中 linkto 的值和 lastlink[thisitem]的值设置为当前行数。
否则将 startlink2[thisitem]和 lastlink[thisitem]的值设置为当前行数。
④如果 thisparent 的值不是 0 或空,那么将数组 nodes2 中 parent 的值设为下一行的编号。

图 18.21 中显示了对应于商品集{p}的条件 FP 树最终版本的 nodes2、oldindex、startlink2 和 lastlink 数组的值。

index	item name	count	linkto	parent
1	p	2	6	2
2	m	2		3
3	a	2		4
4	c	2	8	5
5	f	2		
6	p	1		7
7	b	1		8
8	c	1		

nodes2数组

oldindex
5
4
3
2
1
11
10
9

oldindex

index	startlink2	lastlink
p	1	6
m	2	2
a	3	3
c	4	8
f	5	5
b	7	7

link 数组

图 18.21　对应{p}的条件 FP 树的数组——最终版本

节点 5 和 8 的 parent 列中的空值表示指向根节点的连接。数组 nodes2 的 linkto 列中的非空值对应节点之间的“虚线”连接。

(5)两项商品集。

为商品集$\{p\}$构造了条件 FP 树,从$\{m, p\}$开始,有 5 个两项商品集需要检查。对于每一种情况,我们都是通过提取树的一部分来实现的,它只包含从根节点开始,然后在标记为 m(或者依次为其他项 b、a、c 和 f)的节点上结束的分支。注意,条件 FP 树中的节点按顺序从 1(按它们生成的顺序)依次编号。

> 为了创建和检查从$\{p\}$扩展的两项商品集,我们递归地调用 condfptree 和 findFrequent 函数,findFrequent 函数需要四个参数:nodes2、startlink2、lastitem 和 thisItemset。最后一个值为$\{p\}$。

通过从 orderedItems 数组中第 lastitem−1 行到第 0 行的循环,从商品集$\{p\}$的条件 FP 树生成了一个两项商品集序列。由于 lastitem 现在是 5,这意味扩展后的商品集中最左边项依次是 m、b、a、c 和 f (但没有 p)。

商品集$\{m, p\}$, $\{b, p\}$, $\{a, p\}$和$\{c, p\}$——从原始商品集$\{p\}$扩展。

$\{m, p\}$:只有一个计数为 2 的 m 节点。所以$\{m, p\}$是不频繁的(图 18.22)。

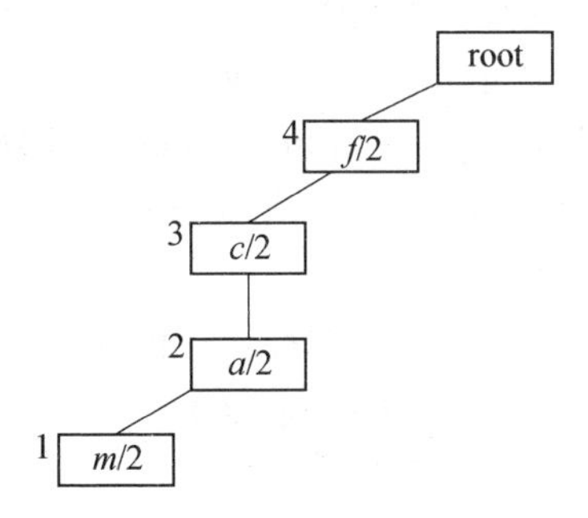

图 18.22　$\{m, p\}$的条件 FP 树

$\{b, p\}$:只有一个计数为 1 的 b 节点。所以$\{b, p\}$是不频繁的(图 18.23)。

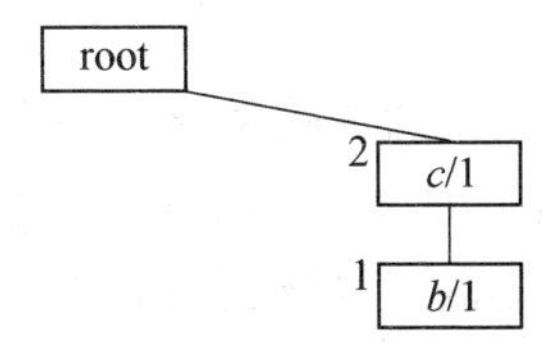

图 18.23　$\{b, p\}$的条件 FP 树

{a, p}:只有一个计数为 2 的 a 节点。因此{a, p}是不频繁的(图 18.24)。

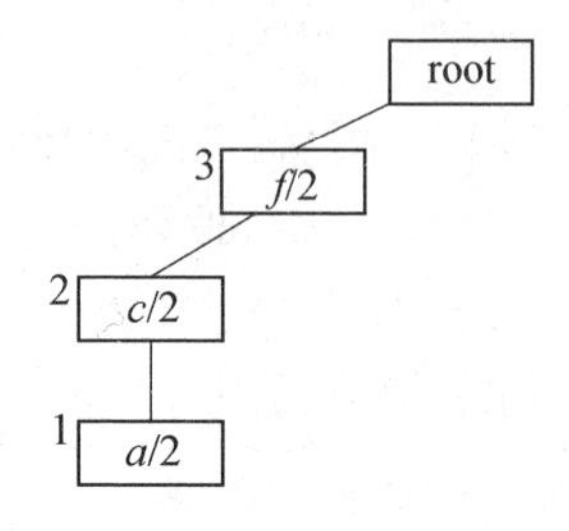

图 18.24　{a, p}的条件 FP 树

{c, p}:有两个 c 节点,总计数为 3。所以{c, p}是频繁的(图 18.25)。

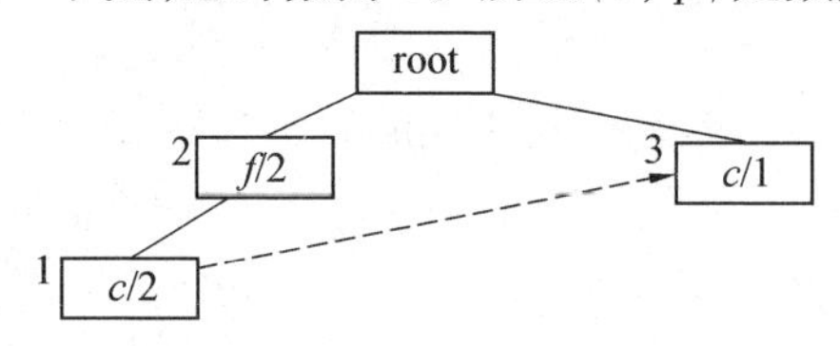

图 18.25　{c, p}的条件 FP 树

在继续检查{f, p}之前,我们现在生成所有的 3 项商品集,它们是在{c, p}的最左边添加一个附加项而形成的。我们只考虑 orderedItems 数组中 c 以上的商品。只有一个,也就是 f,我们从生成{f, c, p}的条件 FP 树开始。

我们通过递归调用 condfptree 和 findFrequent 函数来实现这一功能,使用了 4 个参数:数组 nodes2 和 startlink2,对应于图 18.25,lastitem(现在是 1)和 thisItemset(现在是{c, p})。

2. 商品集{f, c, p}——由商品集{c, p}扩展

只有一个计数为 2 的 f 节点(图 18.26)。所以{f, c, p}是不频繁的。我们回过头来检查下一个两项商品集{f, p}。

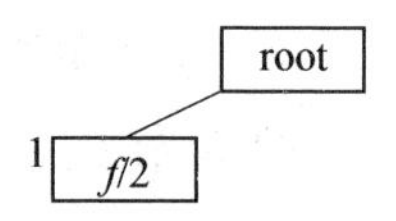

图 18.26　{f, c, p}的条件 FP 树

3. 商品集{f, p}——由原来的商品集{p}扩展

只有一个 f 节点,它的计数是 2。所以{f, p}是不频繁的(图 18.27)。

我们发现了以商品 p 结尾的三种频繁商品集:{p}、{c、p}和{f、c、p}。不可能再有任何其他以 p 结尾的频繁商品集。例如,如果{f, c, b, p}是频繁的,那么根据向下闭合属性,所有非空的子集也会是频繁的。这将包括商品集

$\{b, p\}$,我们已经知道这是不频繁的。以 p 为最右边的项,商品按 orderedItems 数组中降序排列的商品集共有 32 个。我们只需要检查其中的 7 个(2 个频繁,5 个不频繁)。

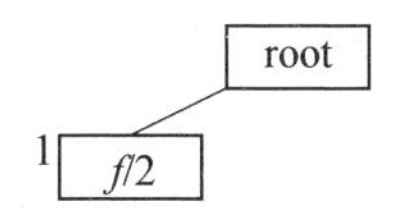

图 18.27　$\{f, p\}$ 的条件 FP 树

由于篇幅限制,我们不会检查所有其他单项商品集及其在最左边添加额外项而构造的商品集。但是,我们将检查商品集 $\{m\}$ 及其扩展集,因为这将说明一些重要的附加点。

18.3.2　以 m 项结尾的商品集

1. 商品集 $\{m\}$——由原来的商品集 $\{p\}$ 展开

$\{m\}$ 的条件 FP 树如图 18.28 所示。

注意,节点 2、3 和 4 从节点 1 继承了支持计数 2,并且从节点 5 继承了支持计数 1。因此,它们(总数)支持计数显示为 3。

有两个 m 节点,总数为 3。所以 $\{m\}$ 是频繁的。

在自底向上构造树时,需要区分不同的情况,本例中节点 6 的父节点是已经加入树中的节点(节点 2),而其他情况中父节点可能是尚未加入树中、需要被创建的节点。

图 18.29 显示了当在图 18.28 中的节点 6 被添加到树中时四个数组的状态。

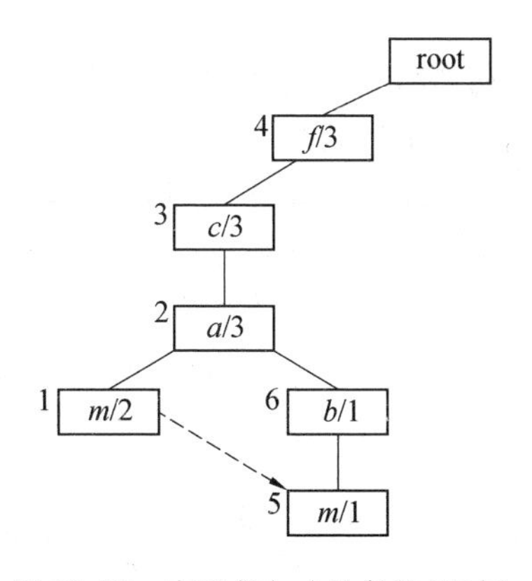

图 18.28　商品集 $\{m\}$ 的条件 FP 树

处理过程的第一部分与所有其他节点相同。新节点是一个以支持计数为

1 的 m 节点结尾的分支的一部分。在初始 FP 树中,节点也被编号为 6,因此,变量 thisitem 和 thisparent 取自 nodes 数组的第 6 行,并分别设置为 b 和 3。在 nodes2 中添加了一个新的行,第 6 行,将 itemname 和 parent 的值分别设置为 b 和 3。在 oldindex 中,元素 6 的值被设置为 6。下一个 lastval 被设置为 lastlink[b],它是空的,所以 startlink2[b]和 lastlink[b]都被设置为 6。

index	item name	count	linkto	parent
1	m	2	5	2
2	a	2		3
3	c	2		4
4	f	2		
5	m	1		

nodes2数组

oldindex
4
3
2
1
7

oldindex

index	startlink2	lastlink
m	1	5
a	2	2
c	3	3
f	4	4

link 数组

图 18.29 对应商品集{m}的条件 FP 树的数组——只有前 5 个节点

这个节点处理过程的最后阶段与现在所用的算法不同。我们检查 thisparent(例如 3)的值是否已经在 oldindex 数组中。与前面展示的所有示例不同,它位于位置 2,这说明 b 节点有一个父节点,已经出现在演化树结构中的节点 2。这意味着新的节点 6 需要连接到已经创建的树结构的一部分。分三个阶段实现这一点。

①在 nodes2 的第 6 行中,parent 的值被设置为 2。

②不再为当前分支添加额外的节点。

③数组 nodes2 中的父节点链从第 2 行开始,直到树根之前,即从 2 到 3 到 4,每个阶段相应节点的支持计数都增加了,增加的数量为分支底部节点的支持计数(即 1)。

这就完成了与商品集{m}的条件 FP 树相对应的数组的构建,在图 18.30 中给出。

index	item name	count	linkto	parent
1	*m*	2	5	2
2	*a*	3		3
3	*c*	3		4
4	*f*	3		
5	*m*	1		6
6	*b*	1		2

nodes2数组

oldindex
4
3
2
1
7
6

oldindex

index	startlink2	lastlink
m	1	5
a	2	2
c	3	3
f	4	4
b	6	6

link 数组

图18.30　商品集{*m*}的条件FP树对应的数组——全部节点

这将修改添加分支算法,并得到最终版本。

添加以支持计数为Count的节点结尾的分支

最终版本

对于每个节点:

①将变量thisitem和thisparent分别设置为原始节点的itemname和parent的值。向数组nodes2添加一个新行,并将itemname的值设为thisitem。将count的值(对于所有节点)设为Count。

②将oldindex数组中的值设为派生出演进条件FP树的树中的节点数。

③将lastval设置为lastlink[thisitem]。

如果lastval不为空,那么将lastval行中linkto的值和lastlink[thisitem]的值设置为当前行数。

否则,将startlink2[thisitem]和lastlink[thisitem]的值设置为当前行数。

④如果thisparent的值不是0或空,测试thisparent的值是否已经在oldindex数组位置pos处。

如果是:

(a)将nodes2当前行的parent值设为pos;

(b)停止向当前分支添加附加节点;

(c)在数组nodes2中沿父节点链从pos行一直到根节点前,将每一个节点的支持计数增加Count。

否则,将数组nodes2中parent的值设为下一行的编号。

这样做之后,算法现在继续依次考虑四个可能的两项商品集$\{b, m\}$,$\{a, m\}$,$\{c, m\}$和$\{f, m\}$(对于最左边添加的项,只需要考虑 orderedItems 数组中位于 m 之上的商品)。它们依次构造的条件 FP 树如下。

2. 商品集$\{b, m\}$和$\{a, m\}$——从原始商品集$\{m\}$中扩展而来

$\{b, m\}$:只有一个 b 节点,它的计数是 1。所以$\{b, m\}$是不频繁的。注意,1 的计数是由节点 2、3 和 4 从节点 1 继承的(图 18.31)。

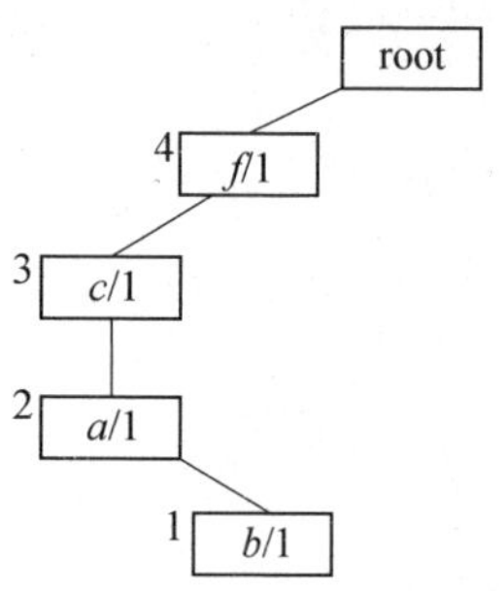

图 18.31 商品集$\{b, m\}$的条件 FP 树

$\{a, m\}$:只有一个节点,该节点数为 3。因此$\{a, m\}$是频繁的(图 18.32)。

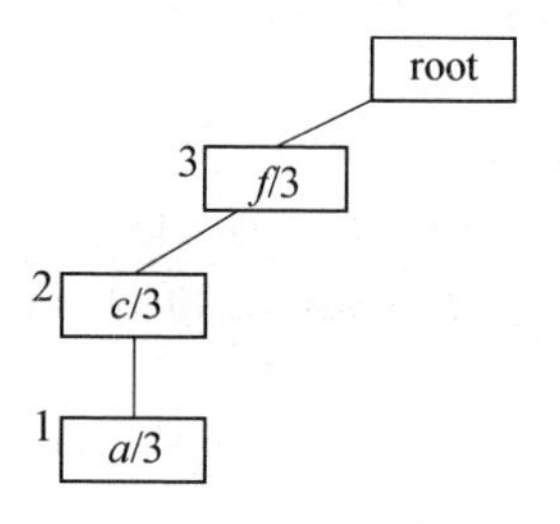

图 18.32 商品集$\{a, m\}$的条件 FP 树

现在,我们检查通过在$\{a, m\}$最左边添加一个项所构建的所有三项商品集。只需要考虑 orderedItems 数组中 a 以上的项,即 c 和 f。

3. 商品集$\{c, a, m\}$——从商品集$\{a, m\}$扩展而来

只有一个 c 节点,它的计数是 3(图 18.33)。所以$\{c, a, m\}$是频繁的。

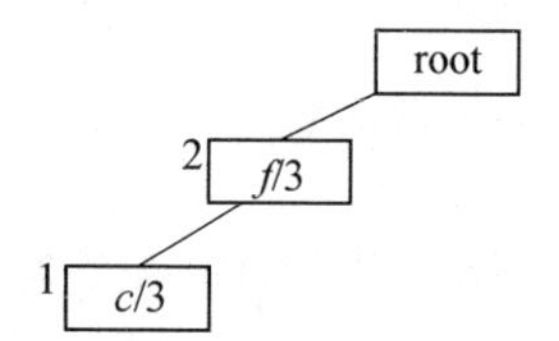

图 18.33 商品集$\{c, a, m\}$的条件 FP 树

现在,我们检查通过在{c, a, m}最左边添加一个项所构建的所有四项商品集。只需要考虑 orderedItems 数组中 c 以上的项,即 f。

4. 商品集{f, c, a, m} ——从商品集{c, a, m}扩展而来

只有一个 f 节点,它的计数是 3(图 18.34)。所以{f, c, a, m}是频繁的。

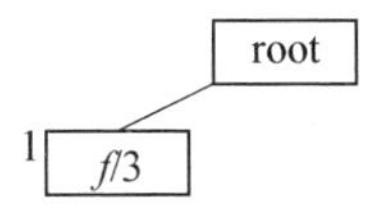

图 18.34　商品集{f, c, a, m}的条件 FP 树

因为在 orderedItems 中没有位于 f 以上的商品,并且没有从{c, a, m}扩展的其他四项商品集,因此,对从{c, a, m}扩展来的商品集的检查就结束了。

这可以通过向函数 condfptree 添加一个测试,以确定一个商品集是频繁的。如果 lastitem 的值大于 0,则函数会继续生成条件 FP 树,等等。

5. 商品集{f, a, m} ——从商品集{a, m}扩展而来

只有一个 c 节点,它的计数是 3(图 18.35)。所以{f, a, m}是频繁的。

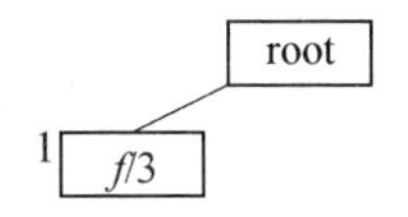

图 18.35　商品集{f, a, m}的条件 FP 树

因为在 orderedItems 中没有任何商品位于 f 之上,所以对从{a, m}扩展来的三项商品集的检查就结束了。

6. 商品集{c, m} ——从原始商品集{m}扩展而来

只有一个 c 节点,它的计数是 3(图 18.36)。所以{c, m}是频繁的。

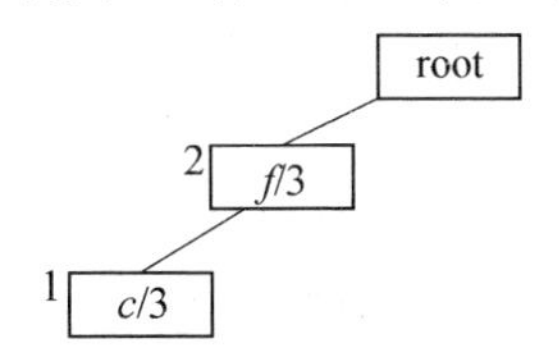

图 18.36　商品集{c, m}的条件 FP 树

现在,我们检查通过在{c, m}最左边添加一个项所构建的所有三项商品集。只需要考虑 orderedItems 数组中 c 以上的项,即 f。

7. 商品集{f, c, m} ——从商品集{c, m}扩展而来

只有一个 f 节点,它的计数为 3(图 18.37)。所以{f, c, m}是频繁的。

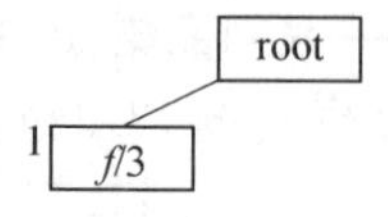

图 18.37　商品集{f, c, m}的条件 FP 树

由于在 orderedItems 中 f 之上没有任何项,所以对从{c, m}扩展来的三项商品集的检查就结束了。

8. 商品集{f, m} ——从原始商品集{m}扩展而来

只有一个 f 节点,它的计数是 3(图 18.38)。所以{f, m}是频繁的。

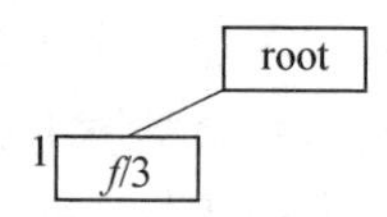

图 18.38　商品集{f, m}的条件 FP 树

由于在 orderedItems 中没有 f 项以上的项,并且没有其他的两项商品集需要考虑,所以对最后项为 m 的商品集的检查就结束了。

这一次,我们发现了 8 个以商品 m 结尾的频繁商品集(不能有其他的),并且只检查了一个不频繁商品集。以 m 为最右边的项,商品按 orderedItems 数组中降序排列的商品集共有 16 个。我们只需要检查其中的 9 个。

18.4　本章总结

本章介绍了从交易数据库中提取频繁商品集的 FP-growth 算法。首先对数据库进行处理,以生成一种称为 FP 树的数据结构,然后通过构造一个称为条件 FP 树的简化树序列来递归地处理这个树,从中提取频繁商品集。该算法具有非常有价值的特性,只需对数据库进行两次扫描。

18.5　自 测 题

1. 画出商品集{c}的条件 FP 树。
2. {c}的支持计数如何从条件 FP 树中确定?它是多少?
3. 商品集{c}是频繁的吗?
4. 对于商品集{c},条件 FP 树的 4 个对应数组的内容是什么?

参考文献

[1] Han, J., Pei, J., & Yin, Y. (2000). Mining frequent patterns without candidate generation. SIGMOD Record, 29 (2), 1-12. Proceedings of the 2000 ACM SIGMOD international conference on management of data, ACM Press.

第19章　聚　类

19.1　引　言

本章我们继续讨论从未标注数据中提取信息的主题并且转向一个重要的话题——聚类。聚类就是将一组对象聚合成簇,使得簇内的对象相似度较大,而簇间的对象差异性较大。

在许多领域,将相似的对象聚合在一起有很明显的优点,例如:

①在经济学应用领域,我们可能会对发现具有相似经济形态的国家感兴趣。

②在金融应用领域,我们可能希望发现一类具有相似财务业绩的公司。

③在市场应用中,我们可能希望发现一类有相似购买行为的顾客。

④在医学领域,我们可能希望发现具有相似临床症状的病人。

⑤在文档检索中,我们可能希望发现一类内容相关的文件。

⑥在犯罪分析方面,我们可能寻找一类高频率犯罪行为,比如盗窃。或者,我们尝试把一些低频率(但可能相互间有联系),比如谋杀的犯罪行为聚合在一起。

聚类有很多算法。我们将介绍两种方法,其中对象间的相似性是基于对象间距离的度量。

在每个对象都仅有两个属性值的限制条件下,我们可以把它们表示为二维空间(一个平面)中的一些点,如图19.1所示。

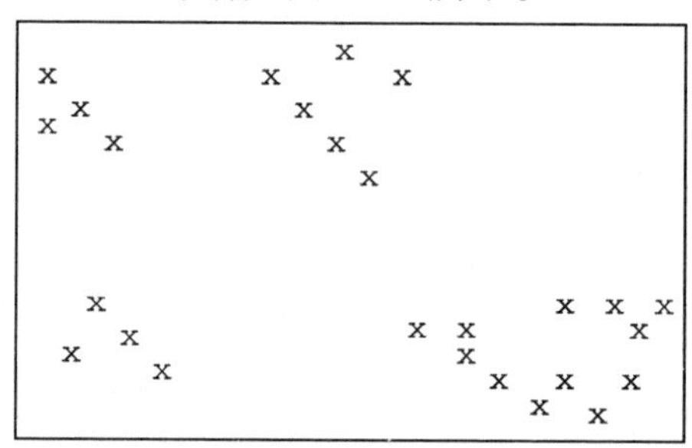

图19.1　聚类对象

通常,聚类簇在二维情况下很容易观察。可以看出图 19.1 中的点很自然地分成四组,在图 19.2 中由曲线圈出。

然而,分类结果通常有多种可能性。例如对于图 19.1 右下角的一些点,是分为一类(图 19.2),还是为两类(图 19.3)?

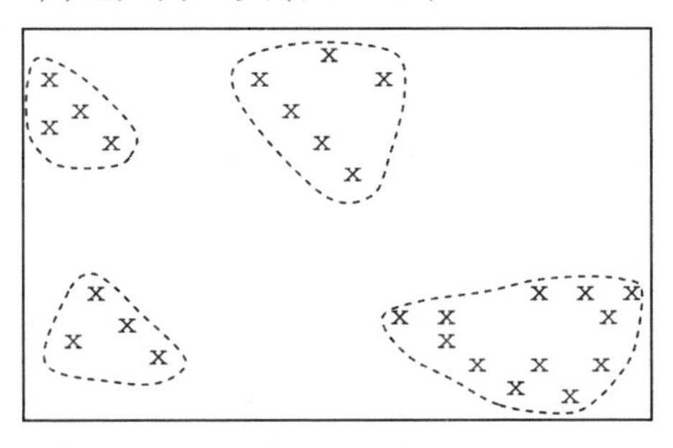

图 19.2　图 19.1 中对象的分类(第一种方案)

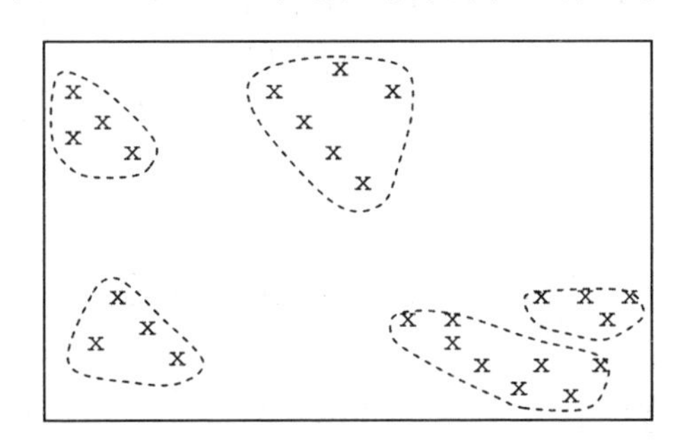

图 19.3　图 19.1 中对象的分类(第二种方案)

在对象有三种属性描述的情况下,我们可以把对象看作是三维空间(比如一个房间)中的点,并且聚类簇通常也是明显可见的。对于更高的维度(比如有多种属性值),我们将很难想象这些点,更不用说是聚类了。

尽管实际中对象通常具有超过两种或者更多种的属性,本章中的图表将只使用两维描述。

在使用基于距离的聚类算法(distance-based clustering algorithm)把对象进行聚类之前,首先需要决定一种测量两点间距离的方式。对于第 3 章讨论的最近邻分类,通常使用的分类距离是欧氏距离。为了避免一系列问题,我们假设所有的属性值是连续的(类别属性可以按第 3 章描述的那样处理)。

我们接下来需要介绍一个簇的"中心"的概念,通常将其称为"质心"(centroid)。

假设采用欧氏距离或者类似的度量,我们可以定义簇的质心是一个属性值取该簇中所有点相关属性值平均值的点。

所以四个点的质心(带有 6 个属性特征)

8.0	7.2	0.3	23.1	11.1	-6.1
2.0	-3.4	0.8	24.2	18.3	-5.2
-3.5	8.1	0.9	20.6	10.2	-7.3
-6.0	6.7	0.5	12.5	9.2	-8.4

将为

0.125	4.65	0.625	20.1	12.2	-6.75

簇的质心有时候是簇中的点,但是更多情况下,就如上例所示,质心是一个“虚构”的点,并不是簇中存在的点,我们可以用这个“虚构”的点作为其中心的标记。簇的质心这一概念的意义将在后面说明。

聚类的方法有许多种。在本书中,我们将讨论最常用的两种: k-means 聚类和层次聚类。

19.2　*k*-means 聚类

k-means 聚类是一类专有聚类算法(exclusive clustering algorithm),每个对象都被精确地分配给一系列簇中的某一个。(有一些其他方法允许对象同时处于不同簇中。)

对于这种聚类方式,首先要决定从数据中获得多少簇。我们将其称为 k 值,k 值通常是一个较小的整数,比如 2、3、4 或 5,当然也可能更大。我们之后会再来讨论怎样决定 k 的取值。

有许多能构造 k 个类别簇的方法,我们可以通过一个目标方程(objective function)衡量一系列聚类簇的质量。这个目标方程是分类中每个点到其所属簇的中心距离的平方和,我们希望该方程的值尽可能小。

接下来,我们选择 k 个点。把这些点当作 k 个簇的质心,更精确地说是 k 个潜在簇的质心,现在,这些簇中还没有成员。我们可以随意地选择这些点,但是如果我们选的这 k 个初始点相互间距很远,该方法的效果可能会更好。

现在,我们把所有点一个一个地添加到距质心最近的那个簇中。

当所有的对象都被分配完成后,我们将得到一个基于原始的 k 个质心的 k 个簇,但是这些“质心”将不再作为这些簇的真正中心。接下来我们重新计算这些簇的质心，然后重复之前的步骤，把每个对象一个一个地添加到距质心最近的那个簇。图 19.4 总结了完整的算法。

1. 选择一个 k 值。
2. 任意选择 k 个对象。把这些作为初始的 k 个质心。
3. 把每个对象添加到距质心最近的那个簇。
4. 重新计算 k 个簇的质心。
5. 重复步骤 3 ~4 直到质心不再变动。

图 19.4 k-means 聚类算法

19.2.1 例子

我们将通过对 16 个对象进行聚类来说明 k-means 算法（k 均值算法），每个对象由 x 和 y 两个属性来描述，如图 19.5 所示。

x	y
6.8	12.6
0.8	9.8
1.2	11.6
2.8	9.6
3.8	9.9
4.4	6.5
4.8	1.1
6.0	19.9
6.2	18.5
7.6	17.4
7.8	12.2
6.6	7.7
8.2	4.5
8.4	6.9
9.0	3.4
9.6	11.1

图 19.5 分类对象（属性值）

图 19.6 描述了对应于这些对象的 16 个点，横轴和纵轴分别代表属性值 x 和 y。

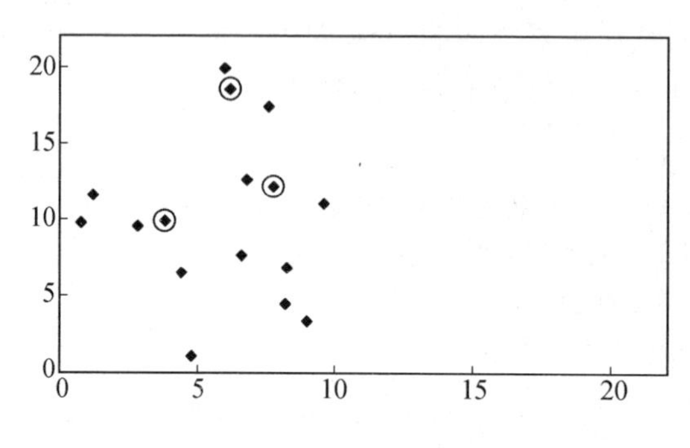

图19.6　分类对象

图19.6中圈出来了3个点。假设已经选定了 $k=3$ 并且这三个点被选作最初的质心。图19.7列出了最开始选择(完全任意)的三个点。

	初始	
	x	y
质心1	3.8	9.9
质心2	7.8	12.2
质心3	6.2	18.5

图19.7　初始质心选择

图19.8中的d1、d2和d3列给出了16个点到三个质心的欧氏距离。为了用这个例子说明 k-means 分类算法,我们将不对属性进行归一化或加权处理,所以第一个点(6.8,12.6)到第一个质心(3.8,9.9)的距离为

$$\sqrt{(6.8-3.8)^2+(12.6-9.9)^2}=4.0\text{(保留小数点后一位)}$$

簇列表示距每个点最近的质心,也就是该点应该被分配到的那一簇。

图19.9是分簇结果。

质心用线圈出来了。对于第一次迭代,它们都是簇中真实的点。基于最初的这三个点建立三个簇后,每个簇的质心将发生变化。

接下来我们用每个对象 x 和 y 的值来计算每个簇的质心。图19.10给出了计算结果。

三个质心在聚类过程中都被移动了,但是第三个质心的移动相对于其他两个来说很小。

接下来,我们重新把16个点归类到三个簇中去,还是归到离质心最近的那一簇。图19.11给出了改进后的分簇结果。

再一次用小圈把质心圈出来。但是到现在,质心已经是对应于每个分类"中心"的"虚拟点",而不是每个分类中真实的点。

x	y	d_1	d_2	d_3	簇
6.8	12.6	4.0	1.1	5.9	2
0.8	9.8	3.0	7.4	10.2	1
1.2	11.6	3.1	6.6	8.5	1
2.8	9.6	1.0	5.6	9.5	1
3.8	9.9	0.0	4.6	8.9	1
4.4	6.5	3.5	6.6	12.1	1
4.8	1.1	8.9	11.5	17.5	1
6.0	19.9	10.2	7.9	1.4	3
6.2	18.5	8.9	6.5	0.0	3
7.6	17.4	8.4	5.2	1.8	3
7.8	12.2	4.6	0.0	6.5	2
6.6	7.7	3.6	4.7	10.8	1
8.2	4.5	7.0	7.7	14.1	1
8.4	6.9	5.5	5.3	11.8	2
9.0	3.4	8.3	8.9	15.4	1
9.6	11.1	5.9	2.1	8.1	2

图 19.8　增广的分类对象

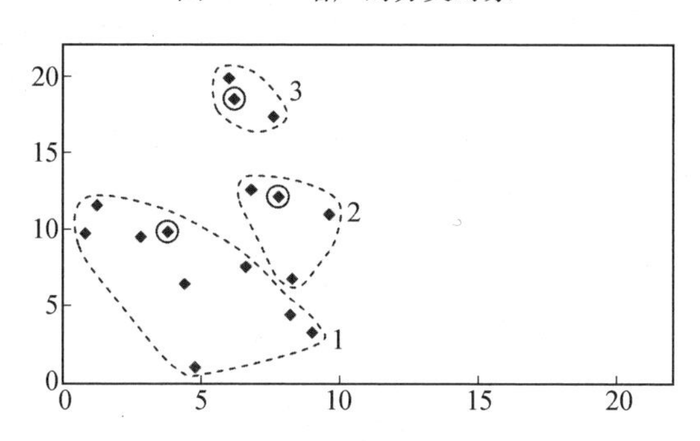

图 19.9　初始分类

	初始		第一次迭代后	
	x	y	x	y
质心1	3.8	9.9	4.6	7.1
质心2	7.8	12.2	8.2	10.7
质心3	6.2	18.5	6.6	18.6

图 19.10　第一次迭代后质心

这些分类和图 19.9 所示的之前的三个分类很相似。实际上只有一个点移动了。点(8.3,6.9)的对象从第二类移动到了第一类。

接下来,我们重新计算三个质心的位置,结果如图 19.12 所示。

前两个质心移动了一点,但是第三个质心一点都没有移动。

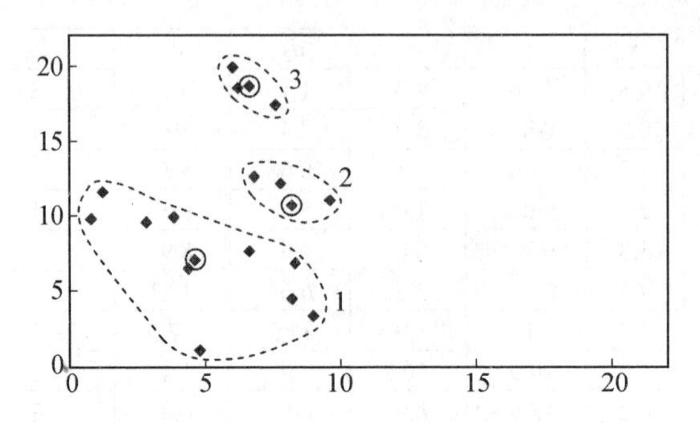

图 19.11　改进后的分类

	初始		第一次迭代后		第二次迭代后	
	x	y	x	y	x	y
质心1	3.8	9.9	4.6	7.1	5.0	7.1
质心2	7.8	12.2	8.2	10.7	8.1	12.0
质心3	6.2	18.5	6.6	18.6	6.6	18.6

图 19.12　两次迭代后的质心

我们把 16 个对象再一次归类到每个簇中,图 19.13 是分簇结果。

这些分簇和之前相同。它们的质心也未发生变化。因此已经达到了 k-means 算法的结束条件"重复步骤……直到质心位置不再移动",并且这就是选定初始质心后该算法所得到的最终分簇。

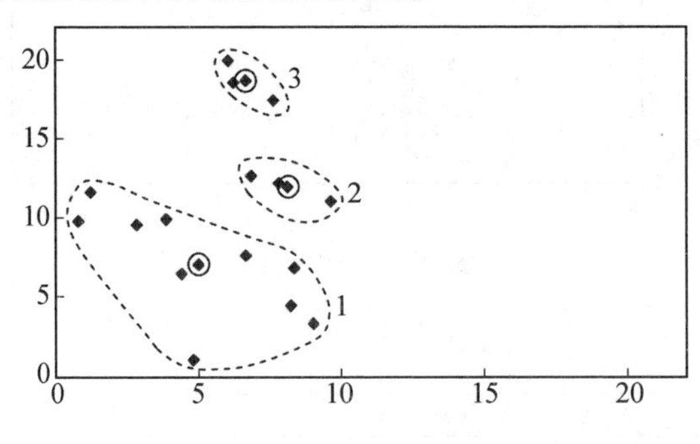

图 19.13　第三次分类

19.2.2　寻找最佳簇集合

可以证明 k-means 算法总是能终止,但该算法却不一定找到符合最小化目标方程准则的最佳聚类簇集合。最初的质心选择会对此产生很大影响。为了克服这一点,对于一个给定的 k 值,可以多次运行该算法,每一次都选择不同的 k 个质心,最后选取使得目标方程值最小的分簇集。

这种聚类方式最明显的缺点是没有对应的规则来确定 k 应该取什么值。回顾例子给出的最终分簇集(图 19.13),并不能确定 $k=3$ 是最佳的选择。分类 1 也可以再拆分为几个类,我们可以用以下实际的方式来选取 k 值。

我们假设选择 $k=1$,例如所有的对象都在一个分类中,初始质心是随机选取的(一个很普通的方法),目标方程的值可能会很大。然后,我们可以尝试 $k=2$,$k=3$ 和 $k=4$,每次实验都选择不同的质心并且选择使目标方程值最小的簇集合。一系列实验的结果在图 19.14 中给出。

k值	目标方程的值
1	62.8
2	12.3
3	9.4
4	9.3
5	9.2
6	9.1
7	9.05

图 19.14　不同 k 值目标方程的值

这些结果表明最佳 k 值可能是 3。$k=3$ 的目标方程的值比 $k=2$ 时小很多,但是只比 $k=4$ 好一点,有可能目标方程的值在 $k=7$ 后下降得非常迅速,但是即使是这样,$k=3$ 可能也是最好的选择。通常我们更倾向于选择一个尽可能小的分簇数。

要注意我们没有尽力去寻找一个使得目标方程值尽可能小的 k 值。当 k 值和对象数目相同时目标方程取得最小值,即每个对象自己形成一个簇。目标方程值将为 0,但是这时的聚类是没有意义的。这是在第 9 章讨论的数据过拟合现象的另一个例子。通常我们想得到一个分簇数目尽量小的集合并且在每个簇中每个对象都围绕中心点分布(理想的情况下不会距离中心点很远)。

19.3　合成聚类

另一个非常常用的分类技术是合成聚类(Agglomerative Hierarchical Clustering,AHC)。

对于 k-means 聚类算法我们需要选择一种方式来测量两个对象的距离。通常所用的距离是欧氏距离(在第 3 章定义)。在二维空间里欧氏距离就是两点间的“直线”距离。

合成聚类的思想非常简单。首先每个对象形成只包含自己一个簇,然后反复合并最近的一对簇,直到得到一个包含所有对象的分类。基本的算法由图 19. 15 给出。

1. 每个对象形成只包含自己的一个簇,计算每个簇两两之间的距离。
2. 选择最近的一对簇并将它们合成一个簇(因此将簇的数量减 1)。
3. 计算新簇和所有旧簇之间的距离。
4. 重复步骤 2 和 3 直到所有的对象都在一个簇中。

图 19. 15 合成聚类算法

如果有 N 个对象,步骤 2 将会有 $N-1$ 次融合过程以形成一个簇。这个方法不仅形成了一个大的簇,并且给出了聚类的层次结构。

假设我们一开始有 11 个对象 A、B、C、…、K,其分布如图 19. 16 所示并且我们基于欧氏距离进行合并。

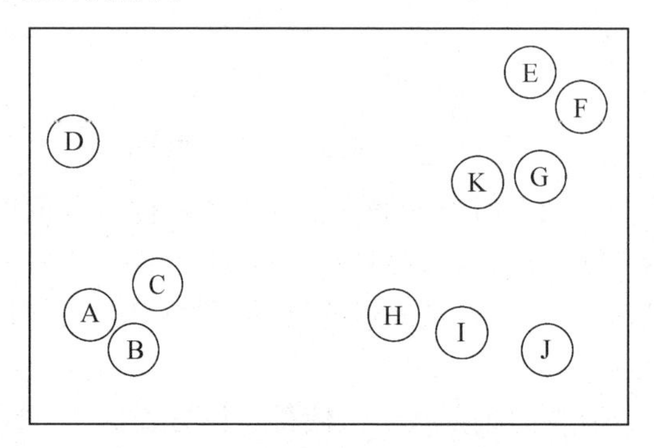

图 19. 16 初始数据(11 个对象)

本例中算法需要 10 次迭代,即重复步骤 2 ~ 3 以将 11 个单一簇融合为 1 个簇。假设该过程一开始选取对象 A、B 为最近的一对并且将它们合并成一个新簇,我们称之为 AB。下一步可能是选择 AB 和 C 作为最近的一对并且把它们合并。经过这两步后聚类结果显示在图 19. 17 中。

我们将用符号 A 和 B→AB 来表示“簇 A 和簇 B 合并成一个新簇,我们称之为 AB”。

由于不知道每对间精确的距离,以下仅展示了一个可能的合并过程。

(1) A 和 B→AB

(2) AB 和 C→ABC

(3) G 和 K→GK

(4) E 和 F→EF

(5) H 和 I→HI

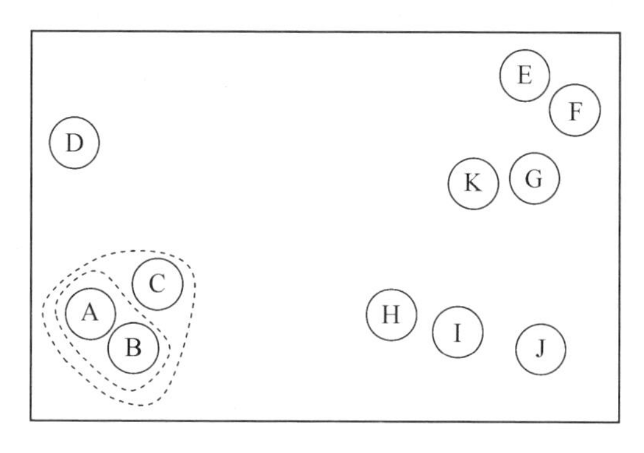

图 19.17　两步后的分类结果

(6)EF 和 GK→EFGK

(7)HI 和 J→HIJ

(8)ABC 和 D→ABCD

(9)EFGK 和 HIJ→EFGKHIJ

(10)ABCD 和 EFGKHIJ→ABCDEFGHIJ

分层聚类过程的最终结果如图 19.18 所示,称作树状结构图(dendrogram)。一个树状结构图是一个二叉树(每个点有两个分支)。然而,簇的位置并不代表它们在最初图中的相应原始物理位置。所有原始对象都作为叶节点放置在同一水平线上(图表的底端)。树的根在图的顶部,它是一个包含所有对象的簇。其他节点是一些在算法执行过形成产生的较小的聚类簇集和。

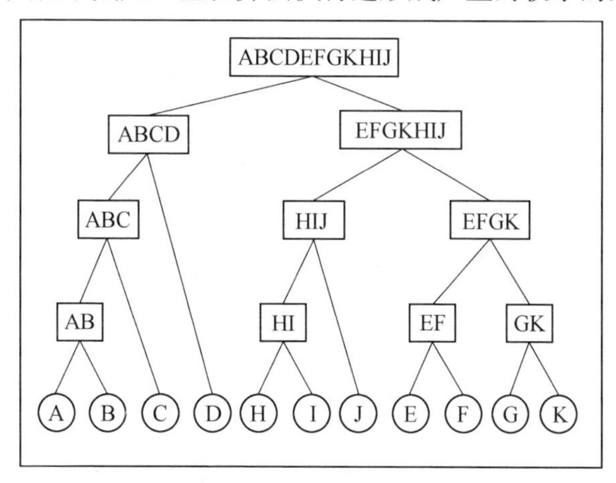

图 19.18　与图 19.16 相应的一个可能的系统树图

如果我们把最底层一行称作层 1(包括分类 A、B、C、…、K),我们可以说层 2 簇是 AB、HI、EF 和 GK,层 3 的簇是 ABC、HIJ 和 EFGK,依此类推。根节点在层5。

19.3.1　记录簇间距

在算法每次迭代时计算每对簇的距离是很低效的,因为未发生合并的簇的间距是不变的。

通常的解决办法是在给定每一对簇间距离时,生成并不断维护一个距离矩阵。

如果我们有6个对象a、b、c、d、e和f,最初的距离矩阵如图19.19所示。

注意到上表是对称的,因此并不需要计算所有的值(例如,c到f的距离与f到c的距离是相同的)。从左上角到右下角对角线上的值一定总是0(例如,从a到a的距离是0)。

从图19.19的距离矩阵中能看出最近的一对簇(单一对象)是a和d,距离是3。它们合并成一个含有两个对象的簇,并称之为ad。我们将距离矩阵的a、d行替换为单一的ad行,对相应列也采取类似操作(图19.20)。

	a	b	c	d	e	f
a	0	12	6	3	25	4
b	12	0	19	8	14	15
c	6	19	0	12	5	18
d	3	8	12	0	11	9
e	25	14	5	11	0	7
f	4	15	18	9	7	0

图19.19　距离矩阵的一个示例

	ad	b	c	e	f
ad	0	?	?	?	?
b	?	0	19	14	15
c	?	19	0	5	18
e	?	14	5	0	7
f	?	15	18	7	0

图19.20　第一次合并后的距离矩阵(不完全)

矩阵中b、c、d、f之间的距离不变,但是我们应该怎么计算行ad和列ad中的相关项?

我们能计算ad簇的中心及ad簇到b、c、e和f簇的距离。然而,对于层次聚类,更普遍的是应用一种计算量更小的方法。

在单链路聚类(single-link clstering)中,两个簇间的距离取为一个集合中的任意成员到另一个集合中任意成员之间最短的距离。在这个基础上ad到

b 的距离是 8,取原始距离矩阵中从 a 到 b 的距离(12)和从 d 到 b 的距离(8)的最小值。

单链路聚类的两种替代方案是总链路聚类(complete-link clustering)和平均链路聚类(average-link clustering),这两种替代方案中的距离分别取从一个集合中的任意成员到另一个集合中任意成员之间最长的距离或平均距离。

重新回到示例并假设用单链路聚类,第一次合并后的位置在图 19.21 中给出。

	ad	b	c	e	f
ad	0	8	6	11	4
b	8	0	19	14	15
c	6	19	0	5	18
e	11	14	5	0	7
f	4	15	18	7	0

图 19.21　第一次合并后的距离矩阵

现在表中最小的(非零)数值是 ad 簇和 f 簇之间的距离 4,因此我们接下来将其合并为一个有三个对象的 adf 簇。使用单链路聚类计算方式的距离矩阵现在变为图 19.22。

	adf	b	c	e
adf	0	8	6	7
b	8	0	19	14
c	6	19	0	5
e	7	14	5	0

图 19.22　两次合并后的距离矩阵

现在最小的非零值是 c 簇和 e 簇之间的距离 5。将其合并成一个新簇 ce,距离矩阵变成图 19.23 所示。

	adf	b	ce
adf	0	8	6
b	8	0	14
ce	6	14	0

图 19.23　三次合并后的距离矩阵

adf 和 ce 现在是最近的,它们之间的距离 6,因此我们把它们合并成一个簇 adfce。距离矩阵变成图 19.24 所示。

最后,abcdef 和 b 合并成一个包含了所有原始 6 个对象的簇 adfceb。图 19.25 显示了相应分类过程的树状结构图。

	adfce	b
adfce	0	8
b	8	0

图 19. 24　四次合并后的距离矩阵

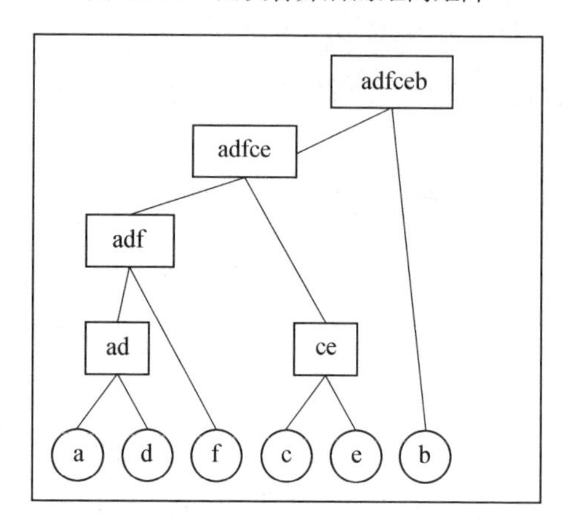

图 19. 25　相应的分级聚类的系统树图

19. 3. 2　终止聚类过程

通常我们允许聚类算法生成一个完整的层次聚类结构,然而当我们将原来的 N 个对象转换成一个足够小的聚类簇集合后,我们可能更倾向于结束合并过程。

我们可以通过一些方法来实现这一目的。例如,当合并到只剩下事先定义数量的簇时终止合并。同样地,我们也可以在一个新建立的簇不能满足其紧密标准时结束合并,例如,簇中对象间平均距离太大。

19. 4　本章总结

本章继续讨论从未标注数据中提取信息的主题。聚类就是将一组对象聚合成簇,使得簇内的对象相似度较大,而簇间的对象差异性较大。

聚类的方法有很多。本章详细地介绍了应用最广泛的 k-means 聚类和层次聚类。

19.5 自测题

1. 用19.2节给出的方法，将下列数据分为3簇，使用k-means算法。

x	y
10.9	12.6
2.3	8.4
8.4	12.6
12.1	16.2
7.3	8.9
23.4	11.3
19.7	18.5
17.1	17.2
3.2	3.4
1.3	22.8
2.4	6.9
2.4	7.1
3.1	8.3
2.9	6.9
11.2	4.4
8.3	8.7

2. 对于19.3.1节给出的例子，如果采用完全链路聚类替代单链路聚类算法，前三次合并中每一次合并后的距离矩阵是什么？

第 20 章 文本挖掘

本章我们来看一种特殊类型的分类任务，这类任务的对象是文本文件，例如报纸上的文章，期刊上的科技论文或者可能是论文摘要，或者仅仅是论文标题。目标是使用一系列已经预先分类的文件来对一些未见的文件进行分类。随着许多领域或者专业领域中印刷材料数目不断增长，寻找相关文件已经相当困难，所以这已经变成一个日益重要的现实问题。早在数据挖掘技术可用之前，在图书管理业务和信息科学中用到的一些术语就反映了这一工作的起源。

原则上对于这项任务可以使用任何分类标准(例如简单贝叶斯，最近邻和决策树)，但是相比于我们至今所见的数据集，文本文件的数据集有一些特殊的特点，这要求我们单独对其分析。一个关于文件类型为 web 页面的特例将在 20.9 节中讨论。

20.1 多重分类

在本书中讨论的一个区分文本分类和其他分类任务的重要问题是多重分类的可能性。至今我们已经假设有一组相互排斥的分类，并且每个对象都必须属于其中的一个并且只能属于一个。

文本分类是不同的，通常我们有 N 个类，例如医疗、商业、金融、历史、传记、管理和教育类。文档可能属于其中的几个分类，有可能是全部分类，也有可能一个都不属于。

比起扩展沿用至今的分类的定义，我们更倾向于把文本分类任务看作是 N 个独立的二进制分类任务。

例如：

①文档是关于医疗的吗？是/否

②文档是关于商业的吗？是/否

③文档是关于金融的吗？是/否

诸如此类。这种分类形式需要执行 N 个单独的分类任务，这增加了运算时间，这种情况下即使是一个单一的分类也通常需要大量计算。

20.2　文本文件的表示方法

对于“标准”数据挖掘任务,数据以第2章所描述的标准形式或类似的形式呈现给数据挖掘系统。在收集数据之前,我们会选择固定数量的属性(或特性)。在文本挖掘中,数据集通常由文档本身以及在应用分类算法之前根据文档内容自动提取特征组成。通常,特征的数目非常多,其中大多数是很少出现的,因此它们有很高比例的噪声和不相关的特征。

可以通过几种方法将文档从纯文本转换为训练集中具有固定数量属性的实例。例如,我们可以计算指定短语出现的次数,或者任何两个连续单词的组合出现的次数,又或者计算两个或三个字符组合的出现(分别称为双连词 bigram 和三连词 trigram)的次数。为了达到本章的目的,我们将假设使用一种基于单词的简单表示方法,称之为单词包表示方法(bag-of-words representation)。使用这种表示形式,我们可以把文档看作是一个单词集合,在这个集合中每个单词至少出现一次。我们将忽视单词的顺序及组合、段落结构、标点符号、单词的意思。这样,一份文件就仅仅是一个单词随意摆放的集合,这个摆放顺序可以为字母顺序,这份文件还包括每个单词出现的次数或一些其他衡量每个单词重要性的指标。

假设我们希望为文档中每一个单词存储一个“重要性值”。作为训练集中的一个实例,我们应该怎么做呢?如果给定的文档有106个不同的单词,我们不能只使用带有106个属性的表示方法(忽略分类)。数据集中的其他文档可能使用其他的词,可能与当前实例中的106个词重叠,但未必一定如此。待分类的未知文档可能含有在任何训练文件中所没有使用过的单词。一种容易想到但比较笨拙的方法是使用尽可能多的属性,以满足覆盖在未知文档中出现的单词的需求。不幸的是,如果文档的语言是英语,则可能单词的数目约为100万,使用这么多的属性是几乎不可能的。

一种更好的方法是使用训练文件集中出现过的单词来表示特征。这仍有数以千计(甚至更多)的属性,我们将在以下的20.3节和20.4节讨论减少属性的方法。我们把至少出现一次的单词放入一个“词典”中,为每一个单词在训练集实例的每行中分配一个属性位置。我们放单词的顺序可以是任意的,因此我们可以考虑按照字母顺序存放。

这种单词包表示方式本质上是高度冗余的。有可能对于一些特定的文档,大多数属性或特征(比如单词)是不会出现的。例如,这个词典可能有10 000个单词,但是一篇特定的文献可能只有200个不同的单词。如果是这样的话,该文档在训练集一个实例的 10 000 个属性表述中将会有 9 800 个属性值为 0,0 表示没有出现,即没有被使用。

如果存在多重分类,那么对于训练文本的集合来说就有两种可能的单词词典构造方式。无论采用哪种方法,词典的规模都是很大的。

第一种是本地词典方式(local dictionary),我们为每一类建立一个不同的词典,词典中的单词仅使用在该类文档中出现过的单词。这使得每个词典的规模可以相对较小,但是代价是当有 N 个分类时,需要构造 N 个词典。

第二种方法是构造一个全局词典(global dictionary),词典中包含任意文件中至少出现过一次的单词。然后将其应用到 N 个类别的分种类中。建立一个全局词典将比建立 N 个本地词典快得多,但代价是为了对每个类别进行分类需要更多的冗余表示。有研究表明,使用本地词典方式比使用全局词典所得到的性能更好。

20.3 词干和停止词

使用单词包方式时,在一个很小的文件集里可能会出现数以千计的不同单词。很多单词在学习任务中并不重要,并且在实际情况中使用它们还会使得性能降低。我们需要降低特征空间的大小(例如词典中包含的一系列单词)。这可以看作是另一种数据准备和数据清理方法,关于数据准备和数据清理方法已经在第 2 章讨论过。

一种广泛使用的方法是使用对分类无用的常用单词的列表,即停止词(stop words),并且在建立单词包表述方式前把这些单词都删除掉。没有通用的停止词列表。语言种类不同,停止词列表肯定也会不同,在英语中一些很明显的停止词是“a”“an”“the”“is”“I”“you”和“of”。研究这些词的频率和分布将对文本分析十分有用,比如试着确定哪些作者写了一个小说或戏剧。但是对于将文章划分为医疗、金融等分类,它们很明显是没用的。格拉斯哥大学做了一个含有 319 个停止单词的列表,这些停止单词从 a、about、above、across、afterword 开始,以 yet、you、your、yours、yourself、yourselves 结束。停止词列表越长越好,唯一的风险是如果停止词列表过长会丢失用于分类的信息。

另一种减少表示方式中单词数量的重要方法是使用词干。

文档中的单词通常会有许多变形(morphological variants)。例如我们可能会在同一篇文档中使用 computing、computer、computation、computes、computational、computable and computability 等单词。这些单词很明显具有相同的语法

词根。如果把它们放在一起,看成是一个单词,可能对文档内容有很强的指示性,而把这些单词看作不同单词时,可能不会有这么强的指示性。

使用词干的目的是识别一系列等价单词,比如"computing"和"computation"或者"applied""applying""applies"和"apply"。已经研究出许多词干提取算法将单词简化成词干或词根的形式。例如,"comput"作为"computing"和"computation"的词干,"appli"作为"applies"的词干。

使用词干算法可以非常有效地把单词包表式方式中的单词数量降低到一个相当可控的数量。然而,同停止词一样,还没有通用的标准词干算法并且过度提取词干可能会损失有用信息。例如,在一个文件中单词"applique"可能对于其分类有非常重要的作用,但是有可能被单词"applies"的词干"appli"替代。(这种情况下通常不会有任何语言上的联系。)

20.4　使用信息增益进行特征缩减

即使从文件中删除停止词并用词干代替单词之后,一篇文章中采用单词包表示方式时所包含的单词数量还是很多。

对于一个给定的文件分类 C_k,一种降低单词数量的方法是构造一个训练集,其中每个实例包含每个单词的频率(或类似的度量)以及分类值 C_k,后者必须是二进制的是/否值。

训练集的熵值可以按照以前章节中所介绍的相同方式来计算。例如,如果 10% 的训练文件包含在分类 C_k 中,熵值就是

$$-0.1\times\log_2 0.1-0.9\times\log_2 0.9=0.47$$

使用类似于第 6 章中介绍的频率表等方法,我们可以计算信息增益,直到将文档分类为类别 C_k,或者得到在已知每个属性值条件下我们所关心的其他信息。这样做之后,当判断文档是否属于类别 C_k 时,我们可以选择信息增益最高的前(例如)20、50 或 100 的特征。

20.5　文本文档表示:构造向量空间模型

现在假设已经决定使用本地词典还是全局字典,并且已经选择了一个表示法,用多个特征来代替每个文档。对于一个单词包表示,每个特征是一个单词,但是对于不同的表示法,它可以是其他的形式,例如短语。下面我们将假设每个特征是某种类型的术语。

一旦确定了总的特征数量 N,就可以在词典中以任意顺序如 $t_1, t_2, \cdots, t_N$ 来代替术语。然后,可以将第 i 文档表示为 n 个值的有序集合,我们将其称为 n 维向量,并将其写成(X_{i1}, X_{i2},…, X_{iN})。这些值只是本书其他章节中使用的标准训练集格式中的属性值,但是省略了分类。把这些值写成 n 维向量(即括号中用逗号分隔的 n 个值)只是数据挖掘中查看数据的一种传统方法。所有文档的完整向量集称为向量空间模型(Vector Space Model, VSM)。

到目前为止,我们已经假定为每个特征(属性)存储的值是每个术语在相应文档中出现的次数。然而并不一定是这样的。通常我们可认为 x_{ij} 的值是衡量第 i 个文档中第 j 个术语 t_j 重要性的一个权重。

一个计算权重的重要方法是计算给定文件中每个术语出现的次数(称之为术语频率)。另一种可能是使用二进制表述,1 表示该术语在文档中出现,0 表示没有出现。

一种更复杂的计算权重的方式是 TFIDF,是 Term Frequency Inverse Document Frequency 的缩写。它是结合了术语的频率和一个术语在整个文档集中稀有性的衡量方法。据说该方法与其他方法相比能提高性能。

权值 X_j 的 TFIDF 值是两个值的乘积,分别对应于术语频率和逆文档频率。

第一个值就是第 j 个术语,即文档 i 中 t_j 的频率。使用这个值会使得一些在给定(单一)文件中经常出现的术语比其他术语更重要。用 $\log_2(n/n_j)$ 衡量逆文档频率的值,其中 n_j 是包含术语 t_j 的文档的数量,N 是文档的总数。使用此值会使在文档集合中很少出现的术语比其他术语更重要。如果一个术语在每个文档中都出现,则其反向文档频率值为 1。如果一个术语在每 16 个文件中出现一次,它的逆文档频率为 $\log_2(16)=4$。

20.6　权重归一化

在使用 N 维向量集之前我们需要先归一化权重值,这与在第 3 章中需要归一化连续属性值的原因一样。

我们希望每个值都在 0 到 1 之间,包括 0 和 1,使得使用的值不受原始文档中单词数量的影响。

我们将举一个非常简单的例子来说明这一点。假设我们有一个只有 6 个成员的字典,让我们假设所使用的权重只是术语的频率值。然后一个典型的向量是(0, 3, 0,4, 0, 0)。在相应的文件中,第二个词出现了 3 次,第四个词出现了 4 次,其他四个词根本没有出现。整个文档在删除停止词,使用词干替代之后只有 7 个术语出现在文档中。

假设我们现在通过在第一个文档的末尾放置一个与其内容完全相同的副本来创建另一个文档。如果存在某些印刷偏差,原始文件的内容被打印了 10 次,甚至 100 次后会发生什么呢?

在这三种情况下,向量是(0,6,0,8,0,0,0),(0,30,0,40,0,0)和(0,300,0,400,0,0)。这些和原始向量(0, 3, 0, 4, 0, 0)完全不同。这是很不理想的,这四个文档显然应该以完全相同的方式分类,向量空间表示应该能反映这一点。

通常归一化向量的方法能很好地解决这个问题。我们计算每个向量的长度,将其定义为其分量值的平方和的平方根。为了规范权重的值,我们将每个值除以长度。得到的向量的特点是它的长度总是 1。

对于上面的例子,(0,3,0,4,0,0)的长度是 $\sqrt{(3^2+4^2)}=5$,所以归一化向量是(0,3/5,0,4/5,0,0),它的长度为 1。注意 0 值在计算中不起作用。

对于其他三个向量的计算如下所示:

①(0,6,0,8,0,0,0)

长度是 $\sqrt{(6^2+8^2)}=10$,所以归一化向量为

$$(0,\ 6/10,\ 0,\ 8/10,\ 0,\ 0)=(0,\ 3/5,\ 0,\ 4/5,\ 0,\ 0).$$

②(0,30,0,40,0,0)

长度是 $\sqrt{(30^2+40^2)}=50$,所以归一化向量为

$$(0,\ 30/50,\ 0,\ 40/50,\ 0,\ 0)=(0,\ 3/5,\ 0,\ 4/5,\ 0,\ 0).$$

③(0,300,0,400,0,0)

长度是 $\sqrt{(300^2+400^2)}=500$,所以归一化向量为

$$(0,\ 300/500,\ 0,\ 400/500,\ 0,\ 0)=(0,\ 3/5,\ 0,\ 4/5,\ 0,\ 0)。$$

在标准化形式中四个向量是相同的。

20.7　两个向量间距离测量

对前两节描述的文档的规范化向量空间模型表示是否合适的一个重要检验是:我们是否能够合理地定义两个向量之间的距离。我们希望两个相同向量之间的距离为零,两个尽可能不同的向量之间的距离为 1,其他类型两个向量之间的距离介于两者之间。

长度为 1 的两个单位向量(unit vectors)之间距离的标准定义符合上述准则。

我们定义两个同维单位向量的标量积(dot product)为相对应值的乘积之和。

例如,如果我们取两个未规范化的向量(6,4,0,2,1)和(5,7,6,0,2),将它们归一化为单位长度,对应的值转换为(0.79,0.53,0,0.26,0.13)和(0.47,0.66,0.56,0,0.19)。

现在标量积的值约为 $0.79 \times 0.47 + 0.53 \times 0.66 + 0 \times 0.56 + 0.26 \times 0 + 0.13 \times 0.19 = 0.74$。

如果用 1 减去该值,我们得到两个值之间距离的度量,即 $1-0.74=0.26$。

如果我们计算两个完全一样的单位向量之间的距离会发生什么呢?标量积是对应值的平方和,它的值一定是 1,因为根据定义单位向量的长度是 1,从 1 中减去这个值后,距离为 0。

如果我们取两个没有公共值的单位向量(对应于原始文档中没有公共术语),例如(0.94,0,0,0.31,0.16)和(0,0.6,0.8,0),标量积为 $0.94\times0+0\times0.6+0\times0.8+0.31\times0+0.16\times0 = 0$。从 1 中减去这个值,得到距离测量为 1,这是距离可以达到的最大值。

20.8　文本分类器性能测量

一旦将训练文档转换成规范化的向量形式,就可以依次为每个类别 C_k 构造前几章所使用的那种训练集。通过与训练文档相同的方式,将一组测试文档转换为每个类别的一组测试实例集,并将所选择的分类算法应用到训练数据中,对测试集中的实例进行分类。

对于每个分类 C_k,我们能够创造一个在第 7 章中讨论的那种混淆矩阵。

		预测类别	
		C_k	not C_k
实际类别	C_k	a	c
	not C_k	b	d

图 20.1　分类 C_k 的混淆矩阵

在图 20.1 中,a、b、c 和 d 的值分别为真阳性、假阳性、假阴性和真阴性分类数目。对于一个完美的分类器,b 和 c 将都是零。

值 $(a+d)/(a+b+c+d)$ 给出了预测精度。然而,如第 12 章所述,对于包括文本分类在内的信息检索应用,更多的是使用其他分类器性能度量方式。

召回率定义为 $a/(a+c)$,即 C_k 类中正确预测的文档的比例。

精度定义为 $a/(a+b)$，被预测属于 C_k 类的文档并且实际上确实属于 C_k 类文档的比例。

一种普遍的做法是将召回率和精度结合为一个单一的性能指标，称之为 $F1$ 分数。$F1$ 分数由公式 $F1=2\times$精度$\times$召回/(精度+召回)来定义。这只是精度和召回的乘积除以它们的平均值。

在生成 n 个二进制分类任务的混淆矩阵后，我们可以通过几种方式组合它们。一种方法称为微平均法(microaveraging)。将 n 个混淆矩阵逐个元素相加，形成一个矩阵，从中可计算出召回率、精度、$F1$ 和任何其他我们想要的度量值。

20.9 超文本分类

当待分类文档是网页(即 HTML 文件)时，就会出现一个重要的文本分类特例。网页的自动分类通常称为超文本分类(hypertext categorisation)。超文本分类类似于根据内容对"普通"文本，例如报纸或杂志上的文章，进行的分类，但据我们所知，前者往往要困难得多。

20.9.1 网页分类

最明显的问题是，我们已经有强大的搜索引擎来查找感兴趣的网页(如谷歌)，我们为什么还要费心去做超文本分类？

据估计，万维网包括超过 130 亿的网页，其增长的速度是一天几万页。网络的大小最终会压垮传统的 Web 搜索引擎方式。

现在，作者住在英国的一个小村庄里。一年前，当他把这个村庄的名字(英格兰独有的名字)输入谷歌时，他惊讶地发现，它返回了 87 200 条相应条目，这是当地居民数量的 50 多倍。这似乎有点不可思议。今天，我们进行同样的查询时，发现相应条目的数量已经增加到 642 000 条。我们只能猜测，在这中间的一年里，该村发生了什么事件，才会得到这么多的关注。作为比较，几年前谷歌科学类条目的数量是 4.59 亿。一年后，这一数字已经达到了45.7 亿。

在实际中，许多(可能是大多数)谷歌用户只看搜索返回的第一个或前两个条目，或者他们会尝试更详细的搜索。他们还能做什么？没有人会查看所有 45.7 亿个条目。不幸的是，即使是高度特定的查询也可能随随便便就返回数以千计的条目，而且这个数字还将随着时间的推移而增加。只看第一个或前两个条目就会在很大程度上依赖于谷歌使用的算法——对条目的相关性进行排序,这远远超出了实际的合理性。这绝不是批评或诋毁一家非常成功的公司,只是指出 Web 搜索引擎使用的标准方法将不会一直有效,我们可以确信搜索引擎公司已经意识到了这一点。有研究表明,许多用户喜欢浏览预先分类的内容目录,而这常常使他们能够在更短的时间内找到更相关的信息。

在尝试对网页进行分类时,我们会立即想到查找一些已经分类页面作为训练数据。然而网页是由个人上传的,他们都是在一个没有统一标准分类方案的情况下上传的。幸运的是,我们至少有一些办法可以解决这个问题。

搜索引擎公司 yahoo. com 使用数百个专业分类器将新网页分类为一个(几乎)层次结构,包括 14 个主要类别,每个类别有多个子类别、子子类别等。完整的结构可以在网站 http://dir. yahoo. com 上找到。用户可以在目录结构中搜索文档,可以使用搜索引擎方法,也可以通过结构中的链接进行搜索。例如,我们可能会遵循从"科学"到"计算机科学"到"人工智能"到"机器学习"的路径,找到一组人工分类器放置在该类别中的文档链接。第一条链接(在撰写本书时)是到 UCI 机器学习库,是第 2 章讨论的内容。

雅虎系统展示了对网页进行分类的潜在价值。然而,只有很小一部分的网页可以"手动"分类。每天新增 150 万页的新材料将击败任何可想象的人类分类器团队。一个有趣的研究领域(本作者和他的研究小组目前正在探索的)是通过本书中描述的监督学习方法,网页是否可以使用雅虎分类方案(或其他类似的方案)自动进行分类。

与数据挖掘的许多其他任务领域不同,在网页分类中很少有"标准"数据集可供实验人员用来比较其结果。雷丁大学(University of Reading)创建的 BankSearch 数据集是一个例外,该数据库包括 11 000 个网页(人工分类),预先分为四大类(银行和金融,程序设计,科学,体育)和 11 个子类别,其中一些截然不同,有些则非常相似。

20.9.2 超文本分类与文本分类

超文本分类与标准文本的分类有着重要的区别。只有少量的网页(手动分类)可用于监督学习,通常情况下,每个网页的内容与页面的主题无关(链接到制作者的家庭照片,火车时刻表,广告等)。

然而,有一个区别是根本性的和不可避免的。在文本分类中,读者看到的词与提供给分类程序的数据非常相似。图 20.2 是一个典型的例子。

根据文档内容对文档进行自动分类是一项艰巨的任务(对于上面的例子,我们可能需要判断所属类别是"death"还是"ironmongery")。然而,与分类相当短的超文本文件相比,这些问题显得微不足道。

Marley was dead: to begin with. There is no doubt whatever about that. The register of his burial was signed by the clergyman, the clerk, the undertaker, and the chief mourner. Scrooge signed it: and Scrooge's name was good upon 'Change, for anything he chose to put his hand to. Old Marley was as dead as a door-nail.

Mind! I don't mean to say that I know, of my own knowledge, what there is particularly dead about a door-nail. I might have been inclined, myself, to regard a coffin-nail as the deadest piece of ironmongery in the trade. But the wisdom of our ancestors is in the simile; and my unhallowed hands shall not disturb it, or the Country's done for. You will therefore permit me to repeat, emphatically, that Marley was as dead as a door-nail.

Source: Charles Dickens. A Christmas Carol.

图 20.2 文本分类:一个例子

图 20.3 显示了一个常见网页文本格式的前几行。这是自动超文本分类程序需要处理的文本中的一小部分。它包含一个有用信息的单词,它发生两次。剩下的就是 HTML 标记和 JavaScript,它们不能确定页面的正确分类。

```
<html><head><meta http-equiv="content-type"
content="text/html; charset=UTF-8">
<title>Google</title><style>
<!--
body,td,a,p,.h{font-family:arial,sans-serif;}
.h{font-size: 20px;}
.q{color:#0000cc;}
//-->
</style>
<script>
<!--
function sf(){document.f.q.focus();}
function clk(el,ct,cd) {if(document.images){(new Image()).src=
"/url?sa=T&ct="+es
cape(ct)+"&cd="+escape(cd)+"&url="
+escape(el.href)+"&ei=gpZNQpzEHaSgQYCUwKoM";}return true;}
// -->
</script>
</head><body bgcolor=#ffffff text=#000000 link=#0000cc vlink=
#551a8b alink=#ff00
00 onLoad=sf()><center><img src="/intl/en_uk/images/logo.gif"
width=276 height=1
10 alt="Google"><br><br>
```

图 20.3 超文本分类:一个例子

通常(对人类来讲)基于 Web 浏览器显示的页面的“图形”形式对网页进行分类是十分容易的。在这种情况下,与文本内容等效的网页是人们非常熟悉的(参见图 20.4)。

值得注意的是,这个页面上的大多数单词对于人工分类器没有多大用处,例如“images”“groups”“news”“preferences”和“We're Hiring”。对此页面的正确分类只有两条线索:“Searching 8,058,044,651 web pages”和公司的名称。从这些我们可以正确地推断出它是广泛使用的搜索引擎的主页。

试图自动对此页面进行分类的程序不仅要解决页面中有用信息匮乏的问题,还必须应对网页给出的大量文本形式的无关信息。对于人工分类而言也是如此。

当我们创建一个文档的表示形式时,例如“单词包”形式,我们可以通过删除 HTML 标记和 JavaScript 来处理第二个问题。但是大多数网页上相关信息的缺乏仍然是一个问题。我们必须谨慎,不能总假设 IITML 标记的是不相关噪声。图 20.3 中仅有的两个有用的单词(都是“google”)出现在了 html 标记中。

与报纸上的文章、科学期刊上的论文等相比,网页的制作因人而异,风格或词汇几乎不一致,内容也极为多样化。忽略 HTML 标记、JavaScript、无关广告等等,网页的内容通常是相当少的。在标准文本文档分类中表现良好的分类系统在处理超文本时性能可能变得很差。据报道,在一个实验中,在对广泛使用的路透社数据集(标准文本文档)分类中精确度为 90% 的分类器,在对雅虎分类页面样本进行分类时只达到了 32% 的精确度。

为了克服典型网页中文本信息匮乏的问题,我们需要尝试利用 HTML 标记中的标签、链接等信息(当然,在将文档转换为单词包表示方式或类似的表示之前,还要删除标记)。

嵌入到 HTML 标记中的信息可能包括:

①页面的标题;

②“元数据”(关键词和页面描述);

③关于标题的信息;

④以粗体或斜体呈现的重要单词;

⑤链接到其他页面的文本。

这其中包含了多少信息,以及如何做到这一点是一个公开的研究问题。我们必须小心,因为页面会故意包含误导性信息,以欺骗互联网搜索引擎。尽管如此,经验表明,从标记(特别是“元数据”)中提取重要单词并将它们包含在表示方法中可以显著提高分类精度,特别是如果这些单词的权重比从页面

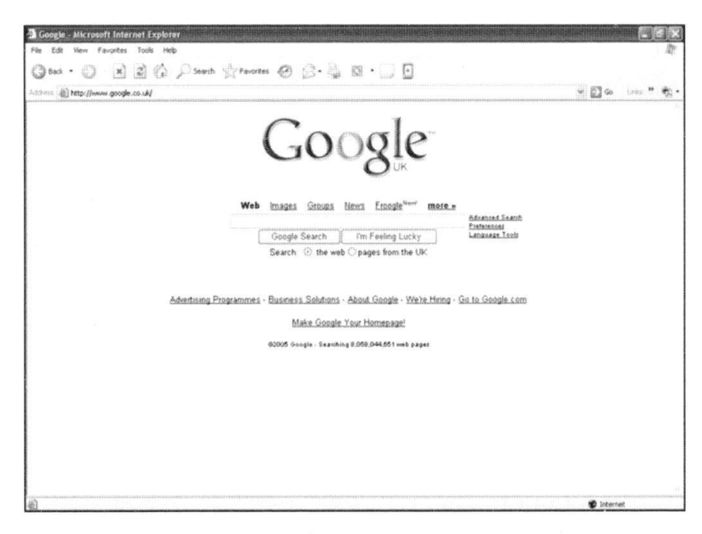

图 20.4　图 20.3 对应的网页

基本文本内容中提取的单词大时(比如,大三倍时)。

为了进一步提高分类的准确性,我们可以考虑是否能将某些信息列入每个网页的“相关链接”中,即该网页指向的页面和指向该网页的页面。这超出了本书的范围。

20.10　本章总结

本章讨论了一种特定类型的分类任务,分类对象是文本文档。描述了一种单词包表法来处理文档,以使得文档可被分类算法分类。

文本分类有一种重要的特殊类型,此时文档是网页。网页的自动分类被称为超文本分类。本章阐述了标准文本分类与超文本分类的区别,并讨论了超文本分类的相关问题。

20.11　自 测 题

1. 从 1 000 份文档中抽取一个文档,该文档包含下表中的四个术语,计算每个术语的 TFIDF 值。

术语	当前文档中术语频率	包含术语的文档数
dog	2	800
cat	10	700
man	50	2
woman	6	30

2. 对向量(20,10,8,12,56)和(0,15,12,8,0)进行归一化,用标量积公式计算两个归一化向量之间的距离。

附　　录

附录 A　涉及的数学知识

本附录对本书中使用的主要数学符号和方法做了基本描述。按照顺序分为四个部分：

① 变量的下标表示法和求和的 $\sum$ （或“sigma”）符号（这些符号在整本书中使用，特别是在第 4、5 和 6 章中）。

② 用来表示数据项的树结构和应用过程（特别是在第 4、5、9 章中）。

③ 数学函数 $\log_2 X$（用于第 5、6、10 章）。

④ 集合论（用于第 17 章）。

如果你已经熟悉了以上内容，或者你理解起来比较容易，那么，你读这本书就不会有什么难度。我们会在讨论的时候进一步解释一些其他的知识点。如果你很难跟上本书的某些章节，你也可以放心地跳过去，只需要关注结论和示例。

A.1　下标符号

本节介绍变量的下标表示法和求和的 $\sum$ 表示法，这些符号在整本书中都有所涉及，特别是在第 4、5、6 章中。

通常使用变量来表示数值。例如，如果我们有 6 个值，可以用 a、b、c、d、e 和 f 来表示它们，当然也可以用其他六个变量来表示。它们的和是 $a+b+c+d+e+f$，它们的平均值是 $(a+b+c+d+e+f)/6$。

如果只有少量数值，这样表示是没有问题的，但是如果有 1 000 或 10 000 个数值或一个数在不同情境下发生变化怎么办呢？在这种情况下，我们不能使用不同变量来表示每个数值。

这个情景与给房屋编号类似。如果一条小路上有 6 座房子，这是没有问题的，如果一条很长的路上有 200 座或者更多的房子怎么办呢？在后一种情况下，使用商业街 1、商业街 2、商业街 3 等编号系统更为方便。

房屋编号问题的数学解决方案是对变量使用下标表示法。我们可以把第

一个值称为 a_1,第二个称为 a_2,等等,用数字 1,2 等写得略低于字母作为下标。另外,第一个值不需要必须是 a_1。有时候也会使用从零开始的下标,原则上第一个下标可以是任何数字,只要它们随后逐个增加。

如果我们有 100 个变量,从 a_1 到 a_{100},我们可以将它们写成 $a_1, a_2, \cdots, a_{100}$。这三个点,称为省略号,表示中间值 a_3 到 a_{99} 已被省略。

通常情况下,变量的数量未知或在不同情况下可能有所不同,我们通常用字母表中的一个字母(例如 n)来表示变量的数量,并将它们写成 $a_1, a_2, \cdots, a_n$。

A.1.1 求和符号

如果我们希望表示值 $a_1, a_2, \cdots, a_n$ 的和,我们可以把它写成 $a_1 + a_2 + \cdots + a_n$。然而,有一个更简单,且往往非常有用的符号,使用希腊字母 $\sum$。$\sum$ 是希腊字母"s"的意思,它是单词"sum"的第一个字母。

我们可以从序列 $a_1, a_2, \cdots$ 中写出一个"典型"值 a_i。这里 i 称为虚拟变量。当然,我们可以使用其他变量,但传统上我们使用 i、j 和 k 这样的字母。现在,我们可以把 $a_1 + a_2 + \cdots + a_n$ 写成

$$\sum_{i=1}^{i=n} a_i$$

这个表示法通常被简化为

$$\sum_{i=1}^{n} a_i$$

虚拟变量 i 称为求和的索引,求和的下限和上限分别为 1 和 n。

求和的值不仅限于 a_i。可以有任何形式的公式,例如,

$$\sum_{i=1}^{i=n} a_i^2 \text{ 或} \sum_{i=1}^{i=n} (i \cdot a_i)$$

当然虚拟变量的选择也没有任何影响,如

$$\sum_{i=1}^{i=n} a_i = \sum_{j=1}^{j=n} a_j$$

其他一些有用的公式为

$$\sum_{i=1}^{i=n} k \cdot a_i = k \cdot \sum_{i=1}^{i=n} a_i \ (k \text{ 是一个常数})$$

$$\sum_{i=1}^{i=n} (a_i + b_i) = \sum_{i=1}^{i=n} a_i + \sum_{i=1}^{i=n} b_i$$

A.1.2 双下标符号

在某些情况下,一个下标是不够的,我们发现使用两个(有时甚至更多)

下标是有帮助的。这类似于“第三条街的第五栋房子”或其他类似的情况。

我们可以把一个有两个下标的变量，例如 a_{11}，a_{46}，或者一般的 a_{ij}，看作是表的单元格。下图显示了引用 5 行 6 列表单元格的标准方法。例如，在 a_{45} 中，第一个下标指第四行，第二个下标指第五列。（按照惯例，表的标签是行数从 1 开始从上向下增加，列数从 1 开始从左向右增加。）如果有必要避免歧义，下标可以用逗号分隔。

a_{11}	a_{12}	a_{13}	a_{14}	a_{15}	a_{16}
a_{21}	a_{22}	a_{23}	a_{24}	a_{25}	a_{26}
a_{31}	a_{32}	a_{33}	a_{34}	a_{35}	a_{36}
a_{41}	a_{42}	a_{43}	a_{44}	a_{45}	a_{46}
a_{51}	a_{52}	a_{53}	a_{54}	a_{55}	a_{56}

我们可以使用两个虚拟变量 i 和 j 将一个典型的值写成 a_{ij}，如果我们有一个具有 m 行和 n 列的表，表的第二行是 a_{21}，a_{2}，…，a_{2n}，第二行数值之和为 $a_{21}+a_{22}+\cdots+a_{2n}$，即

$$\sum_{j=1}^{j=n} a_{2j}$$

通常第 i 行值的和为

$$\sum_{j=1}^{j=n} a_{ij}$$

所有 m 行数值的和定义为

$$\sum_{i=1}^{i=m} \sum_{j=1}^{j=n} a_{ij}$$

（这个公式有两个Σ，我们称之为累和。）

同样地，也可以计算第 j 列的 m 个数值之和

$$\sum_{i=1}^{i=m} a_{ij}$$

然后将所有 n 列的和加起来，如

$$\sum_{j=1}^{j=n} \sum_{i=1}^{i=m} a_{ij}$$

计算总和可选用其中任一方式，无论我们用哪种方法计算，结果一定都是相同的，因此有以下重要的结论：

$$\sum_{i=1}^{i=m} \sum_{j=1}^{j=n} a_{ij} = \sum_{j=1}^{j=n} \sum_{i=1}^{i=m} a_{ij}$$

A.1.3 其他有用下标

下标不一定都按我们之前讲过的方法使用。在第 5、6、10 章我们计算两个变量的 E 值,一个是之前的,一个是之后的。我们把前一个值称为 E_{start},后一个值称为 E_{new}。这只是为了方便标记两个相同变量。

A.2 树

计算机科学家和数学家经常使用一种称为树(tree)的结构来呈现数据及其相应的处理过程。

本书前半部分广泛运用了树的概念,尤其在第 4、5、9 章中。

图 A.1 是一个树的示例。字母 A 到 M 是为了参考方便,并不是树本身的结构。

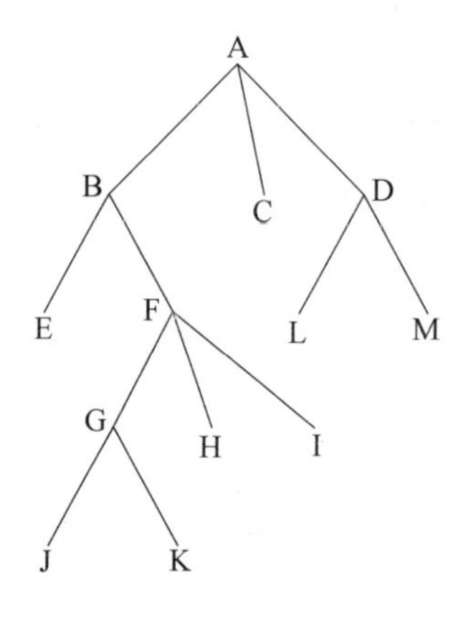

图 A.1 13 个节点的树

A.2.1 术语

通常一棵树是一系列通过直线连接的点的集合,这些点称为节点(nodes),直线称为连接线(links)。每个连接线尾端有一个单一节点。以下是一个连接两个节点 G 和 J 的例子。

图 A.1 包含 13 个节点,按照从 A 到 M 标号,一共有 12 条连接线。树顶端的节点称为树的根,或者根节点或者只称为根(在计算机科学中树自其根部从上向下生长)。

树是只能向下生长的。例如,根节点 A 通过连接线到节点 D、节点 F、节点 H 都是可能的。从节点 A 到节点 H 可以通过 A 到 B、B 到 F、F 到 H 的路径(path),或者一条从节点 F 到节点 K 的链接,经过 F 到 G,然后到 K 的路径。从 B 到 A 或从 G 到 B 是绝对不可能的,因为我们不能反向生长(backwards)出一棵树。

要生成图 A.1 所示的一棵树,需要满足以下限制条件:

(1)必须存在一个单一的节点,即根节点。这个节点上,没有链接“从上面流入”它。

(2)必须有从根节点 A 到树中每个节点的路径(这样结构间可实现互联)。

(3)从根节点到其他每个节点只有唯一一条路径。对于图 A.1 如果添加一条从 F 到 L 的链接,图 A.1 将不再是一棵树,因为从根节点到节点 L 将有两条路径:路径 A 到 B、B 到 F、F 到 L 和路径和 A 到 D、D 到 L 的路径。

如果树中一些节点下面没有其他节点,比如节点 C、E、H、I、J、K、L 和 M,这类节点称为叶节点或叶子。还有一些如 B、D、F 和 G 节点,这些节点既不是根也不是叶节点,称为内部节点。因此,图 A.1 有一个根节点、8 个叶节点和 4 个内部节点。

在一棵树中,从根节点到其任何其他叶节点的路径称为一条分支(branch)。因此,在图 A.1 中,一条分支是 A 到 B,B 到 F,F 到 G,G 到 K。一棵树分支的数量和其叶节点的数量相同。

A.2.2　说明

一个树结构就像是许多熟人组成的家族树,图 A.1 中的根节点 A 代表家族树中最年长的人,我们称他为约翰,他的子女由节点 B、C 和 D 表示,类似地,他们的子女是 E、F、L 和 M 等。最后,约翰的曾孙由节点 J 和 K 表示。

对于这本书中使用的树来说,另一种解释更有帮助。

图 A.2 是图 A.1 在每个节点处加上括号中的数字扩张而成。我们可以想象放置在根部的 100 个单元向下流向叶节点,就像水从一个单一的源头(根)顺着山腰流到一些水池(叶子)。在 A 处有 100 个单元,它们向下流,形成在 B 处的 60 个单元、C 处的 30 个单元和 D 处的 10 个单元。在 B 处的 60 个单元向下流到 E(10 个单元)和 F(50 个单元),依次类推。我们可以把树看作是一种分配最初 100 个单元的方法,从根节点开始一步一步地分配到叶节点。这样分类与使用决策树进行分类的相关性将在第 4 章中进行阐述。

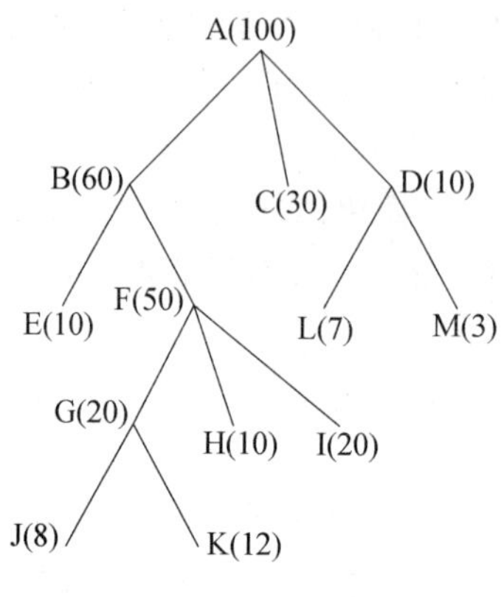

图 A.2　图 A.1(扩增)

A.2.3　子树

如果我们考虑图 A.1 中挂在节点 F 下面的部分,该部分有六个节点(包括 f 本身)和五个链接也构成了一棵树(见图 A.3)。我们称它为原始树的子树。它是“来自”(或“挂在”)节点 F 的子树。子树具有树的所有特征,包括拥有自己的根(节点 F)。

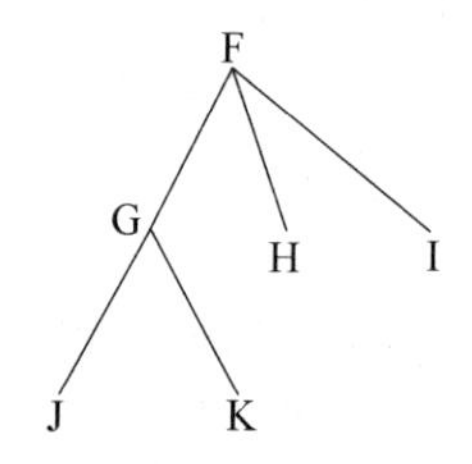

图 A.3　来自节点 F 的子树

有时,我们希望通过删除从一个节点(如 F)下的子树来“修剪”一棵树(保持节点 F 本身完整),以进行树的简化,如图 A.4。第 9 章介绍了用这种方式对树进行剪枝的方法。

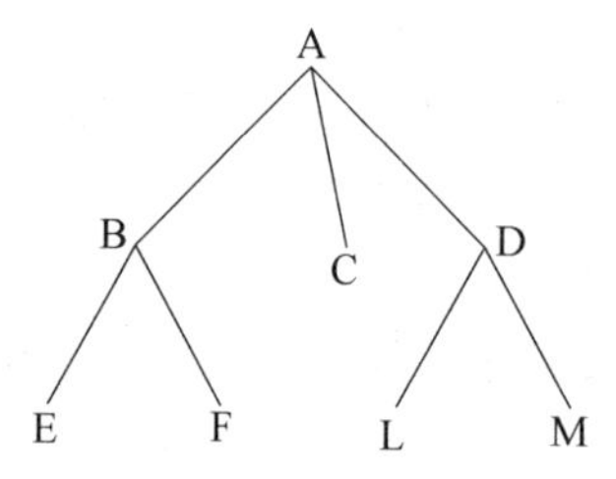

图 A.4　图 A.1 修剪后部分

A.3　对数函数 $\log_2 X$

数学函数 $\log_2 X$ 在科学应用中使用广泛。该函数在本书中有重要的作用,特别与分类相关的第 5 章、第 6 章和第 10 章。

$\log_2 X = Y$, 因为 $2^Y = X$。

例如 $\log_2 8 = 3$,因为 $2^3 = 8$。

2 通常写成下标。在 $\log_2 X$ 中,X 的值被称为 $\log_2$ 函数的"参数"。这个参数通常写在圆括号中,例如 $\log_2(X)$,但是为了简单起见,当无歧义时,我们通常会省略括号,例如 $\log_2 4$。

函数的定义域为 X 大于零的值。其图形如图 A.5 所示。(水平轴和垂直轴分别对应 X 和 $\log_2 X$ 的值。)

图 A.6 给出了对数函数的一些重要性质。

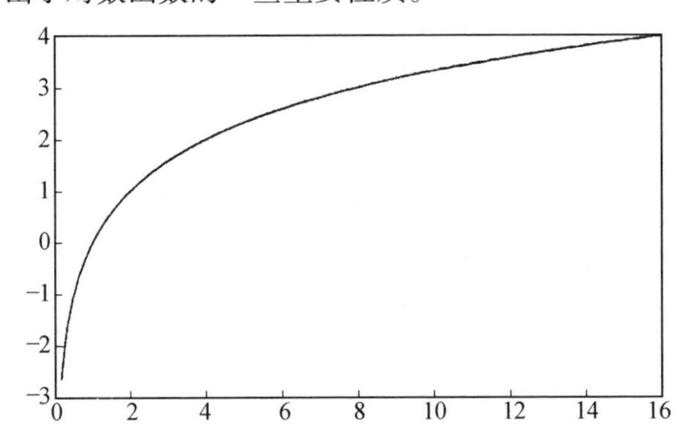

图 A.5　$\log_2 X$ 函数

$\log_2 X$ 的值	
— 负数	当 $x<1$ 时
— 零	当 $x=1$ 时
— 正数	当 $x>1$ 时

图 A.6　对数函数的性质

下面给出一些有用的函数值。

$\log_2(1/8) = -3$

$\log_2(1/4) = -2$

$\log_2(1/2) = -1$

$\log_2 1 = 0$

$\log_2 2 = 1$

$\log_2 4 = 2$

$\log_2 8 = 3$

$\log_2 16 = 4$

$\log_2 32 = 5$

$\log_2$函数具有一些不寻常(而且非常有用)的性质,使用这些性质对计算十分有利。这些性质如图 A.7 所示。

$\log_2(a \times b) = \log_2 a + \log_2 b$
$\log_2(a/b) = \log_2 a - \log_2 b$
$\log_2(a^n) = n \times \log_2 a$
$\log_2(1/a) = -\log_2 a$

图 A.7　对数函数的其他性质

例如,

$\log_2 96 = \log_2(32 \times 3) = \log_2 32 + \log_2 3 = 5 + \log_2 3$

$\log_2(q/32) = \log_2 q - \log_2 32 = \log_2 q - 5$

$\log_2(6 \times p) = \log_2 6 + \log_2 p$

除了 2,对数函数可以有其他的基。事实上,基可以是任何正数。图 A.6 和图 A.7 中给出的性质都适用于任何基。

另一个常用的基是 10。$\log_{10} X = Y$ 表示 $10^Y = X$,因此 $\log_{10} 100 = 2$,$\log_{10} 1\ 000 = 3$;等等。

也许最广泛使用的基数是一个“数学常数”e。e 的值约为 2.718 28。基为 e 的对数使用广泛,我们经常写作 ln X,称为“自然对数”,但解释这个常数的重要性不在本书的范围内。

计算器一般没有 $\log_2$ 函数,但许多计算器有 $\log_{10}$、$\log_e$或 ln 函数。要从其他基计算 $\log_2 X$,可使用 $\log_2 X = \log_e X/0.693\ 1$ 或 $\log_{10} X/0.301\ 0$ 或 $\ln X/0.693\ 1$。

函数 $-X \log_2 X$

本书中使用的唯一对数基是基 2。然而,在第 5 章和第 10 章关于熵的讨论中,$\log_2$函数也出现在表达式 $-X\log_2 X$ 中。这个函数的定义域为 X 大于零。但是,函数在 X 从 0 到 1 之间的函数值是我们认为重要的部分。图 A.8 给出了该函数重要部分的图形。

该表达式包含减号,使得 X 从 0 到 1 时,函数值为正(或零)。

函数 $-X\log_2 X$ 在 $X = 1/e = 0.367\ 9$(e 是“自然常数”)时具有最大值,最大值约为 0.530 7。

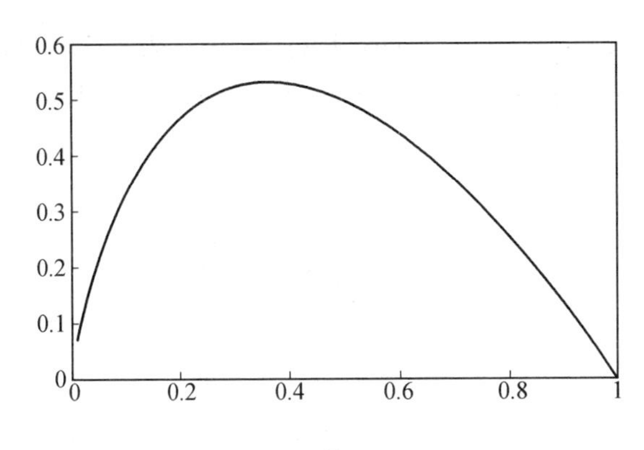

图 A.8　函数$-X\log_2 X$

X 从 0 到 1 的值有时可看作是概率(从 0=“不可能”到 1=“确定”),所以我们可以将函数写为$-p\log_2 p$。当然,只要表达式保持一致,所使用的变量是不重要的。使用图 A.7 中的第四个属性,函数可以等效地写成 $p\log_2(1/p)$。这是第 5 章和第 10 章中采用的形式。

A.4　集合论介绍

集合论在第 17 章关联规则挖掘(二)中起着重要的作用。

集合是一个项目序列,项目称为集合元素或成员(set elements or members),集合元素之间用逗号分隔并封装在大括号中,即字符{和}。给出两个集合示例{a,6.4,-2,dog,alpha}和{z,y,x,27}。集合元素可以是数字、非数字或两者的组合。

集合可以将另一个集合作为成员,因此{$a,b,\{a,b,c\},d,e$}是一个有效的集合,其中包含五个成员。注意,集合的第三个元素,即{a,b,c}是单个成员。

集合中任何元素只能出现一次,因此{a,b,c,b}不是有效的集合。集合元素的顺序没有影响,因此{a,b,c}和{c,b,a}是相同的集合。

集合的基数是它所包含的元素数目,因此{dog,cat,mouse}的基数是 3,而{$a,b,\{a,b,c\},d,e$}的基数是 5。

我们通常认为一个集合的成员来自于某个“论域(universe of discourse)”,比如属于某个俱乐部的所有人。让我们假设集合 A 包含所有 25 岁以下的人,集合 B 包含所有已婚的人。

我们称并集为包含 A 或 B 中所有元素的集合,或者两者的组合,写作 $A\cup B$。如果 A 是集合{John,Mary,Henry},B 是集合{Paul,John,Mary,Sarah},那

么,$A \cup B$ 是集合{John,Mary,Henry,Paul,Sarah},表示25岁以下或结婚的人或者同时满足两个条件的人。图A.9显示两个重叠的集合。阴影区域是它们的并集。

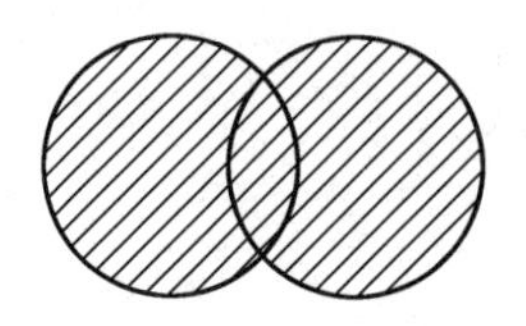

图 A.9　集合的并集

我们称包含同时出现在 A、B 中的所有元素(如果有)的集合为 A 和 B 的交集。如果 A 是集合{John,Mary,Henry},B 是集合{Paul,John,Mary,Sarah},那么 $A \cap B$ 是集合{John,Mary},是由25岁以下且结婚的人组成的集合。图A.10显示了两个重叠的集合。阴影区域是它们的交集。

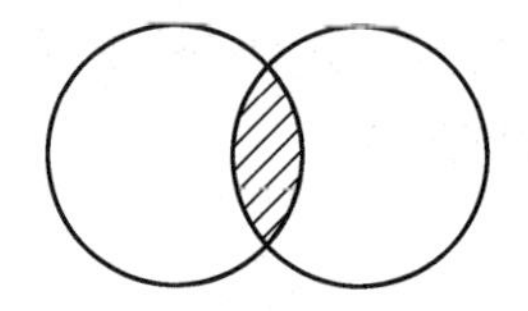

图 A.10　集合的交集

如果两个集合没有共同的元素称为不相交,例如 A = {Max, Dawn}, B = {Frances, Bryony, Gavin}。在这种情形下,交集 $A \cap B$ 是没有元素的集合,我们称之为空集,由{}或(更经常)由∅表示。图A.11显示了这种情况。

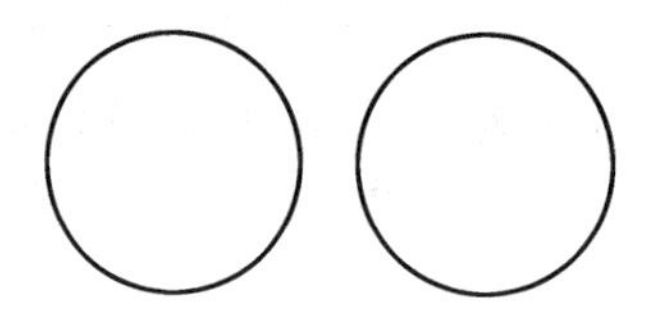

图 A.11　交集为空集的两个集合

如果两个集合是不相交的,那么它们的并集就是包含第一个和第二个集合中所有元素的集合。

集合间关系不只限于两个集合。任意数量集合的并集(由出现在任意一个或多个集合中的元素组成的集合)和任意数量集合的交集(在所有集合中都出现的元素组成的集合)是有意义的。图A.12显示了三个集合 A、B 和 C。阴影部分是它们的交集 $A \cap B \cap C$。

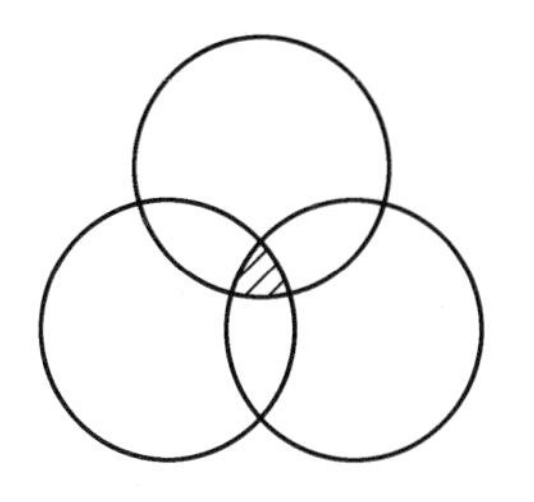

图 A.12 三个集合的交集

A.4.1 子集

如果 A 有 n 个元素,则它的幂集包含 2^n 个元素。如果集合 A 中的每个元素也出现在集合 B 中,则集合 A 称为集合 B 的子集。我们可以用图 A.13 来说明这一点,图中显示了一个集合 B(外圆)和一个包含在 B 中的集合 A(内圆)。这意味着 B 包括 A,即 A 中的每个元素也在 B 中,而且 B 可能还有除此之外的一个或多个元素。例如 B 和 A 可以分别为 $\{p,q,r,s,t\}$ 和 $\{q,t\}$。

我们用 $A \subseteq B$ 来表示 A 是 B 的子集,因此 $\{q,t\} \subseteq \{p, r, s, q, t\}$。空集是所有集合的子集,并且所有集合都是其自身的子集。

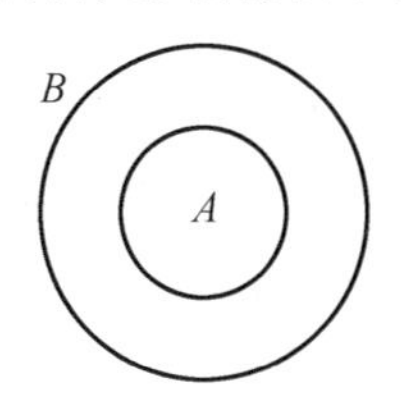

图 A.13 A 是 B 的子集

有时,我们希望指定集合 B 的子集 A 必须比 B 本身元素少,以排除将 B 作为其自身子集之一的可能性。在这种情况下,我们说 A 是 B 的严格子集,写为 $A \subset B$。所以 $\{q,t\}$ 是 $\{p,r,s,q,t\}$ 的严格子集,但 $\{t,s,r,q,p\}$ 不是 $\{p,r,s,q,t\}$ 的严格子集,因为它是同一个集合(元素的书写顺序没有影响)。

如果 A 是 B 的子集,我们说 B 是 A 的一个父集,写为 $B \supseteq A$。如果 A 是 B 的严格子集,我们说 B 是 A 的一个严格超集,写为 $B \supset A$.

一个具有三个元素的集合,如 $\{a,b,c\}$,有八个子集,包括空集及其本身,它们是:$\varnothing$,$\{a\}$,$\{b\}$,$\{c\}$,$\{a,b\}$,$\{a,c\}$,$\{b,c\}$ 和 $\{a,b,c\}$。

通常,一个包含 n 个元素的集合有 2^n 个子集,包括空集和集合本身。集合的每个成员都可以包含或不包含在子集中。因此,子集数目与包含或不包含的选择方案的数量相同,即 2 乘以自身 n 次,即 2^n。

包含 A 的所有子集的集合称为 A 的幂集,因此 $\{a,b,c\}$ 的幂集是 $\{\varnothing$,

$\{a\}, \{b\}, \{c\}, \{a,b\}, \{a,c\}, \{b,c\}, \{a,b,c\}\}$。

如果 A 有 n 个元素,则它的幂集包含 2^n 个元素。

A.4.2 集合符号总结

$\{\}$	包含集合元素的“括号”字符,例如{苹果,橙子,香蕉}
$\varnothing$	空集,也可写成{}
$A \cup B$	集合 A 和 B 的并集,集合包含 A 或 B 或两者共有的所有元素
$A \cap B$	集合 A 和 B 的交集,包含 A 和 B 的所有共有的元素(如果有)
$A \subseteq B$	A 是 B 的子集,即 A 中的每个元素都在 B 中
$A \subset B$	A 是 B 的严格子集,例如,A 是 B 的子集并且 A 中元素比 B 中少
$A \supseteq B$	A 是 B 的父集,当且仅当 B 是 A 的子集
$A \supset B$	A 是 B 的严格父集,当且仅当 B 是 A 的严格子集

附录 B 数据集

本书中描述的方法通过对许多数据集的测试来说明,这些数据集具有不同的大小和特征。图 B.1 中总结了每个数据集的基本信息。

数据集	描述	类别 *	属性		实例	
			分类型	连续型	训练集	测试集
anonymous	Football/Netball Data (anonymised)	2 (58%)	4		12	
bcst	Text Classi-Fication Dataset	2		13 430!	1 186	509
chess	Chess Endgame	2 (95%)	7		647	
contact-lenses	Contact Lenses	3 (88%)	5		108	
crx	Credit CardApplica-tions	2 (56%)	9	6	690 (37)	200 (12)
degrees	Degree Class	2 (77%)	5		26	
Football/netball	Sports Club Prefer-ence	2 (58%)	4		12	

genetics	DNA Sequences	3 (52%)	60		3190	
glass	Glass Iden - Tifica-tion Database	7 (36%)		9 !!	214	
golf	Decision Whether to Play	2 (64%)	2	2	14	
hepatitis	Hepatitis Data	2 (79%)	13	6	155 (75)	
hypo	Hypothy-roid Disor-ders	5 (92%)	22	7	2 514 (2 514)	1 258 (371)
iris	Iris Plant Classfica-tion	3 (33.3%)		4	150	
labor-ne	Labor Ne-gotiations	2(65%)	8	8	40(39)	17 (17)
lens24	Contact Lenses (re-duced version)	3 (63%)	4		24	
monk1	Monk's Problem 1	2 (50%)	6		124	432
monk2	Monk's Problem 2	2 (62%)	6		169	432
monk3	Monk's Problem 3	2 (51%)	6		122	432
pima-indians	Prevalence Of Dia-betes In Pima Indian Woman	2 (65%)		8	768	
sick-euthyroid	Thyroid Disease	2 (91%)	18	7	3 163	
train	Train Punctuality	4(70%)	4		20	
vote	Voting in US Con-gress	2(61%)	16		300	135
wake-vortex	Air Traffic Control	2(50%)	3	1	1 714	
wake-vortex2	Air Traffic Control	2(50%)	19	32	1 714	

* 训练集中最大类别的百分比在括号中给出

! 包含了 1 749 个只有一个取值的连续属性

!! 加一个“ignore”属性

图 B.1　关于数据集的基本信息

作者创造的 bcst96、wake_vortex 和 wake_vortex2 数据集仅仅用来举例说明。bcst96、wake vortex 和 wake vortex2 数据集通常是无法获得的。其他数据集的细节会在下文中给出。训练集中相应实例数量最多的类别都以粗体标识。

来自于 UCI 资源库的数据集可从万维网上下载,网址为 http://www.ics.uci.edu/~mlearn/MLRepository.html.

Chess 数据集

描述

这个数据集被用于澳大利亚研究员 Ross Quinlan 著名的一系列实验之一,作为一个关于国际象棋残局的实验测试,残局中白棋的王和车与黑棋的王和马相对抗。在 20 世纪 70 和 80 年代,这种残局被用来研究机器学习和其他人工智能技术。

任务就是根据当前棋局形势相对应的属性将位置(黑棋移动的位置)分为“safe”或“lost”两类。“lost”分类表示无论黑棋如何移动,白棋会立即将其将死,或者在不造成僵局或失去车的情况下吃掉黑棋的马。通常不会轻易陷入上面这种情况,此时,我们称这个位置是“safe”的。对于象棋高手来说,这项任务很容易,但事实证明,以一种令人满意的方式实现自动化下棋却非常困难。在这个实验(Quinlan 的第三个问题)中,为了简化问题,假设棋盘的大小是无限的。尽管如此,分类任务仍然很难。更多信息见文献[1]。

来源

作者根据文献[1]中的描述进行重构。

类别

safe,lost

属性和属性值

前四个属性表示棋子对之间的距离(wk 和 wr:白棋王和车,bk 和 bn:黑棋王和马)。它们的取值为 1、2 和 3(3 表示大于 2 的值)。

dist_bk_bn

dist_bk_wr

dist_wk_bn

dist_wk_wr

其余的三个属性的取值为 1(表示真)和 2(表示假)。

inline(黑棋王和马与白车在一条直线)

wr_bears_bk(白车对黑棋王有威胁)

wr_bears_bn(白车对黑棋马有威胁)

实例

训练集:647 个实例

未单独划分测试集

contact_lenses 数据集

描述

来自眼科的数据将患者的临床数据与他/她的矫正方案相关联,矫正方案包括配戴硬性隐形眼镜、软性隐形眼镜或不需要配戴眼镜。

来源

作者根据文献[2]中给出的数据进行重构。

类别

hard lenses:患者应配戴硬性隐形眼镜

soft lenses:患者应配戴软性隐形眼镜

no lenses:患者不需要配戴隐形眼镜

属性和属性值

age(年龄组):1(年轻)、2(老花眼前期)、3(老花眼)

specRx(眼镜处方):1(近视)、2(高度远视)、3(低度远视)

astig(是否散光):1(否)、2(是)

tears(流泪发生率):1(减少)、2(正常)

tbu(流泪时间):1(≤5 s)、2(>5 s 且≤10 s)、3(>10 s)

实例

训练集:108 个实例

未单独划分测试集

crx 数据集

描述

此数据集是关于申请信用卡的数据信息。数据是真实的,但属性名称和值已更改为无意义的符号,以保护隐私。

来源

UCI 资源库

类别

+和-分别代表一个成功的申请和一个不成功的申请。(训练数据中最大的类是-)

属性和属性值

A1:b,a

A2:连续型

A3:连续型

A4:u,y,1,t

A5:g,p,gg

A6:c,d,cc,i,j,k,m,r,q,r,w,x,e,aa,ff

A7:v,h,bb,j,n,z,dd,ff,o

A8:连续型

A9: t,f

A10:t,f

A11:连续型

A12:t,f

A13:g,p,s

A14:连续型

A15:连续型

实例

训练集:690 个实例(包含 37 个有缺失值的实例)

测试集:200 个实例(包含 12 个有缺失值的实例)

genetics 数据集

描述

每个实例包含 60 个 DNA 元素组成的序列的值,这些实例被分为三种可能类别中的一种。更多信息见文献[3]。

来源

UCI 资源库

属性和属性值

有 60 个类别型属性,命名为 A0 到 A59。每个属性有八个可能的值:A,T,G,C,N,D,S 和 R。

实例

训练集:3 190 个实例

未单独划分测试集

glass 数据集

描述

该数据集涉及将犯罪现场遗留的玻璃分为六种类型(如“tableware”“headlamp”或者“building windows float processed”)中的一种,以用于犯罪调查。分类是基于 9 个连续属性(还有一个“ignore”类型的 ID 号)进行的。

来源

UCI 资源库

类别

1,2,3,5,6,7

玻璃的类型

1 building_windows_float_processed

2 building_windows_non_float_processed

3 vehicle_windows_float_processed

4 vehicle_windows_non_float_processed(不在此数据集中)

5 container

6 tableware

7 headlamp

属性和属性值

ID 号:1 到 24(“ignore”类型属性)

其他九个连续属性

RI:折射率

Na: 钠(单位度量值:相应氧化物中所占的质量百分比,以下属性都采用这一度量)

Mg: 镁

Al: 铝

Si: 硅

K:钾

Ca:钙

Ba: 钡

Fe: 铁

实例

训练集:214 个实例

未单独划分测试集

golf 数据集

描述

一个关于根据天气决定是否打高尔夫球的数据集。

来源

UCI 资源库

类别

打,不打

属性和属性值
天气:晴朗,阴天,下雨
温度:连续型
湿度:连续型
是否有风:是,否
实例
训练集:14 个实例
未单独划分测试集

hepatitis 数据集
描述
根据 13 个类别属性和 9 个连续属性将患者分为“will die”和“will live”两类。
来源
UCI 资源库
类别
1 和 2 分别代表“will die”和“will live”
属性和属性值
Age:连续型
Sex:1,2(代表男性,女性)
Steroid:1,2(代表否,是)
Antivirals:1,2(代表否,是)
Fatigue:1,2(代表否,是)
Malaise:1,2(代表否,是)
Anorexia:1,2(代表否,是)
Liver Big:1,2(代表否,是)
Liver Firm:1,2(代表否,是)
Spleen Palpable:1,2(代表否,是)
Spiders:1,2(代表否,是)
Ascites:1,2(代表否,是)
Varices: 1,2(代表否,是)
Bilirubin: 连续型
SGOT:连续型
Albumin: 连续型
Protime: 连续型
Histology:1,2(代表否,是)
实例
训练集:155 个实例(包括 75 个有缺失值的实例)
未单独划分测试集

hypo 数据集

描述

这是澳大利亚 Garvan 研究所收集的关于甲状腺功能减退症的数据集,根据 29 个属性(22 个类别型和 7 个连续型)的值将其分为五类。

来源

UCI 资源库

类别

hyperthyroid,primary

hypothyroid

compensated hypothyroid

secondary hypothyroid

negative

属性和属性值

age:连续型

sex:M,F

on thyroxine, query on thyroxine, on antithyroid medication, sick, pregnant,thyroid surgery, I131 treatment, query hypothyroid, query hyperthyroid, lithium, goitre, tumor, hypopituitary, psych, TSH measured ALL f, t

TSH: 连续型

T3 measured:f,t

T3: 连续型

TT4 measured:f,t

TT4: 连续型

T4U measured:f,t

T4U: 连续型

FTI measured:f,t

FTI: 连续型

TBG measured:f,t

TBG: 连续型

Referral source:WEST,STMW,SVHC,SVI,SVHD,other

实例

训练集:2 514 个实例(所有实例都有缺失值)

测试集:1 258 个实例(包含 371 个有缺失值的实例)

iris 数据集

描述

鸢尾花分类是最著名的分类数据集之一,在文献中被广泛引用。分类目的是根据四个类别属性值将鸢尾花分为三类。

来源

UCI 资源库

类别

Iris-setosa,Iris-versicolor,Iris-virginica(数据集中每一个分类有 50 个实例)

属性和属性值

四个连续属性:sepal length,sepal width,petal length 和 petal width

实例

训练集:150 个实例

未单独划分测试集

labor-ne 数据集

描述

这是一个小型数据集,由 *Collective Bargaining Review* 期刊(月刊)创建。它详细介绍了 1987 年和 1988 年第一季度加拿大工业劳资谈判的最终解决办法。这些数据包括商业和个人服务部门至少有 500 名成员(教师、护士、大学教职工、警察等)与当地组织达成的所有集体协议。

来源

UCI 资源库

类别

good,bad

属性和属性值

Duration:连续型[1..7] *

wage increase first year: 连续型[2.0..7.0]

wage increase second year: 连续型[2.0..7.0]

wage increase third year: 连续型[2.0..7.0]

cost of living adjustment:none,tcf,tc

working hours: 连续型[35..40]

pension:none,ret_allw,empl_contr(employer contributions to plan)

standby pay: 连续型[2..25]

shift differential:连续型[1..25](加班费)

education allowance:是,否

statutory holidays: 连续型[9..15](法定假期天数)

vocation:below average,average,generous(带薪休假天数)

longterm disability assistance:是,否

contribution to dental plan:none,half,full

bereavement assistance:是,否(丧亲抚恤金)

contribution to health plan:none,half,full

实例

训练集:40 个实例(39 个实例有缺失值)

测试集:17 个实例(所有实例都有缺失值)

* 符号[1..7]表示 1 到 7(包括 1 和 7)范围内的值

lens24 数据集

描述

仅有 24 个实例的 contact_lenses 简化版数据集。

来源

作者根据文献[2]中的数据重构

类别

1,2,3

属性和属性值

age:1,2,3

specRx:1,2

astig:1,2

tears:1,2

实例

训练集:24 个实例

未单独划分测试集

monk1 数据集

描述

僧侣问题 1。“僧侣问题”是由三个人工问题组成的集合,三个问题具有相同的 6 个类别属性。最初,它们在 1991 年夏天在比利时举办的第二届欧洲机器学习暑期学校被用来测试各种各样的分类算法。有 3×3×2×3×4×2=432 个可能的实例。它们都包含在每个问题的测试集中,因此每个问题都包含了训练集。

僧侣问题 1 中的“ture”规则是:if(attribute#1=attribute#2) or (attribute#5=1) then class=1 else class=0

来源

UCI 资源库

类别:

0,1(每一类有 62 个实例)

属性和属性值

attribute#1:1,2,3

attribute#2:1,2,3

attribute#3:1,2

attribute#4:1,2,3

attribute#5:1,2,3,4

attribute#6:1,2

实例

训练集:124 个实例

测试集:432 个实例

monk2 数据集

描述

僧侣问题 2。有关僧侣问题的一般信息,请参阅 monk1,僧侣问题 2 中的“ture”规则是:if (attribute# n = 1) for exactly two choices of n (from 1 to 6) then class = 1 else class = 0。

来源

UCI 资源库

类别

0,1

属性和属性值

attribute#1:1,2,3

attribute#2:1,2,3

attribute#3:1,2

attribute#4:1,2,3

attribute#5:1,2,3,4

attribute#6:1,2

实例

训练集:169 个实例

测试集:432 个实例

monk3 数据集

描述

僧侣问题 3。有关僧侣问题的一般信息,请参阅 monk1,僧侣问题 3 中的"ture"规则是:if(attribute#5 = 3 and attribute#4 = 1)or(attribute#5 ≠ 4 and attribute#2 ≠ 3)then class = 1 else class = 0

此数据集中训练集有 5% 的噪声(误分类)。

来源

UCI 资源库

类别

0,1

属性和属性值

attribute#1:1,2,3
attribute#2:1,2,3
attribute#3:1,2
attribute#4:1,2,3
attribute#5:1,2,3,4
attribute#6:1,2

实例

训练集:122 个实例
测试集:432 个实例

pima-indians 数据集

描述

该数据集涉及糖尿病患病率,它被认为是一个难以分类的数据集。

该数据集由(美国)国家糖尿病、消化和肾脏疾病研究所创建,是对居住在某地的 768 名成年女性进行研究的结果。这项研究的目的是通过怀孕次数和舒张压等 7 项与健康有关的指标以及年龄来预测糖尿病。

来源

UCI 资源库

类别

0("糖尿病检测为阴性")和 1("糖尿病检测为阳性")

属性和属性值

8 个连续型属性:
Number of times pregnant
Plasma glucose concentration
Diastolic blood pressure
Triceps skin fold thickness
2-Hourserum insulin
Body mass index
Diabetes pedigree function
Age (in years)

实例

训练集:768 个实例
未单独划分测试集

sick-euthyroid 数据集

描述

甲状腺疾病数据

来源

UCI 资源库

类别

sick-euthyoid 和 negative

属性和属性值

age:连续型

sex:M,F

on_thyroxine:f,t

query_on_thyroxine:f,t

on_antithyroid_medication:f,t

thyroid_surgery:f,t

query_hypothyroid:f,t

query hyperthyroid:f,t

pregnant:f,t

sick:f,t

tumor:f,t

lithium:f,t

goitre:f,t

TSH_measured:y,n

TSH:continuous

T3_measured:y,n

T3:continuous

TT4_measured:y,n

TT4_continuous.

T4U_measured:y,n

T4U:continuous

FTI_measure:y,n

FTI:continuous

TBG_measured:y,n

TBG:continuous

实例

训练集:3 163 个实例

未单独划分测试集

vote 数据集

描述

投票记录来源于文献(Congressional Quarterly Almanac, 98th Congress, 2nd session 1984, Volume XL: Congressional Quarterly Inc. Washington,DC, 1985)。

该数据集包含了美国众议院议员在 CQA 确定的 16 个关键投票表决中的投票情况。CQA 列出了九种不同类型的票:voted for, paired for 和 announced for (这三种归类为 yea);voted against, paired against 和 announced against (这三种归类为 nay);voted present, voted present and avoid conflict of interest 和 did not vote or otherwise make a position known (这三种归类为 unknown disposition)。

根据投票人所属于的党派,实例被划分为民主党或共和党。分类目的是根据 16 个类别型属性预测选民的政党,这些属性记录了关于残疾婴儿(handicapped infants)、援助尼加拉瓜反政府组织(aid to the Nicaraguan Contras)、移民(immigration)、冻结医生费用(a physician fee freeze)和援助萨尔瓦多(and aid to El Salvador)等议题的投票情况。

来源

UCI 资源库

类别

民主党,共和党

属性和属性值

16 个类别型属性可取值为 y、n 和 u(分别代表"yea""nay"和"unknown disposition"):

handicapped infants
water project cost sharing
adoption of the budget resolution
physician fee freeze
el salvador aid
religious groups in schools,
anti satellite test ban,
aid to nicaraguan contras,
mx missile
immigration,
synfuels corporation cutback
education spending
superfund right to sue
crime
duty free exports
export administration act south africa

实例

训练集:300 个实例
测试集:135 个实例

参考文献

[1] Quinlan, J. R. (1979). Discovering rules by induction from large collections of examples. In D. Michie (Ed.), Expert systems in the micro-electronic age (pp. 168-201). Edinburgh: Edinburgh University Press.

[2] Cendrowska, J. (1990). Knowledge acquisition for expert systems: inducing modular rules from examples. PhD Thesis, The Open University.

[3] Noordewier, M. O., Towell, G. G., & Shavlik, J. W. (1991). Training knowledge-based neural networks to recognize genes in DNA sequences. In Advances in neural information processing systems (Vol. 3). San Mateo: Morgan Kaufmann.

附录 C 扩展资源

网站

在万维网上可以找到关于数据挖掘的各种信息,Knowledge Discovery Nuggets 网站 http://www.kdnuggets.com 是查找资源的好地方,其中包含有关软件、产品、公司、数据集、网站、课程、会议等信息的链接。

另一个非常有用的信息来源是 http://www.the-data-mine.com 上的 The Data Mine。

KDNet(Knowledge Discovery Network of Excellence)网站 http://www.kdnet.org 提供了期刊、会议和其他信息源的链接。

The Natural Computing Applications Forum(NCAF)是一个专门研究神经网络及相关技术的英国研究组织。他们的网站是 http://www.ncaf.org.uk。

书籍

有很多关于数据挖掘的书籍。下面列出了一些很受欢迎的。

1. Data Mining: Concepts and Techniques (second edition) by J. Han and M. Kamber. Morgan Kaufmann, 2006. ISBN: 1-55860-901-6.

2. The Elements of Statistical Learning: Data Mining, Inference and Prediction by T. Hastie, R. Tibshirani and J. Friedman. Springer-Verlag, 2001. IS-

BN：0-38795-284-5.

3. Data Mining：Practical Machine Learning Tools and Techniques(third edition) by I. H. Witten, E. Frank and M. Hall. Morgan Kaufmann, 2011. ISBN：978-0-12-374856-0.

本书以 Weka 为基础,Weka 是一组用于数据挖掘任务的开源机器学习算法,可以直接应用于数据集,也可以从用户自己的 Java 代码调用。有关详细信息,请访问 http://www. cs. waikato. ac. nz/ml/weka/。

4. C4. 5：Programs for Machine Learning by Ross Quinlan. Morgan Kaufmann, 1993. ISBN：1-55860-238-0.

本书详细介绍了作者著名的 C4. 5 树归纳系统,以及该软件的机器可读版本和一些样本数据集。

5. Machine Learning by Tom Mitchell. McGraw - Hill, 1997. ISBN：0 - 07042-807-7.

6. Text Mining：Applications and Theory by Michael Berry and Jacob Kogan. Wiley, 2010. ISBN：978-0-470-74982-1.

关于神经网络的书籍

关于神经网络的一些入门书籍(本书未涉及的主题)：

1. Neural Networks for Pattern Recognition by Chris Bishop. Clarendon Press：Oxford, 2004. ISBN：978-0-19-853864-6.

2. Pattern Recognition and Neural Networks by Brian Ripley. Cambridge University Press, 2007. ISBN：978-0-521-71770-0.

另外两本包含神经网络资料的有用书籍是：

1. Intelligent Systems by Robert Schalkoff. Jones and Bartlett, 2011. ISBN-10：0-7637-8017-0.

2. Machine Learning (second edition) by Ethem Alpaydin. MIT Press, 2010. ISBN：978-0-262-01243-0.

会议

每年都有许多关于数据挖掘的会议和研讨会。两个最重要的常规系列是：

由 SIGKDD(the ACM Special Interest Group on Knowledge Discovery and Data Mining)在美国和加拿大组织的年度 KDD-20xx 系列会议。有关详细信息,请访问 SIGKDD 网站：http://www. acm. org/sigs/sigkdd。

年度 IEEE ICDM(International Conferences on Data Mining)系列。它们在全球举办,但每两年在美国或加拿大举行。有关详细信息,请访问 ICDM 网站 http://www.cs.uvm.edu/~icdm。

关于关联规则挖掘的信息

一个宝贵的信息来源是由两个国际研讨会建立的知识库,这两个研讨会被称为 FIMI(Frequent Itemset Mining Implementations),它们是由电气和电子工程学会组织的年度数据挖掘国际会议的一部分。FIMI 网站 http://fimi.ua.ac.be,不仅拥有一系列研究论文,还拥有许多研究论文的可下载,以及研究人员可用于测试自己算法的标准数据集。

附录 D　术语和符号

符号	含义
$a<b$	a 小于 b
$a\leqslant b$	a 小于等于 b
$a>b$	a 大于 b
$a\geqslant b$	a 大于等于 b
a_i	i 为下标。下标符号参见附录 A
$\sum_{i=1}^{N} a_i$	$a_1+a_2+a_3+\cdots+a_N$之和
$\sum_{i=1}^{N}\sum_{j=1}^{M} a_i$	$a_{11}+a_{12}+\cdots+a_{1M}+a_{21}+a_{22}+\cdots+a_{2M}+\cdots+a_{N1}+a_{N2}+\cdots+a_{NM}$之和
$\prod_{i=1}^{N} b_i$	$b_1\times b_2\times b_3\times\cdots\times b_N$之积
$P(E)$	事件 E 发生的概率(数值为 0 到 1 之间的一个数)
$P(E\mid x=a)$	已知变量 x 为 a 的条件下事件 E 发生的概率(条件概率)
$\log_2 X$	以 2 为底 X 的对数,对数的定义参见附录 A
$\mathrm{dist}(X,Y)$	X、Y 两点间的距离

Z_{CL}	在第 7 章中,置信水平 CL 所需的标准误差数量
$a \pm b$	通常为"a 加或减 b",例如 6±2 表示 4 或 8。第 7 章中,$a \pm b$ 表示分类器预测精度为 a,标准误差为 b
N_{LEFT}	与规则左侧匹配的实例数
N_{RIGHT}	与规则右侧匹配的实例数
N_{BOTH}	与规则两侧匹配的实例数
N_{TOTAL}	数据集中的实例总数
{ }	包围一组元素的"括号"字符,例如{苹果,橘子,香蕉}
$\varnothing$	空集,也可用{ }表示
$A \cup B$	集合 A 和集合 B 的并集。该集合包含出现在 A 或 B 或两者中的所有元素
$A \cap B$	集合 A 和集合 B 的交集。该集合包含出现在 A 和 B 中的所有元素
$A \subseteq B$	集合 A 是集合 B 的子集,即 B 包含 A 中的所有元素
$A \subset B$	集合 A 是集合 B 的真子集,即 A 是 B 的子集且 A 包含的元素比 B 少
$A \supseteq B$	集合 A 是集合 B 的父集。即 A 包含 B 中的所有元素
$A \supset B$	集合 A 是集合 B 的真父集。即 A 包含 B 中的所有元素且 A 包含的元素比 B 多
count(S)	商品集 S 的支持计数,参见第 17 章
support(S)	商品集 S 的支持度,参见第 17 章
$cd \rightarrow e$	在关联规则挖掘中,用于表示规则"如果我们知道购买了商品 c 和 d,则预测也购买了商品 e"。参见第 17 章
L_k	所有基数为 k 的支持商品集的集合。参见第 17 章
C_k	所有基数为 k 的商品集的候选集。参见第 17 章

$L \to R$	表示前提为 L,结论为 R 的规则
confidence ($L \to R$)	规则($L \to R$)的置信度
${}_kC_i$	表示值 $\frac{k!}{(k-i)!\,i!}$(当选择的顺序不重要时,从 k 个值中选择 i 个值的方法数)

"a posteriori" probability (后验概率):posterior probability 的另一个名称
"a priori" probability (先验概率):prior probability 的另一个名称
"Ignore" Attribute ("Ignore"属性):在给定应用中无意义的属性
Abduction(回溯):一种推理。参见 4.3 节
Adequacy Condition (for TDIDT algorithm)(充分条件(对于 TDIDT 算法)):所有属性值相同的两个实例不能归于不同分类的条件
Agglomerative Hierarchical Clustering(合成聚类):一种广泛应用的聚类方法
Antecedent of a Rule(规则的前提):"IF…THEN"型规则的"if"部分
Apriori Algorithm (Apriori 算法):一种关联规则挖掘算法。参见第 17 章
Association Rule(关联规则):一种表示变量值之间的关系的规则。一种通用的规则形式,其中"属性=值"项可以同时出现在规则的左边或右边
Association Rule Mining (ARM)(关联规则挖掘):从给定数据集中提取关联规则的过程
Attribute(属性):变量的另一个名称,用于数据挖掘的某些领域
Attribute Selection(属性选择):在本书中,通常指在生成决策树时选择用于分类的属性
Attribute Selection Strategy(属性选择策略):一种属性选择算法
Automatic Rule Induction(自动规则归纳):规则归纳的一个术语
Average-link Clustering(平均链路聚类):在层次聚类方法中,一种计算两个簇之间距离的方法,即使用一个簇的任何成员到另一个簇的任何成员的平均距离作为簇间距离
Backed-up Error Rate Estimate (at a node in a decision tree)(后向错误率估计(在决策树的某个节点)):一种基于决策树中位于其下方节点的估计错误率的估计方法
Backward Pruning(后向修剪):后向剪枝的另一个名称

Bag-of-Words Representation(单词包表示):文本文档的一种基于单词的表示方法

Bagging (Bagging 方法):一种用于集成分类的多训练集构造技术

Base Classifier(基分类器):集成分类器中的个体分类器

Bigram(双连词):文本文档中两个连续字符的组合

Binary Variable(二元变量):一种变量。参见第 2.2 节

Bit(short for binary digit)(比特):信息的基本单位。它相当于开关是否打开或电流是否流动

Blackboard(黑板): 参见 Blackboard Architecture

Blackboard Architecture(黑板架构):一种解决问题的体系结构,类似于一组专家共同研究某个问题,他们通过向称为黑板的公共存储区域进行读写操作来相互交流

Body of a Rule(一条规则的主体):规则前提的另一个名称

Bootstrap Aggregating(自举汇聚法):参见 Bagging

Branch (of a decision tree) (一个决策树的树枝):从树的根节点到任何叶节点的路径

Candidate Set(候选集):包含所有基数为 k 的商品集的集合,其中包括该基数的所有支持商品集和非支持商品集

Cardinality of a Set(集合的基数):集合成员的数目

Categorical Attribute(分类属性):在许多不同值中只能取其一的属性,如“红”“绿”“蓝”

CDM:参见 Cooperating Data Mining

Centroid of a Cluster(一个簇的质心): 簇的“中心”

Chi Square Attribute Selection Criterion(卡方检验属性选择准则): 一种用于 TIDT 算法的属性选择的标准。参见第 6 章

Chi Square Test(卡方检验):作为 ChiMerge 算法一部分的一种统计测试

ChiMerge:一种全局离散化算法,参见 8.4 节

City Block Distance(城市街区距离):曼哈顿距离别名

Clash (in a training set)(训练集中的)(冲突):训练集中具有相同属性值的两个或多个实例的分类不同的情况

Clash Set(冲突集):训练集中与冲突相关的实例集合

Clash Threshold(冲突阈值):一种用于在生成决策树时处理冲突的方法,是一种介于“删除分支”和“多数投票”策略之间的中间方法。见第 9 章

Class(类别):通过分类过程或算法为对象分配的许多互斥和周延的类别之一

Classification(分类):

1. 一种划分对象的过程,以便每个对象被分配给多个互斥且周延的类别之一
2. 对于带标签的数据,分类是特别指定的类别属性的值。其目的通常是预测一个或多个不可见实例的类别
3. 特定属性取值为类别型的监督学习

Classification Rules(分类规则):用于预测不可见实例类别的规则

Classification Tree(分类树):分类规则的一种表示方法

Classifier(分类器):给不可见实例分配类别的任何算法

Cluster(簇):具有相似特征的对象组成的集合,不同簇内的对象相似度较低

Clustering(聚类):将具有相似特征的对象(例如数据集中的实例)聚合在一起,从而与其他聚类簇的对象相区分

Community Experiments Effect(社区实验效应):当许多人共享一个小型数据集资源库并重复使用这些数据集进行实验时产生的不良影响。参见第15章

Complete-link Clustering(总链路聚类):在层次聚类方法中,一种计算两个簇之间距离的方法,使用一个簇的任何成员到另一个簇的任何成员的最长距离作为簇间距离

Completeness(完整度): 一种规则兴趣度度量

Conditional FP-tree (条件 FP 树):条件频繁模式树(Conditional Frequent PatternTree)的缩写。执行 FP-Growth 算法时的树结构

Conditional Probability(条件概率):已知额外信息条件下的事件发生概率

Confidence Interval(置信区间):一种取值范围,在此范围内估计一个未知的感兴趣变量的取值。参见第15章

Confidence Level(置信度):分类器预测精度在某个区间内的概率

Confidence of a Rule(规则的置信度):规则的预测精度

Confident Itemset(可信商品集):置信度大于或等于最小阈值的关联规则的右侧商品集

Conflict Resolution Strategy(冲突消解策略):对于给定实例,当两个或多个规则触发时,决定哪个或哪些规则优先的策略

Confusion Matrix(混淆矩阵):表示分类器性能的一种表格方式。该表显示了对于给定数据集,每个预测和实际分类组合发生的次数

Consequent of a Rule(规则的结果): "IF…THEN"型规则的"then"部分

Continuous Attribute(连续属性):取值为数值的属性

Cooperating Data Mining(协作数据挖掘):一种分布式数据挖掘模型。见第13章

Count of an Itemset(商品集的计数):又名商品集支持计数
Cross-entropy(交叉熵):又名J度量
Cut Point(切割点):连续属性被分割为多个非重叠区间,每个区间的终点
Cut Value(切割值):又名分割点
Data Compression(数据压缩):将数据集中的数据转换为更紧凑的形式,如决策树
Data Mining(数据挖掘):知识发现的核心数据处理阶段
Dataset(数据集):应用程序可用的完整数据集。数据集被划分为实例或记录。数据集通常表述为表(table),每行表示一个实例,每列包含每个实例的一个变量(属性)的值
Decision Rule(决策规则):又名分类规则
Decision Tree(决策树):又名分类树
Decision Tree Induction(决策树归纳法):又名树归纳法
Deduction(演绎):一种推理方法。参见4.3节
Dendrogram(树状图):合成聚类的图形化表示
Depth Cutoff(分割深度):决策树预剪枝的一个标准
Dictionary (for text classification)(字典(用于文本分类)):局部词典和全局词典
Dimension(维度):描述每个实例的属性数量
Dimension Reduction(降维):又名减少特征
Discretisation(离散化):将连续属性转换为具有一组离散值的属性,即类别属性
Discriminability(可辨别性):兴趣度度量规则
Disjoint Sets(互斥集合):没有公共元素的集合
Disjunct(析取):析取范式的一组规则之一
Disjunctive Normal Form (DNF)(析取范式):如果规则以逻辑运算符"and"链接的一系列"变量=值"(或"变量≠值")的表达式组成,则该规则为析取范式。例如,规则IF x=1 AND y='yes' AND z='good' THEN class=6为析取范式
Distance-based Clustering Algorithm(基于距离的聚类算法):一种利用两个实例之间距离度量的聚类方法
Distance Measure(距离度量):一种测量两个实例之间相似性的方法。值越小,相似性越高
Distributed Data Mining System(分布式数据挖掘系统):一种使用多个处理器的数据挖掘的形式。参见第13章

Dot Product(of two unit vectors)((两个单位向量的)点积):对应分量的乘积之和

Downward Closure Property of Itemsets(商品集的向下闭合属性):如果一个商品集是被支持的,则其所有(非空)子集同样也是被支持的

Eager Learning(迫切学习):对于分类任务,其中训练数据被泛化为诸如概率表、决策树或神经网络这样的表示方式(或模型),而无须等待一个新的待分类实例出现时才启动训练数据的泛化工作。参见惰性学习

Empty set(空集):没有元素的集合,记为∅或{ }

Ensemble Classification(集成分类):一种提高分类精度的技术,使用一组分类器共同进行预测。参见第 14 章

Ensemble Learning(集成学习):应用一组学习模型来解决问题的技术。参见集成分类

Ensemble of Classifiers(分类器集成):用于集成分类的一组分类器

Entropy(熵):由于存在多个分类,因此对训练集的"不确定性"进行的一种信息论度量

Entropy Method of Attribute Selection(属性选择的熵方法):(在构建决策树时)选择对赋予信息增益最大值的属性进行分割。参见第 5 章

Entropy Reduction(熵减少):又名信息增益

Equal Frequency Intervals Method(等频率间隔法):连续属性离散化的一种方法

Equal Width Intervals Method(等宽间隔法):连续属性离散化的一种方法

Error Rate(错误率):与预测精度相对。预测准确率为 0.8(即 80%)意味着错误率为 0.2(即 20%)

Euclidean Distance Between Two Points(两点间欧氏距离):测量两点间距离的一种广泛使用的方法

Exact Rule(确切规则):置信概率为 1 的规则

Exclusive Clustering Algorithm(专有聚类算法):将每个对象严格归类的一种聚类算法

F1 Score (F1 分值):一种分类器的性能度量方法

False Alarm Rate(误警率):又名假阳性率

False Negative Classification(假阴性分类):一个阳性实例被归类为阴性

False Negative Rate of a Classifier(分类器的假阴性率):被分类为阴性的阳性实例的比例

False Positive Classification(假阳性分类):一个阴性实例被归类为阳性

False Positive Rate of a Classifier(分类器的假阳性率):被分类为阳性的阴性实例的比例
Feature(特征):又名属性
Feature Reduction(减少特征):减少数据集中每个实例的特征数量(即属性或变量)。舍弃相对不重要的属性
Feature Space(特征空间):在文本分类中,字典内的单词集
Forward Pruning(前向修剪):又名预剪枝
FP-Growth (FP-增长):频繁模式生长的缩写。一种关联规则挖掘算法。参见第18章
FP-tree (FP-树):频繁模式树的缩写。执行FP-增长算法时的树结构
Frequency Table(频率表):用于TIDT算法的属性选择的表。它给出了属性的每个值在每个分类中出现的次数。参见第6章(此术语在第11章中的使用更广义。)
Frequent Itemset(频繁商品集):又名支持商品集
Gain Ratio(增益比):TIDT算法中一种属性选择度量。参见第6章
Generalised Rule Induction (GRI)(泛化规则归纳):又名关联规则挖掘
Generalising a Rule(泛化规则):通过删除一个或多个规则项,使规则适用于更多实例
Gini Index of Diversity(多样性的基尼指数):TIDT算法中一种属性选择度量。参见第6章
Global Dictionary(全局词典):文本分类中的一种词典,其中包含所有在目标文档中出现至少一次的单词
Global Discretisation(全局离散化):一种离散化形式,在应用任何数据挖掘算法之前,将所有连续属性全部转换为类别属性
Head of a Rule(规则头部):又名规则的结果
Heterogeneous Ensemble(异构集成):将不同种类的分类器集成
Hierarchical Clustering(层次聚类):在本书中,又名合成聚类
Hit Rate(命中率):又名真阳性率
Homogeneous Ensemble(同构集成):集成的分类器都属于同一种类(例如决策树)
Horizontal Partitioning of Data(数据的水平分割):一种数据集的分割方法,即给每个处理器分配一个数据集的子集
Hypertext Categorisation(超文本归类):将web文档自动分类到预定义的类别中

Hypertext Classification(超文本分类):又名超文本归类

Incremental Classification Algorithm(增量分类算法):适用于初始数据不完整的一种分类算法。随着获取实例的增多,分类器随之趋于完善

Induction(归纳):一种推理。参见第 4.3 节

Inductive Bias(归纳偏置):对一种算法或公式的优先选择性,这种优先选择性不是由数据本身决定。归纳偏置在任何归纳学习系统中都是不可避免的

Information Gain(信息增益):当通过属性划分来构造决策树时,信息增益是节点的熵与其直系后代节点的熵的加权平均值之差。易知信息增益的值总是大于等于零

Instance(实例):数据集中存储的元素之一。每个实例包含许多变量值,在数据挖掘中这些变量通常称为属性

Integer Variable(整型变量):一种变量类型,参见 2.2 节

Internal Node (of a trec)((树的)内部节点):根节点和叶节点之外的树节点

Intersection (of two sets)((两集合)的交集):两个集合 A 和 B 的交集(写为 $A \cap B$),是包含两个集合中共同出现的所有元素(如果有的话)的集合

Interval-scaled Variable(区间缩放变量):一种变量类型。参见 2.2 节

Invalid Value(无效值):对给定数据集无效的属性值。参见噪声

Item(商品):在市场购物篮分析中,每一件商品都是顾客已买的产品,例如面包或牛奶,我们通常对顾客没有购买的商品不感兴趣

Itemset(商品集):在市场购物篮分析中,客户购买的一组商品,实际上等效于一次交易。商品集通常用列表符号来写,例如:{鱼,奶酪,牛奶}

J-Measure (*J*-度量):规则兴趣度度量,用来量化规则的信息容量

j-Measure (*j*-度量):一个用于计算规则的 J-测度的值

Jack-knifing:又名 *N* 重交叉验证

k-fold Cross-validation (*k* 重交叉验证):一种估计分类器性能的方式

k-Means Clustering (*k*-Means 聚类):一种广泛使用的聚类方法

k-Nearest Neighbour Classification (*k*-最近邻分类算法):一种使用实例或与其最接近的实例的分类来对未知实例进行分类的方法(参见第 3 章)

Knowledge Discovery(知识挖掘):从数据中提取隐含的、未知的和潜在有用的信息。参见引言

Labelled Data(标记数据):此类数据中每个实例都有一个特别指定的属性,该属性可以是类别型或连续型,分类的目的一般是预测该属性的值。参阅未标记数据

Landscape-style Dataset(横屏类型数据集):属性数远多于实例数的数据集

Large Itemset(大商品集):又名支持商品集

Lazy Learning(惰性学习):分类任务中的一种学习形式,起初先不处理训练数据,直到出现一个待分类的新实例。参见迫切学习

Leaf Node(叶节点):向下没有其他节点的节点

Leave-one-out Cross-validation (Leave-one-out 交叉验证):又名 N 重交叉验证

Length of a Vector(向量长度):向量的各个分量平方和的平方根。参见单位向量

Leverage(杠杆效率):规则兴趣度度量

Lift(提升度):规则兴趣度度量

Local Dictionary(局部词典):文本分类法中的一种字典,只包含出现在所考虑的文档中的那些被分类为特定类别的词。参见全局词典

Local Discretisation(局部离散化):一种离散化形式,在数据挖掘过程的每个阶段将每个连续属性转换为离散属性

Logarithm Function(对数函数):参见附录 A

Majority Voting(多数投票):一种将集成分类器中各个独立分类器的预测结果进行组合的方法

Manhattan Distance(曼哈顿距离):一种两点间距离的度量

Market Basket Analysis(市场购物篮分析):一种特殊形式的关联规则挖掘。参见第 17 章

Matches(匹配):如果商品集中的商品都出现在一次交易中,则称商品集与此交易匹配

Maximum Dimension Distance(最大尺度距离):一种两点间距离的度量

Missing Branches(缺失分支):在生成决策树期间可能出现的一种结果,该树无法对某些未知实例进行分类。参见第 6.7 节

Missing Value(缺失值):未记录的属性值

Model-based Classification Algorithm(基于模型的分类算法):一种给出训练数据的显式表示(如决策树、规则集等形式)的方法,可以在不参照训练数据本身的情况下对不可见实例进行分类

Mutually Exclusive and Exhaustive Categories(互斥且周延类别):一组能使每个感兴趣的对象都能精确地属于其中之一的类别

Mutually Exclusive and Exhaustive Events(互斥且周延事件):同时有且只有一个事件发生的事件组

n-dimensional Space (n 维空间): 用 n 维空间中的点来表示具有 n 个属性值的实例的图形化方法

N-dimensional Vector (*N* 维向量):在文本分类中,一种用 *N* 个属性值(或从它们派生的其他值)表示带有 *N* 个属性的标签实例的方法。通常用括号括起来,用逗号分隔,例如(2、是、7、4、否),类别一般不包括在内

N–fold Cross-validation (*N* 倍交叉验证): 估计分类器性能的一种方式

Naïve Bayes Algorithm(朴素贝叶斯算法):一种结合先验概率和条件概率来计算备选分类概率的方法。参见第3章

Naïve Bayes Classification(朴素贝叶斯分类器):一种分类方法,使用概率论来寻找一个未知的实例的最可能分类

Nearest Neighbour Classification(最邻近分类):参见 k–最近邻分类算法

Node (of a decision tree) ((决策树的)节点):由一组称为节点的点组成,通过由称为链接的直线连接。参见附录 A.2

Noise (噪声):数据集中没有被正确记录的属性值。参见无效值

Nominal Variable(名义变量):一种变量的类型。参见 2.2 节

Normalisation (of an Attribute)(属性标准化):调整属性的值使它们落在指定的范围内,例如0到1之间

Normalised Vector Space Model(标准化的向量空间模型):一种向量空间模型,调整向量的各个分量,使向量的模为1

Null Hypothesis(零假设):默认假设,例如认为两个分类器的性能相同

Numerical Prediction(数值预测):监督学习中指定的属性的取值为数值,亦称回归

Object(目标):宇宙中的一个物体,它由许多与其属性相对应的变量值来描述

Objective Function(目标函数):在聚类中,用来衡量一组聚类对象的性能

Opportunity Sampling(机会抽样):一种采样方式,参见第15章

Order of a Rule(规则阶数):析取范式中规则前提中的项数

Ordinal Variable(序数变量):一种变量类型。参见 2.2 节

Overfitting(过拟合):如果分类算法在生成决策树、分类规则集或其他表示方式时,过多地依赖于训练实例的不相关特征,则称分类算法过度拟合训练数据,其结果是它对训练数据表现良好,但对未知实例拟合相对较差。见第9章

Paired t-test(配对 t 检验):一种用于分类算法比较的统计测试。见第15章

Piatetsky-Shapiro Criteria (Piatetsky-Shapiro 标准):任何规则的兴趣度度量都应满足所提出的准则

Portrait-style Dataset(竖屏类型数据集):实例数远多于属性的数据集

Positive Predictive Value(阳性预测准确率):见 Precision 词条

Post-pruning a Decision Tree(决策树的后剪枝):删除已经生成的决策树的部

分,以避免过拟合

Posterior Probability(后验概率):已知额外信息的条件下一个事件发生的概率

Pre-pruning a Decision Tree(决策树的预剪枝):生成分支更少的决策树来减少过拟合

Precision(精确度):分类器的性能度量

Prediction(预测):就本书而言,使用训练集中的数据来预测一个或多个不可见实例的分类

Predictive Accuracy(预测精度):对于分类应用来说,指未知实例中预测正确的比例。一种规则兴趣度度量,也称为置信度

Prior Probability(先验概率):事件发生的概率,其仅基于在一系列试验中观察到的事件发生的频率,没有任何附加信息

Prism (Prism 算法):一种不用决策树的中间表示,直接归纳分类规则的算法

Probability of an Event(事件概率):在一系列长时间的试验中我们预期事件发生的概率

Pruned Tree(剪枝树):一种预剪枝或后剪枝的树

Pruning Set(剪枝集):应用于决策树后剪枝的部分数据集

Pseudo-attribute(伪属性):对连续属性值的测试,例如 $A<35$。这等同于只有真伪两个取值的类别属性

Random Decision Forests(随机决策森林):一种集成分类方法

Random Forests(随机森林):一种集成分类方法

Ratio-scaled Variable(比例缩放变量):一种变量类型,参见 2.2 节

Recall(召回率):又名真阳性率

Receiver Operating Characteristics Graph(接收机工作特性曲线图):ROC 图的全称

Record(记录):又名实例

Recursive Partitioning(递归分割):通过反复分割属性值生成决策树

Reliability(可靠性):一种规则兴趣度度量。又称置信度

RI Measure (RI 度量):一种规则兴趣度度量

ROC Curve (ROC 曲线):将相关点连接在一起形成曲线

ROC Graph (ROC 曲线图):一种表示一个或多个分类器的真阳性率和假阳性率的图示方法

Root Node(根节点):树上最顶端的节点。每个分支的起始节点

Rule(规则):描述条件与结论之间的关系,如果条件满足,则产生结论

Rule Fires(规则触发):实例满足规则的前提

Rule Induction(规则归纳):从实例生成规则
Rule Interestingness Measure(规则兴趣度度量):测量规则的重要性
Ruleset(规则集):规则的集合
Sample Standard Deviation(样本标准差):一种对样本中数字分散程度的统计度量。样本方差的平方根
Sample Variance(样本方差):一种对样本中数字分散程度的统计度量。样本标准差的平方
Sampling(抽样):选择数据集成员的子集,希望它能准确地代表整个群体的特征
Sampling with Replacement(放回抽样):一种抽样形式,在每个阶段所有对象都可供选择来进行抽样(这意味着某个对象可能被多次抽中)
Scale-up of a Distributed Data Mining System(分布式数据挖掘系统的 Scale-up):一种分布式数据挖掘系统性能的度量
Search Space(搜索空间):在第 16 章中指可能感兴趣对象的集合
Search Strategy(搜索策略):检查搜索空间内容的一种方法
Sensitivity(灵敏度):又名真阳性率
Set(集合):项目或元素的无序集合。参见附录 A。集合的元素通常写在大括号内,并用逗号分隔,例如{苹果,橙子,香蕉}
Significance Test(显著性检验):一种用来估计两个变量间的显著关系是(不是)偶然发生的概率的测试
Simple Majority Voting(简单多数投票):参见多数投票
Single-link Clustering(单链路聚类):层次聚类中,一种测量两个簇间距离的方法。将一个簇的任意成员到另一个簇的任意成员的最短距离作为簇间距
Size Cutoff(尺寸截止):预剪枝决策树的一个判据
Size-up of a Distributed Data Mining System(分布式数据挖掘系统的 Size-up):一种分布式数据挖掘系统性能的度量
Specialising a Rule(专门化一个规则):通过添加一个或多个附加项,使规则适用于较少的实例
Specificity(特异性):又名真阴性率
Speed-up Factor of a Distributed Data Mining System(分布式数据挖掘系统的 Speed-up 因素):一种分布式数据挖掘系统性能的度量
Speed-up of a Distributed Data Mining System(分布式数据挖掘系统的 Speed-up):一种分布式数据挖掘系统性能的度量
Split Information(分裂信息度量):在增益比的计算中使用的一个值。参见第 6

章

Split Value(分裂值):在对属性进行拆分以构造决策树时,用于连接连续属性的值。通常要判断连续属性的值是“小于或等于”还是“大于”分割值

Splitting on an Attribute (while constructing a decision tree)(属性分裂(在构建决策树时)):测试属性的值,然后为每个可能的值创建一个分支

Standard Deviation of a Sample(样本标准差): 参见 Sample Standard Deviation

Standard Error(标准误差):某个值的可靠性的统计测量。参见 7.2.1 节

Static Error Rate Estimate(静态错误率估计):与后向估计不同,这是一种基于与节点相对应的实例的估计

Stemming(词干提取):将单词转换为它的词根

Stop Words(停用词):对文本分类不太有用的常用词

Stratified Sampling(分层抽样):抽样方法。参见第 15 章

Streaming Data(数据流):数据实时高效地以连续流的形式传输,例如 CCTV 这样的应用程序

Strict Subset(严格子集):如果 A 是 B 的子集,并且 A 包含的元素比 B 少,则称 A 是集 B 的严格子集,写成 $A \subset B$

Strict Superset(严格父集):当且仅当 B 是 A 的严格子集时,称 A 是 B 的严格父集,写成 $A \supset B$

Subset(子集):如果 A 中每个元素都出现在 B 中,那么 A 是 B 的子集,写作 $A \subseteq B$

Subtree(子树): 树的一部分,具体指从树的一个节点 A(包括节点 A 本身)向下的部分。子树本身就是一棵树,具有自己的根节点(A)。见附录 A.2

Superset(父集):当且仅当 B 是 A 的子集时,称 A 是 B 的父集,记作 $A \supseteq B$

Supervised Learning(监督学习):一种基于标记数据的数据挖掘方法

Support Count of an Itemset(一个商品集的支持计数):在市场购物篮分析,数据库中的交易与商品集匹配的数量

Support of a Rule(规则支持度):数据库中成功匹配规则的比例(规则兴趣度度量)

Support of an Itemset(一个商品集的支持度):数据库中商品集与交易匹配的比例

Supported Itemset(支持商品集):支持度大于或等于最小阈的商品集

Symmetry condition (for a distance measure)(对称条件(针对距离测量)):从点 A 到点 B 的距离与从点 B 到点 A 的距离相同

TDIDT (TDIDT 算法):自顶向下归纳决策树的缩写。见第 4 章

Term(项):在本书中指规则的组成部分,采用“变量 = 值”的形式。参见析取范式

Term Frequency(频繁项):在文本分类中,给定文档中一个词的出现次数

Test of Significance(显著性检验):参见 Significance Test

Test Set(测试集):不可见实例的集合

Text Classification(文本分类):一种特定的分类,其中分类对象是文本文档,例如新闻文章、学术论文等。参见 Hypertext Categorisation

TFIDF (Term Frequency Inverse Document Frequency) (TFIDF 算法(词频-逆文本频率)):在文本分类技术中,将某一项的频率和其在一组文档中的稀有性结合起来的一种度量

Top Down Induction of Decision Trees(决策树的自上向下归纳):一种广泛使用的分类算法。参见第 4 章

Track Record Voting(跟踪记录投票):在集成分类中,一种组合多个独立分类器预测结果的方法

Train and Test(训练和测试):一种估计分类器性能的方法

Training Data(训练数据):又称训练集

Training Set(训练集):用来进行分类的数据集或数据集的一部分

Transaction(交易):又名记录或实例,通常在市场购物篮分析中使用此术语。交易通常代表客户购买的一组商品

Tree(树):用于表示数据项的一种结构和处理它们的流程。见附录 A.2

Tree Induction(树归纳):用决策树的隐式形式来归纳决策规则

Triangle Inequality (for a distance measure)(三角不等式):(在距离测量中)与“两点间直线距离最短”这一概念相对应的概念

Trigram(三连词):文本文档中三个连续字符的组合

True Negative Classification(真阴性分类):未知实例的正确分类为阴性

True Negative Rate of a Classifier(一个分类器的真阴性率):被分类为阴性的阴性实例的比例

True Positive Classification(真阳性分类):未知实例的正确分类为阳性

True Positive Rate of a Classifier(一个分类器的真阳性率):被分类为阳性的阳性实例的比例

Two-dimensional Space(二维空间):参见 *N* 维空间

Two-tailed Significance Test(双尾显著性检验):一种显著性检验,当计算值足够小或足够大时,将拒绝给定的零假设。参见第 15 章

Type 1 Error(第 1 类错误):又名假阳性分类

Type 2 Error(第 2 类错误):又名假阴性分类
UCI Repository (UCI 资源库):加州大学欧文分校维护的数据集库。见第 2.6 节
Unconfident Itemset(不可信商品集):指商品集是不受支持的
Union of Two Sets(并集):出现在任意一个或者两个集合中的一组项
Unit Vector(单位向量):模为 1 的向量
Universe of Objects(对象域):参见 2.1 节
Unlabelled Data(未标记数据):实例中没有特别指定属性的数据。参见标记数据
Unseen Instance(不可见实例):在训练集中未出现的实例。我们经常希望预测一个或多个不可见实例的分类。参见测试集
Unseen Test Set(不可见测试集):参见测试集
Unsupervised Learning(无监督学习):一种使用未标记数据的数据挖掘形式
Validation Dataset(验证数据集):某些分类算法使用的用来完善分类器的数据集,与测试集不同,测试集用于分类器构建完成后估计其精度
Variable(可变的):宇宙中物质的性质之一
Variance of a Sample(样本方差):参见采样方差
Vector(向量):在文本分类中,又名 n 维向量
Vector Space Model (VSM)(向量空间模型):对应于所考虑的一组文档的完整向量集。参见 n 维向量
Vertical Partitioning of Data(数据的纵向分割):一种数据集的分割方式,为每个处理器划分一个属性子集
Weighted Majority Voting(加权多数投票):一种将集成分类器中各个独立分类器预测结果进行组合的方法

附录 E　自测题答案

第 2 章自测题答案

1. 标记数据具有特殊指定的属性,分类任务的目的是使用给定的数据来预测不可见实例该属性的值。未标记数据没有任何特殊指定的属性。

2. 姓名: 名义变量

出生日期: 序数变量

性别：二元变量

体重：比例缩放变量

婚姻状况：名义变量(假设有两个以上的取值,例如单身、已婚、丧偶、离婚)

孩子的数量：整数变量

3.(1)丢弃含有缺失值的所有实例。

(2)用训练集中最常出现的值来估计每个类别属性的缺失值,并用训练集中的平均值来估计每个连续属性的缺失值。

第3章自测题答案

1.

工作日	夏	高	大	????

使用图3.2中的数值,对于不可见实例,每个可能所属类别的概率如下：

类别=列车准时

0.70×0.64×0.43×0.29×0.07=0.003 9

类别=列车晚点

0.10×0.5×0×0.5×0.5=0

类别=严重晚点

0.15×1×0×0.33×0.67=0

类别=列车取消

0.05×0×0×1×1=0

因此,列车准时的概率最大

周日	夏	正常	轻微	????

对于此不可见实例,每个可能所属类别的概率如下：

类别=列车准时

0.70×0.07×0.43×0.36×0.57=0.004 3

类别=列车晚点

0.10×0×0×0.5×0=0

类别=严重晚点

0.15×0×0×0.67×0=0

类别=列车取消

0.05×0×0×0×0=0

因此,列车准时的概率最大

2. 不可见实例与图 3.5 中第一个实例的距离是 $(0.8-9.1)^2+(6.3-11.0)^2$ 的平方根,即 9.538。

下表中给出的是与图 3.5 中 20 个实例的距离。五个最邻近点在最右边的列中用星号标记。

属性 1	属性 2	距离	
0.8	6.3	9.538	
1.4	8.1	8.228	
2.1	7.4	7.871	
2.6	14.3	7.290	*
6.8	12.6	2.802	*
8.8	9.8	1.237	*
9.2	11.6	0.608	*
10.8	9.6	2.202	*
11.8	9.9	2.915	*
12.4	6.5	5.580	
12.8	1.1	10.569	
14.0	19.9	10.160	
14.2	18.5	9.070	
15.6	17.4	9.122	
15.8	12.2	6.807	
16.6	6.7	8.645	
17.4	4.5	10.542	
18.2	6.9	9.981	
19.0	3.4	12.481	
19.6	11.1	10.500	

第 4 章自测题答案

1. 两个所有属性值都相同的实例不会属于不同的类。

2. 最可能的原因是训练集含有噪声或缺失值。

3. 如果满足充分条件,可保证 TDIDT 算法终止并生成对应于训练集的决策树。

4. 一个分支已经被生成到最大长度,即每个属性都有一个规则项,但是训练集的相应子集仍然有一个以上的分类。

第 5 章自测题答案

1. (1)数据集共有两个分类,每个分类的实例所占比例是 6/26 和 20/26,所以 $E_{start} = -(6/26) \log_2 (6/26) - (20/26) \log_2 (20/26) = 0.779\ 3$。

(2)计算如下

分割属性 SoftEng

SoftEng = A

每个类别的比例:FIRST 6/14, SECOND 8/14

熵 $= -(6/14)\log_2(6/14) - (8/14)\log_2(8/14) = 0.985\ 2$

SoftEng = B

每个类别的比例:FIRST 0/12, SECOND 2/12

熵 = 0[所有的实例都为同一类别]

加权平均熵 $E_{new} = (14/26) \times 0.985\ 2 + (12/26) \times 0 = 0.530\ 5$

信息增益 = 0.779 3 - 0.530 5 = 0.248 8

分割属性 ARIN

ARIN = A

每个类别的比例:FIRST 4/12, SECOND 8/14

熵 = 0.918 3

ARIN = B

每个类别的比例:FIRST 2/14, SECOND 12/14

熵 = 0.591 7

加权平均熵 $E_{new} = (12/26) \times 0.918\ 3 + (14/26) \times 0.591\ 7 = 0.742\ 4$

信息增益 = 0.779 3 - 0.742 4 = 0.036 9

分割属性 HCI

HCI = A

每个类别的比例:FIRST 1/9,SECOND 8/9

熵 = 0.503 3

HCI = B

每个类别的比例:FIRST 5/17,SECOND 12/17

熵 = 0.874 0

加权平均熵 E_{new} = (9/26)×0.503 3+(17/26)×0.874 0 = 0.745 7

信息增益 = 0.779 3-0.745 7 = 0.033 7

分割属性 CSA

每个类别的比例:FIRST 3/7,SECOND 4/7

熵 = 0.985 2

CSA = B

分割属性 Project

Project = A

每个类别的比例:FIRST 5/9,SECOND 4/9

熵 = 0.991 1

Project = B

每个类别的比例:FIRST 1/17,SECOND 16/17

熵 = 0.322 8

加权平均熵 E_{new} = (9/26)×0.991 1+(17/26)×0.322 8 = 0.554 1

信息增益 = 0.779 3-0.554 1 = 0.225 3

分割属性 SoftEng 获得的信息增益值最大,因此对数据集进行第一次分割所选择的属性是 SoftEng

2. TDIDT 算法会生成所有节点的熵都为零的决策树。为了以较少的步骤生成决策树,在每个步骤中都尽可能地减低平均熵。与其他属性选择标准相比,熵最小化(或信息增益最大化)通常会生成较小的决策树。奥卡姆剃刀原理表明,规模小的树可能是最好的,即拥有最强的预测能力。

第 6 章自测题答案

1. 用于分割属性 SoftEng 的频率表如下：

	属性值	
类别	A	B
FIRST	6	0
SECOND	8	12
总和	14	12

使用第 6 章中计算熵的方法,值为

$-(6/26)\log_2(6/26)-(8/26)\log_2(8/26)-(12/26)\log_2(12/26)$

$+(14/26)\log_2(14/26)+(12/26)\log_2(12/26)$

$=0.5305$

这与使用第 5 章自测题 1 中要求的方法求得的值相同。对于其他属性也是如此。

2. 之前已求得,chess 数据集的熵是:0.779 3。

基尼指数的值是:$1-(6/26)^2-(20/26)^2=0.355\,0$。

分割属性 SoftEng

	属性值	
类别	A	B
FIRST	6	0
SECOND	8	12
总和	14	12

熵为

$-(6/26)\log_2(6/26)-(8/26)\log_2(8/26)-(12/26)\log_2(12/26)$

$+(14/26)\log_2(14/26)+(12/26)\log_2(12/26)$

$=0.530\,5$

分裂信息度量为$-(14/26)\log_2(14/26)-(12/26)\log_2(12/26)=0.995\,7$

信息增益为 $0.779\,3-0.530\,5=0.248\,8$

增益比为 $0.248\,8/0.995\,7=0.249\,9$

基尼指数计算：

对'SoftEng=A '的贡献是$(6^2+8^2)/14=7.1429$

对'SoftEng=B '的贡献是$(0^2+12^2)/12=12$

基尼指数的新值=$1-(7.1429+12)/26=0.2637$

分割属性 ARIN

	属性值	
类别	A	B
FIRST	6	0
SECOND	8	12
总和	14	12

熵为 0.742 4

分裂信息度量为 0.995 7

所以信息增益为 0.779 3-0.742 4=0.036 9

增益比为 0.036 9/0.995 7=0.037 1

基尼指数的新值=0.337 0

分割属性 HCI

	属性值	
类别	A	B
FIRST	1	5
SECOND	8	12
总和	9	17

熵为 0.745 7

分裂信息度量为 0.930 6

所以信息增益为 0.779 3-0.745 7=0.033 7

增益比为 0.033 6/0.930 6=0.036 2

基尼指数的新值=0.339 9

分割属性 CSA

	属性值	
类别	A	B
FIRST	3	3
SECOND	4	16
总和	7	9

熵为 0.725 1
分裂信息度量为 0.840 4
所以信息增益为 0.779 3−0.725 1=0.054 3
增益比为 0.054 2/0.840 4=0.064 6
基尼指数的新值=0.326 2
分割属性 Project

	属性值	
类别	A	B
FIRST	5	1
SECOND	4	16
总和	9	17

熵为 0.554 1
分裂信息度量为 0.930 6
所以信息增益为 0.779 3−0.554 1=0.225 3
增益比为 0.225 2/0.930 6=0.242 1
基尼指数的新值=0.243 3
选择属性 SoftEng 时,增益比的值最大
使 Gini 指数下降最大的是属性 Project
下降为 0.355 0−0.243 3=0.111 7

3. 包含的某个属性具有大量取值的数据集,例如包含“国籍”属性或“职位”属性的数据集。

第 7 章自测题答案

1. vote 数据集,图 7.14

共135个实例,预测正确的有127个。

$p=127/135=0.9407$,$N=135$,所以标准误差为

$\sqrt{p\times(1-p)/N}=\sqrt{0.9407\times0.0593/135}=0.0203$。

预测准确度的置信区间:

置信概率0.90:从0.696 3−1.64×0.031 4到0.696 3+1.64×0.031 4,即从0.907 4到0.974 1。

置信概率0.95:从0.940 7−1.96×0.020 3到0.940 7+1.96×0.020 3,即从0.900 9到0.980 6。

置信概率0.99:从0.940 7−2.58×0.020 3到0.940 7+2.58×0.020 3,即从0.888 3到0.993 2。

glass数据集,图7.15

共214个实例,预测正确的有149个。

$p=149/214=0.6963$,$N=214$,所以标准误差为

$\sqrt{p\times(1-p)/N}=\sqrt{0.6963\times0.3037/214}=0.0314$。

预测准确度的置信区间:

置信概率0.90:从0.696 3−1.64×0.031 4到0.696 3+1.64×0.031 4,即从0.644 7到0.747 8

置信概率0.95:从0.696 3−1.96×0.031 4到0.696 3+1.96×0.031 4,即从0.634 6到0.757 9

置信概率0.99:从0.696 3−2.58×0.031 4到0.696 3+2.58×0.031 4,即从0.615 2到0.777 4

2. 假阳性分类在某些应用中是不可取的,例如预测将要出现故障的设备,这可能导致昂贵且不必要的预防性维护费用。错误地将某人分类为罪犯或恐怖分子,会对被错误指控的人造成非常严重的后果。

假阴性分类在医学筛查等应用中是不可取的,例如预测可能患有严重疾病的患者以及对飓风或地震等灾难性事件的预测。

为了将假阳性(阴性)的比例降至零,可以接受多少比例的假阴性(阳性)分类,这是一个个人喜好的问题,没有一般的答案。

第8章自测题答案

1. 将湿度值按升序排序,如下表所示:

湿度/%	类别
65	打
70	打
70	打
70	不打
75	打
78	打
80	不打
80	打
80	打
85	不打
90	不打
90	打
95	不打
96	打

第 8.3.2 节中给出的修改选择切割点的规则是:“仅包括类值与前一个属性值不同的属性值,以及多次出现的任何属性以及紧随其后的属性。”

根据此规则可得湿度属性的切割点,即上表中除了 65 和 78 之外的所有值。

2. 图 8.12(c)如下:

A 值	类的频率			行和	χ^2 值
	c1	c2	c3		
1.3	1	0	4	5	3.74
1.4	1	2	1	4	5.14
2.4	6	0	2	8	3.62
6.5	3	2	4	9	4.62
8.7	6	0	1	7	1.89
12.1	7	2	3	12	1.73
29.4	0	0	1	1	3.20
56.2	2	4	0	6	6.67
87.1	0	1	3	4	1.20
89.0	1	1	2	4	
列和	27	12	21	60	

87.1 和 89.0 行合并后，如下表：

A 值	类的频率			行和	χ^2 值
	c1	c2	c3		
1.3	1	0	4	5	3.74
1.4	1	2	1	4	5.14
2.4	6	0	2	8	3.62
6.5	3	2	4	9	4.62
8.7	6	0	1	7	1.89
12.1	7	2	3	12	1.73
29.4	0	0	1	1	3.20
56.2	2	4	0	6	**6.67**
87.1	1	2	5	8	
列和	27	12	21	60	

合并前的χ^2 值在最右侧的一栏中。合并过程中只需要更改粗体处的值。对于标记为 56.2 和 87.1 的相邻间隔，*O* 和 *E* 的值如下：

A 值	类的频率						O 值 行和
	c1		c2		c3		
	O	*E*	*O*	*E*	*O*	*E*	
56.2	2	1.29	4	2.57	0	2.14	6
87.1	1	1.71	2	3.43	5	2.86	8
列和	3		6		5		14

O（观测）值来自上图。*E*（期望）值是从行和列总和计算得到的。因此对于行 56.2 和类 c1，期望值 *E* 是 $3\times6/14=1.29$。

下一步是计算每六个组合的 $(O-E)^2/E$，这些显示在下表 Val 列中。

A 值	类的频率									O 值 行和
	c1			c2			c3			
	O	*E*	Val	*O*	*E*	Val	*O*	*E*	Val	
56.2	2	1.29	0.40	4	2.57	0.79	0	2.14	2.14	6
87.1	1	1.71	0.30	2	3.43	0.60	5	2.86	1.61	8
列和	3			6			5			14

χ^2 值是 $(O-E)^2$ 的六个值的和,对于这对行 χ^2 的值是 5.83。频率表的修正版如下:

A 值	类的频率			行和	χ^2 值
	c1	c2	c3		
1.3	1	0	4	5	3.74
1.4	1	2	1	4	5.14
2.4	6	0	2	8	3.62
6.5	3	2	4	9	4.62
8.7	6	0	1	7	1.89
12.1	7	2	3	12	1.73
29.4	0	0	1	1	3.20
56.2	2	4	0	6	5.83
87.1	1	2	5	8	
列和	27	12	21	60	

χ^2 最小值是 1.73,在标有 12.1 的行中。这个值小于门限值 4.61,所以标有 12.1 和 29.4 的行合并在一起。

第 9 章自测题答案

为便于参考,图 9.8 决策树的图重画如下:

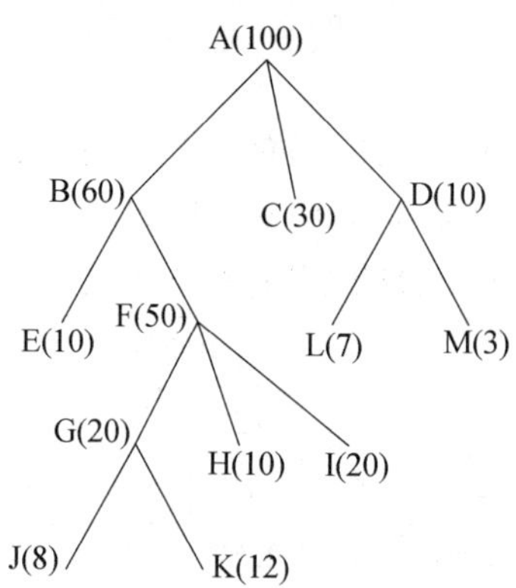

问题中指定的错误率表如下:

节点	估计误差率
A	0.2
B	0.35
C	0.1
D	0.2
E	0.01
F	0.25
G	0.05
H	0.1
I	0.2
J	0.15
K	0.2
L	0.1
M	0.1

后剪枝过程首先考虑在节点 G 处修剪的可能性。该节点处的后向错误率为(8/20)×0.15+(12/20)×0.2=0.18。这超过了值为 0.05 的静态错误率。这意味着在节点 G 处分割会增加该节点的错误率，因此我们修剪从 G 开始的子树，得到下图(与图 9.11 相同)。

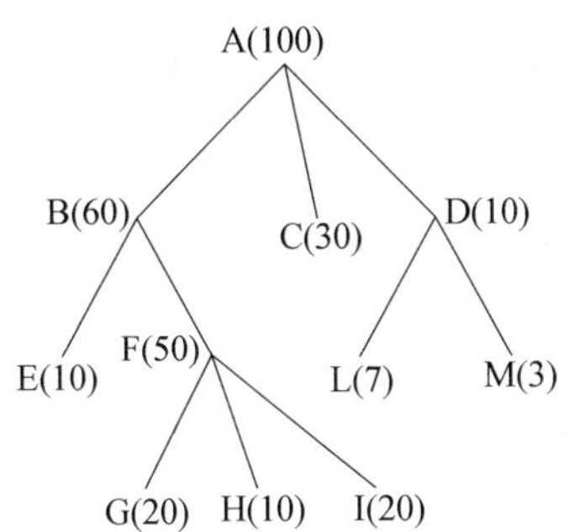

我们现在考虑在节点 F 处进行修剪，后向错误率为(20/50)×0.05+(10/50)×0.1+(20/50)×0.2=0.12，小于静态错误率。在节点 F 处分割会降低平均误差，因此我们不进行修剪。

第 9 章中给出的方法只考虑在后代子树深度为 1 的节点上进行修剪(即所有向下一级的节点都是叶节点)。唯一剩下的候选节点是 D。对于此节点，后向错误率为(7/10)×0.1+(3/10)×0.1=0.1，小于此节点处的静态错误率，所以我们不进行修剪。

至此，没有其他可进行修剪的候选节点，因此剪枝过程终止。

第 10 章自测题答案

1. 训练集的熵仅取决于分类的相对比例，而不取决于它所包含的实例数。因此，对于两个训练集，答案是相同的。

熵 $=-0.2\times\log_2 0.2-0.3\times\log_2 0.3-0.25\times\log_2 0.25-0.25\times\log_2 0.25=1.985$

2. 最好将候选群体排除一半的问题，例如"这个人是男的吗"，这适用于在餐馆、剧院等场景，但是不适合于一个性别占优势的群体，例如，观看一场足球比赛的人们。在这种情况下，诸如"他/她是否有棕色眼睛?"之类的问题可能会更好，或者"他/她的门牌号是单数么?"

第 11 章自测题答案

为了便于参考，将图 4.3 中的 degrees 数据集重画如下：

SoftEng	ARIN	HCI	CSA	Project	Class
A	B	A	B	B	SECOND
A	B	B	B	A	FIRST
A	A	A	B	B	SECOND
B	A	A	B	B	SECOND
A	A	B	B	A	FIRST
B	A	A	B	B	SECOND
A	B	B	B	B	SECOND
A	B	B	B	B	SECOND
A	A	A	A	A	FIRST
B	A	A	B	B	SECOND
B	A	A	B	B	SECOND
A	B	B	A	B	SECOND
B	B	B	B	A	SECOND
A	A	B	A	B	FIRST

B	B	B	B	A	SECOND
A	A	B	B	B	SECOND
B	B	B	B	B	SECOND
A	A	B	A	A	FIRST
B	B	B	A	A	SECOND
B	B	A	A	B	SECOND
B	B	B	B	A	SECOND
B	A	B	A	B	SECOND
A	B	B	B	A	FIRST
A	B	A	B	B	SECOND
B	A	B	B	B	SECOND
A	B	B	B	B	SECOND

Prism 算法首先构建一个表，在整个训练集的每个属性/值对中，给出 class = FIRST 的概率。

属性/值对	class = FIRST 的频率	总频率(26 个实例中)	概率
SoftEng = A	6	14	0. 429
SoftEng = B	0	12	0
ARIN = A	4	12	0. 333
ARIN = B	2	14	0. 143
HCI = A	1	9	0. 111
HCI = B	5	17	0. 294
CSA = A	3	7	0. 429
CSA = B	3	19	0. 158
Project = A	5	9	0. 556
Project = B	1	17	0. 059

当 Project = A 时概率最大。因此，归纳出的不完整规则为:

IF Project = A THEN class = FIRST

此不完整规则涵盖的训练集的子集是:

SoftEng	ARIN	HCI	CSA	Project	Class
A	B	B	B	A	FIRST
A	A	B	B	A	FIRST
A	A	A	A	A	FIRST
B	B	B	B	A	SECOND
B	B	B	B	A	SECOND
A	A	B	A	A	FIRST
B	B	B	A	A	SECOND
B	B	B	B	A	SECOND
A	B	B	B	A	FIRST

下表给出了在这个子集中的每个属性/值对中,class = FIRST 的概率。

属性/值对	class=FIRST 的频率	总频率(9 个实例中)	概率
SoftEng=A	5	5	1.0
SoftEng=B	0	4	0
ARIN=A	3	3	1.0
ARIN=B	2	6	0.333
HCI=A	1	1	0.1
HCI=B	4	8	0.5
CSA=A	2	3	0.667
CSA=B	3	6	0.5

三个属性/值组合给出 1.0 的概率,其中 SoftEng = A 基于最多的实例,根据打破平衡(tiebreaking)规则,此项会被选择。

归纳出的不完整规则为:

IF Project = A AND SoftEng = A THEN class = FIRST

此不完整规则涵盖的训练集的子集是:

SoftEng	ARIN	HCI	CSA	Project	Class
A	B	B	B	A	FIRST
A	A	B	B	A	FIRST
A	A	A	A	A	FIRST
A	A	B	A	A	FIRST
A	B	B	B	A	FIRST

子集包含的实例只有一个分类,所以规则是完整的。

因此,最终归纳出的规则为:

IF Project = A AND SoftEng = A THEN class = FIRST

第 12 章自测题答案

真阳性率是正确预测为阳性的实例数除以实际为阳性的实例数。

假阳性率是错误预测为阳性的实例数除以实际为阴性的实例数。

		预测类别	
		+	−
实际类别	+	50	10
	−	10	30

对于上表

真阳性率为:50/60 = 0.833

假阳性率为:10/40 = 0.25

欧氏距离定义为: $Euc = \sqrt{fprate^2 + (1 - tprate)^2}$

对于这个表 $Euc = \sqrt{(0.25)^2 + (1 - 0.833)^2} = 0.300$

对于习题中其他三个表,值如下

第二个表

真阳性率为:55/60 = 0.917

假阳性率为:5/40 = 0.125

Euc = 0.150

第三个表

真阳性率为:40/60=0.667

假阳性率为:1/40=0.025

Euc =0.334

第四个表

真阳性率为:60/60=1.0

假阳性率为:20/40=0.5

Euc =0.500

下面的ROC图中显示了四个分类器以及(0,0),(1,0),(0,1),(1,1)四点处的假设分类器。

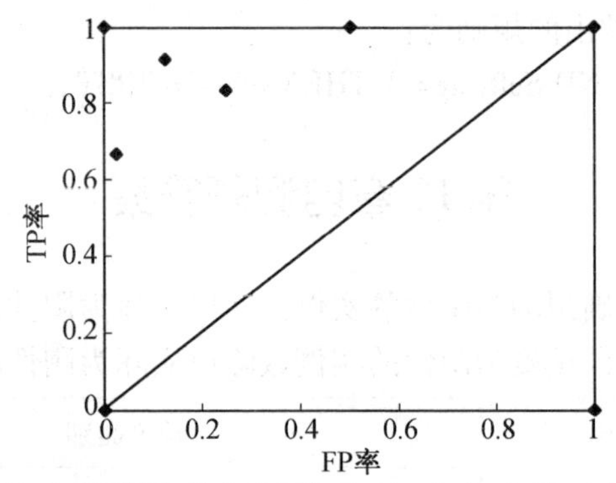

如果避免假阳性和假阴性分类同等重要,我们应该选择习题中第二个表中给出的分类器,其具有真阳性率0.917和假阳性率0.125,最接近ROC图中(0,1)处的完美分类器。

第13章自测题答案

1. 下面给出了四个属性的频率表,然后是类别频率表。问题2所需的属性值以粗体显示。

属性 日期	类别			
	列车准时	列车晚点	严重晚点	列车取消
工作日	**12**	**2**	**5**	**1**
周六	3	1	0	1
周日	2	0	0	0
假期	3	0	0	0

属性 季节	类别			
	列车准时	列车晚点	严重晚点	列车取消
春	4	0	0	1
夏	**10**	**1**	**1**	**1**
秋	2	0	1	0
冬	4	2	3	0

属性 风速	类别			
	列车准时	列车晚点	严重晚点	列车取消
无	8	0	0	1
高	**5**	**2**	**2**	**1**
正常	7	1	3	0

属性 雨量	类别			
	列车准时	列车晚点	严重晚点	列车取消
无	9	1	1	1
轻微	10	0	1	0
大	**1**	**2**	**3**	**1**

	类别			
	列车准时	列车晚点	严重晚点	列车取消
总和	20	3	5	2

2. 为方便起见，我们可以将四个属性频率表中以粗体显示的行放在一个表中，并通过相应的类别频率和概率进行扩充。

	类别			
	列车准时	列车晚点	严重晚点	列车取消
工作日	12/20 = 0.60	2/3 = 0.67	5/5 = 1.0	1/20 = 0.50
夏	10/20 = 0.50	1/3 = 0.33	1/5 = 0.20	1/20 = 0.50
高	5/20 = 0.25	2/3 = 0.67	2/5 = 0.40	1/20 = 0.50
大	1/20 = 0.05	2/3 = 0.67	3/5 = 0.60	1/20 = 0.50

我们还可以使用总频率(30)作为分母,从类别频率表构建先验概率表。

	类别			
	列车准时	列车晚点	严重晚点	列车取消
先验概率	20/30=0.67	3/30=0.10	5/30=0.17	2/30=0.07

我们现在可以计算每种分类的分数:

类别=列车准时 0.67×0.60×0.50×0.25×0.05=0.002 5

类别=列车晚点 0.10×0.67×0.33×0.67×0.67=0.009 9

类别=严重晚点 0.17×1.0×0.20×0.40×0.60=0.008 2

类别=列车取消 0.07×0.50×0.50×0.50×0.50=0.004 4

类别=列车晚点的分数最大。

第 14 章自测题答案

1. 设置阈值为 0.5,将会删除分类器 4 和 5,得到下表。

分类器	预测类别	类别的投票			总和
		A	B	C	1.0
1	A	0.80	0.05	0.15	1.0
2	B	0.10	0.80	0.10	1.0
3	A	0.75	0.20	0.05	1.0
6	C	0.05	0.05	0.90	1.0
7	C	0.10	0.10	0.80	1.0
8	A	0.75	0.20	0.05	1.0
9	C	0.10	0.00	0.90	1.0
10	B	0.10	0.80	0.10	1.0
总和		2.75	2.20	3.05	8.0

获胜的类别为 C。

2. 将阈值增加到 0.8,将会进一步删除分类器 3 和 8,得到下表。

分类器	预测类别	类别的投票			总和
		A	B	C	1.0
1	A	0.80	0.05	0.15	1.0
2	B	0.10	0.80	0.10	1.0
6	C	0.05	0.05	0.90	1.0
7	C	0.10	0.10	0.80	1.0
9	C	0.10	0.00	0.90	1.0
10	B	0.10	0.80	0.10	1.0
总和		1.25	1.80	2.95	6.0

获胜的类别为C,这次获得的选票比例更大。

第15章自测题答案

1. B−A的平均值为2.8。

2. 标准误差为1.237,t值为2.264。

3. t值大于表中行为19个自由度,列为0.05处的值,即2.093,所以我们可以说分类器B的性能与分类器A的性能在5%水平上显著不同。由于问题1的答案是正数,我们可以说分类器B在5%水平上明显优于分类器A。

4. 分类器B对分类器A性能改进的95%置信区间为$2.8\pm(2.093\times1.237)=2.8\pm2.589$,即我们有95%的把握确定预测精度的改善在0.211%至5.389%之间。

第16章自测题答案

1. 使用第16章给出的置信度、完整度、支持度、可识别度和RI值公式,五条规则的值如下。

规则	置信度	完整度	支持度	可识别度	RI
1	0.972	0.875	0.7	0.9	124.0
2	0.933	0.215	0.157	0.958	30.4
3	1.0	0.5	0.415	1.0	170.8
4	0.5	0.8	0.289	0.548	55.5
5	0.983	0.421	0.361	0.957	38.0

2. 假设属性 w 具有 3 个值 w_1、w_2 和 w_3，属性 x、y、z 也是如此。

如果我们在每个规则的右侧任意选择属性 w，则有 3 种可能类型的规则：

IF…THEH $w = w_1$

IF…THEH $w = w_2$

IF…THEH $w = w_3$

我们选择其中一个，比如第一个，并计算这些规则的左侧有多少种。

左侧“属性=值”项的数量可以是 1 个、2 个或 3 个。我们分别考虑每种情况。

左侧有一个项：

有 3 个可能的项：x，y 和 z，每个都有 3 个可能的值，所以有 3×3=9 种可能的左侧项。例如，IF $x = x_1$。

左侧有两个项：

两个属性的组合出现在左侧有 3 种情况（它们的顺序是不相关的）：x 和 y、x 和 z、y 和 z。每个属性有 3 个值，所以对于每对属性有 3×3=9 种情况。例如，IF $x = x_1$ AND $y = y_1$。

有 3 种可能的属性对，所以可能的左侧的总数是 3×9=27。

左侧有 3 个项：

所有 3 个属性 x、y 和 z 必须都出现在左侧（它们出现的顺序是不相关的），每个属性有 3 个值，所以有 3×3×3=27 种可能的左侧项。例如，IF $x = x_1$ AND $y = y_1$ AND $z = z_1$。

所以对于右侧属性 w 的每个取值，左侧有 1 个、2 个或 3 个项的规则总数为 9+27+27=63。因此对于右边为属性 w 的规则有 3×63=189 个。

在右侧的属性可能是 w、x、y 和 z 中的任意一个，所以共有 4×189=756 种可能的规则。

第17章自测题答案

1. 在 Apriori-gen 算法的合并步骤中,将每个成员(集合)与其他成员进行比较。如果两个成员的所有元素除了最右边的元素之外都相同(即,习题中指定的三个元素集合的情况下,前两个元素相同),两个集合的并集放置在 C_4 中。

对于 L_3 的成员,以下四个元素的集合被放入 C_4 中:$\{a,b,c,d\}$,$\{b,c,d,w\}$,$\{b,c,d,x\}$,$\{b,c,w,x\}$,$\{p,q,r,t\}$ 和 $\{p,q,s,t\}$。

在算法的每个修剪步骤中,检查 C_4 每个成员的所有三元素子集是否是 L_3 的成员。结果如下所示。

C_4 中的商品集	所有子集都在 L_3 中?
$\{a,b,c,d\}$	是
$\{b,c,d,w\}$	否,$\{b,d,w\}$ 和 $\{c,d,w\}$ 不是 L_3 的成员
$\{b,c,d,x\}$	否,$\{b,d,x\}$ 和 $\{c,d,x\}$ 不是 L_3 的成员
$\{b,c,w,x\}$	否,$\{b,w,x\}$ 和 $\{c,w,x\}$ 不是 L_3 的成员
$\{p,q,r,s\}$	是
$\{p,q,r,t\}$	否,$\{p,r,t\}$ 和 $\{q,r,t\}$ 不是 L_3 的成员
$\{p,q,s,t\}$	否,$\{p,s,t\}$ 和 $\{q,s,t\}$ 不是 L_3 的成员

所以通过修剪步骤删除 $\{b,c,d,w\}$,$\{b,c,d,x\}$,$\{b,c,w,x\}$ 和 $\{p,q,r,t\}$ 和 $\{p,q,s,t\}$。使得 C_4 为 $\{\{a,b,c,d\},\{p,q,r,s\}\}$。

2. 对于包含 5 000 个交易的数据库的支持度、置信度、提升度和杠杆率的相关公式是:

support$(L\rightarrow R)$= support$(L\cup R)$= count$(L\cup R)$/5 000 = 3 000/5 000 = 0.6

confidence$(L\rightarrow R)$= count$(L\cup R)$/count(L) = 3 000/3 400 = 0.882

lift $(L\rightarrow R)$ = 5 000×confidence$(L\rightarrow R)$/count(R) = 5 000×0.882/4 000 = 1.103

leverage$(L\rightarrow R)$ = support$(L\cup R)$ − support(L)×support(R)

= count$(L\cup R)$/5 000 − (count(L)/5 000)×(count(R)/5 000) = 0.056

第 18 章自测题答案

1. 商品集{c}的条件 FP 树如下所示：

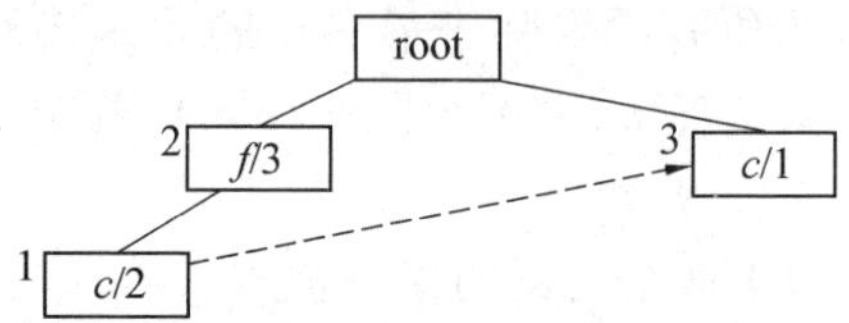

2. 支持计数可以通过连接两个 c 节点的链接确定,将每个节点关联的支持计数相加。总支持计数是 3+1=4。

3. 由于支持计数大于或等于 3,因此商品集{c}是很频繁的。

4. 下面给出了对应于商品集 c 的条件 FP 树的四个数组的内容。

index	item name	count	linkto	parent
1	c	3	3	2
2	f	3		
3	c	1		

nodes2数组

oldindex
1
2
9

oldindex

index	startlink2	lastlink
p		
m		
a		
c	1	3
f	2	2
b		

link 数组

第 19 章自测题答案

1. 首先选择三个实例来形成初始质心。选择的方法有很多种,但选择相距很远的三个实例是比较合理的。一种可能的选择如下。

	初始	
	x	y
质心 1	2.3	8.4
质心 2	8.4	12.6
质心 3	17.1	17.2

在下表中，d_1、d_2 和 d_3 列显示了 16 个点分别与三个质心的欧几里得距离。簇列表示每个点最近的质心。

	x	y	d_1	d_2	d_3	簇
1	10.9	12.6	9.6	2.5	7.7	2
2	2.3	8.4	0.0	7.4	17.2	1
3	8.4	12.6	7.4	0.0	9.8	2
4	12.1	16.2	12.5	5.2	5.1	3
5	7.3	8.9	5.0	3.9	12.8	2
6	23.4	11.3	21.3	15.1	8.6	3
7	19.7	18.5	20.1	12.7	2.9	3
8	17.1	17.2	17.2	9.8	0.0	3
9	3.2	3.4	5.1	10.6	19.6	1
10	1.3	22.8	14.4	12.4	16.8	2
11	2.4	6.9	1.5	8.3	17.9	1
12	2.4	7.1	1.3	8.1	17.8	1
13	3.1	8.3	0.8	6.8	16.6	1
14	2.9	6.9	1.6	7.9	17.5	1
15	11.2	4.4	9.8	8.7	14.1	2
16	8.3	8.7	6.0	3.9	12.2	2

现在将所有对象重新分配到它们最接近的簇，并重新计算每个簇的质心。新的质心如下图所示。

	第一次迭代后	
	x	y
质心 1	2.717	6.833
质心 2	7.9	11.667
质心 3	18.075	15.8

现在计算每个对象与三个新质心之间的距离。如前所述,簇列表示每个点最近的质心,即是这点被分配的簇。

x	y	d_1	d_2	d_3	簇
10.9	12.6	10.0	3.1	7.9	2
2.3	8.4	1.6	6.5	17.4	1
8.4	12.6	8.1	1.1	10.2	2
12.1	16.2	13.3	6.2	6.0	3
7.3	8.9	5.0	2.8	12.8	2
23.4	11.3	21.2	15.5	7.0	3
19.7	18.5	20.6	13.6	3.2	3
17.1	17.2	17.7	10.7	1.7	3
3.2	3.4	3.5	9.5	19.4	1
1.3	22.8	16.0	12.9	18.2	2
2.4	6.9	0.3	7.3	18.0	1
2.4	7.1	0.4	7.1	17.9	1
3.1	8.3	1.5	5.9	16.7	1
2.9	6.9	0.2	6.9	17.6	1
11.2	4.4	8.8	8.0	13.3	2
8.3	8.7	5.9	3.0	12.1	2

现在再次将所有对象重新分配到它们最接近的簇,并重新计算每个簇的质心。新的质心如下所示。

	第二次迭代后	
	x	y
质心 1	2.717	6.833
质心 2	7.9	11.667
质心 3	18.075	15.8

这与第一次迭代相同,因此进程终止。三个聚类簇中的对象如下。

簇 1:2, 9, 11,12, 13, 14

簇 2:1, 3, 5,10, 15, 16

簇 3:4, 6, 7,8

2. 在第 19.3.1 节中,六个对象 a、b、c、d、e 和 f 之间的初始距离矩阵如下。

	a	b	c	d	e	f
a	0	12	6	3	25	4
b	12	0	19	8	14	15
c	6	19	0	12	5	18
d	3	8	12	0	11	9
e	25	14	5	11	0	7
f	4	15	18	9	7	0

最接近的对象是表中非零距离值最小的对象,即距离值为 3 的 a 和 d。将它们组合成一个由两个对象组成的簇,称之为 ad。现在可以重写距离矩阵,其中 a 和 d 行被 ad 行替换,对相应列也采取类似操作。

与 5.3.1 节一样,矩阵中 b、c、e 和 f 之间不同距离的条目显然保持不变,但是应该如何计算行和列 ad 中的条目?

	ad	b	c	e	f
ad	0	?	?	?	?
b	?	0	19	14	15
c	?	19	0	5	18
e	?	14	5	0	7
f	?	15	18	7	0

习题中要求使用完全链路聚类。对于这种方法,将从一个簇的任何成员

到另一个簇的任何成员的最长距离作为簇间距。在初始距离矩阵中,从 a 到 b 的距离(12)比从 d 到 b 的距离(8)长,所以 ad 到 b 的距离是 12。在初始距离矩阵中,从 d 到 c 的距离(12)比从 a 到 c 的距离(6)越长,所以从 ad 到 c 的距离也是 12。第一次合并后的完整距离矩阵如下。

	ad	*b*	*c*	*e*	*f*
ad	0	12	12	25	9
b	12	0	19	14	15
c	12	19	0	5	18
e	25	14	5	0	7
f	9	15	18	7	0

这个表中最小的非零值现在是 5,所以我们合并 c 和 e,得到 ce。

距离矩阵现在变成:

	ad	*b*	*ce*	*f*
ad	0	12	25	9
b	12	0	19	15
ce	25	19	0	18
f	9	15	18	0

从前面的距离矩阵中得到从 e 到 ad 的距离为 25,比从 c 到 ad 的距离(12)长,故从 ad 到 ce 的距离是 25。其他值以相同的方式计算。

这个距离矩阵中最小的非零点现在是 9,所以 ad 和 f 合并,得到 adf。下面给出了第三次合并后的距离矩阵。

	adf	*b*	*ce*
adf	0	15	25
b	15	0	19
ce	25	19	0

第 20 章自测题答案

1. TFIDF 的值是 t_j和 $\log_2(n/n_j)$ 两个值的乘积,其中 t_j是当前文档中术语的频率,n_j是包含术语的文档数量,n 是文档总数。

对于术语"dog",TFIDF 的值是 $2\times\log_2(1\ 000/800)=0.64$。

对于术语"cat",TFIDF 的值是 $10\times\log_2(1\ 000/700)=5.15$。

对于术语"man",TFIDF 的值是 $50\times\log_2(1\ 000/2)=448.29$。

对于术语"woman",TFIDF 的值是 $6\times\log_2(1\ 000/30)=30.35$。

包含术语"man"的文档很少导致 TFIDF 值很大。

2. 为了归一化一个向量,每个元素需要除以它的长度,它是所有元素平方和的平方根。对于向量(20,10,8,12,56),长度是 $20^2+10^2+8^2+12^2+56^2=\sqrt{3\ 844}=62$。归一化向量为(20/62,10/62,8/62,12/62,56/62),即(0.323,0.161,0.129,0.194,0.903)。

对于矢量(0,15,12,8,0),长度为 $\sqrt{433}=20.809$。归一化形式为(0,0.721,0.77,0.384,0)。

两个归一化向量之间的距离可以用点积公式,即对应值的乘积之和,得 $0.323\times0+0.161\times0.721+0.129\times0.577+0.194\times0.384+0.903\times0=0.265$。

中英文对照表

Abduction　回溯
Adequacy Condition　充分条件
Agglomerative Hierarchical Clustering　合成聚类
Antecedent of a Rule　规则的前提
Applications of Data Mining　数据挖掘应用
Apriori Algorithm　Apriori 算法
Architecture, Loosely Coupled　松散耦合的体系结构
Array　数组
Association Rule　关联规则
Association Rule Mining　关联规则挖掘
Attribute　属性,另见 Variable 词条
——categorical　类别性
——continuous　连续型
——ignore　ignore 型
Attribute Selection　属性选择
Automatic Rule Induction　自动规则归纳,见 Rule Induction 词条
Average-link Clustering　平均链路聚类
Backed-up Error Rate Estimate　后向错误率估计
Backward Pruning See　向后修剪,见 Post-pruning 词条
Bagging　Bagging 方法
Bag-of-Words Representation　单词包表示
BankSearch Dataset　BankSearch 数据集
Base Classifier　基分类器
Batch Processing　批处理
Bayes Rule　贝叶斯规则
bcst96 Dataset　bcst96 数据集
Beam Search　定向搜索
Bigram　双连词
Binary Representation　二元表示

Binary Variable　二元变量
Bit　位
Blackboard　黑板,Blackboard Architectu 词条
Blackboard Architecture　黑板架构
Body of a Rule　一条规则的主体
Bootstrap Aggregating　自举汇聚法,见 Bagging 词条
Branch (of a Decision Tree)　一个决策树的树枝，另见 Missing Branches 词条
Candidate Set　候选集
Cardinality of a Set　集合的基数
Categorical Attribute　类别属性
Causality　因果关系
CDMCDM　见 Cooperating Data Mining 词条
Centroid of a Cluster　一个簇的质心
Chain of Links　连接链
chess Dataset　chess 数据集
Chi Square Attribute Selection Criterion　卡方检验属性选择准则,详见第 6 章
Chi Square Test　卡方检验
ChiMerge　ChiMerge 算法
City Block Distance　城市街区距离,见 Manhattan Distance 词条
Clash　冲突
Clash Set　冲突集
Clash Threshold　冲突门限
Class　类别
Classification　分类
Classification Accuracy　分类准确度
Classification Error　分类错误
Classification Rules See Rule　分类规则，见 Rule 词条
Classification Tree　分类树,见 Decision Tree 词条
Classifier　分类器
——performance measurement　性能测量
Clustering　聚类
Combining Procedure　合并程序
Communication Overhead　通信开销
Community Experiments Effect　社区实验效应,详见第 15 章

Complete-link Clustering　总链路聚类
Completeness　完整度
Computational Efficiency　计算效率
Conditional FP-tree　条件 FP 树
Conditional Probability　条件概率
Confidence Interval　置信区间
Confidence Level　置信水平
Confidence of a Rule　规则的置信度度,另见 Predictive Accuracy 词条
Confident Itemset　可信商品集
Conflict Resolution Strategy　冲突消解策略
Confusion Matrix　混淆矩阵
Consequent of a Rule　规则的结果
contact lenses Dataset　contact lenses 数据集
Contingency Table　列联表
Continuous Attribute　连续属性
Cooperating Data Mining　协作数据挖掘,详见第 13 章
Count of an Itemset　商品集的计数,见 Support Count of an Itemset 词条
Cross-entropy　交叉熵
crx Datasetcrx　数据集
Cut Point　切割点
Cut Value　切割值,见 Cut Point 词条
Data　数据
——labelled　标记
——unlabelled　未标记
Data Cleaning　数据清洗
Data Compression　数据压缩
Data Mining　数据挖掘
——applications　应用
Data Preparation　数据准备
Dataset　数据集
Decision Rule　决策规则,见 Rules 词条
Decision Tree　决策树
Decision Tree Induction　决策树归纳
Deduction　演绎

Default Classification　默认类别
Degrees of Freedom　自由度
Dendrogram　树状图
Depth Cutoff　深度截止
Dictionary　字典
Dimension　维
Dimension Reduction　降维,见 Feature Reduction 词条
Discretisation　半离散化
Discriminability　可辨别性
Disjoint Sets　互斥集合
Disjunct　析取
Disjunctive Normal Form（DNF）　析取范式
Distance Between Vectors　向量间距
Distance Matrix　距离矩阵
Distance Measure　距离测量
Distance-based Clustering Algorithm　基于距离的聚类算法
Distributed Data Mining System　分布式数据挖掘系统
Dot Product　点积
Downward Closure Property of Itemsets　商品集的向下闭合属性
Eager Learning　迫切学习
Elements of a Set　集合元素
Empty Class　空类
Empty Set　空集
Ensemble Classification　集成分类,详见第 14 章
Ensemble Learning　集成学习
Ensemble of Classifiers　分类器集成
Entropy　熵
Entropy Method of Attribute Selection　属性选择的熵方法
Entropy Reduction　熵减少
Equal Frequency Intervals Method　等频率间隔法
Equal Width Intervals Method　等宽间隔法
Error Based Pruning　基于剪枝的错误
Error Rate　错误率
Errors in Data　数据中错误

Euclidean Distance Between Two Points　两点间欧氏距离
Evaluation of a Distributed System　分布式系统的评测
Exact Rule　确切规则,见 Rule 词条
Exclusive Clustering Algorithm　专有聚类算法
Expected Value　期望值
Experts　专家
——expert system approach　专家系统方法
——human classifiers　人工分离器
F1 Score　F1 分数
False Alarm Rate　误警率,见 False Positive Rate of a Classifier 词条
False Negative Classification　假阴性分类
False Negative Rate of a Classifier　分类器的假阴性率
False Positive Classification　假阳性分类
False Positive Rate of a Classifier　分类器的假阳性率
Feature　特征,见 Variable 词条
Feature Reduction　减少特征
Feature Space　特征空间
Firing of a Rule　规则触发
Forward Pruning　前向修剪,见 Pre-pruning 词条
FP-Growth　FP 增长,详见第 18 章
FP-tree　FP 树
Frequency Table　频率表
Frequent Itemset　频繁集
Gain Ratio　增益比
Generalisation　泛化
Generalised Rule Induction　泛化规则归纳
Generalising a Rule　泛化规则
genetics Dataset　genetics 数据集
Gini Index of Diversity　多样性的基尼指数
glass Dataset　glass 数据集
Global Dictionary　全局字典
Global Discretisation　全局离散化
Global Infomation Partition　全局信息分割
golf Dataset　golf 数据集

Google　谷歌
Harmonic Mean　调和平均数
Head of a Rule　规则头部
hepatitis Dataset　hepatitis 数据集
Heterogeneous Ensemble　异构集成
Hierarchical Clustering　层次聚类，见 Agglomerative Hierarchical Clustering 词条
Hit Rate　命中率，见 True Positive rate of a Classifier 词条
Homogeneous Ensemble　同构集成
Horizontal Partitioning of Data　数据的水平分割
HTML Markup　HTML 标记
Hypertext Categorisation　超文本归类
Hypertext Classification　超文本分类
hypo Dataset　hypo 数据集
IF . . . THEN Rules　IF . . . THEN 规则
"ignore" Attribute　"ignore" 属性
Incremental Classification Algorithm　增量分类算法
Independence Hypothesis　独立性假设
Induction　归纳，另见 Decision Tree Induction 和 Rule Induction 词条
Inductive Bias　归纳偏置
Information Content of a Rule　规则的信息内容
Information Gain　信息增益，另见 Entropy 词条
Instance　实例
Integer Variable　整型变量
Interestingness of a Rule　规则的兴趣度，见 Rule Interestingness 词条
Internal Node（of a tree）　内部节点
Intersection of Two Sets　两个集合的交集
Interval Label　间隔标签
Interval-scaled Variable　比例缩放变量
Invalid Value　有效值
Inverse Document Frequency　逆文档频率
iris Dataset　iris 数据集
Item　项
Itemset　商品集

Jack-knifing　Jack-knifing 方法

J-Measure　J 度量

j-Measure　j 度量

Keywords　关键词

k-fold Cross-validation　k 倍交叉验证

k-Means Clustering　k-Means 聚类

k-Nearest Neighbour Classification　k 最邻近分类

Knowledge Discovery　知识发现

Labelled Data　标记数据

labor-ne Dataset　labor-ne 数据集

Landscape-style Dataset　Landscape-style 数据集

Large Itemset　大项目集,见 Supported Itemset 词条

Lazy Learning　惰性学习

Leaf Node　叶节点

Lcarning　学习

Leave-one-out Cross-validation　Leave-one-out 交叉验证

Length of a Vector　向量长度

lens24 Dataset　lens24 数据集

Leverage　杠杆效率

Lift　提升度

Link　链接

Linked Neighbourhood　领域

Local Dictionary　局部字典

Local Discretisation　局部离散化

Local Information Partition　局部信息分割

Logarithm Function　对数函数

Majority Voting　多数投票

Manhattan Distance　曼哈顿距离

Market Basket Analysis　购物篮分析

Markup Information　标记信息

Matches　匹配

Mathematics　数学运算

Maximum Dimension Distance　最大尺度距离

maxIntervals　最大间距

Members of a Set 集合成员
Metadata 元数据
Microaveraging 微平均
Minimum Error Pruning 最小误差修剪
minIntervals 最小区间
Missing Branches 缺失分支
Missing Value 缺失值
—— attribute 属性
—— classification 分类
Model-based Classification Algorithm 基于模型的分类算法
Moderator Program 主持程序
monk1 Dataset monk1 数据集
monk2 Dataset monk2 数据集
monk3 Dataset monk3 数据集
Morphological Variants 变形
Multiple Classification 多重分类
Mutually Exclusive and Exhaustive Categories (or Classifications) 互斥且周延类别
Mutually Exclusive and Exhaustive Events 互斥且周延事件
Naïve Bayes Algorithm 朴素贝叶斯算法
Naïve Bayes Classification 朴素贝叶斯分类器
n-dimensional Space n 维空间
N-dimensional Vector n 维向量
Nearest Neighbour Classification 最邻近分类
Network of Computers 计算机网路
Network of Processors 处理器网络
Neural Network 神经网络
N-fold Cross-validation N 倍交叉验证
Node (of a Decision Tree) 决策树的节点
Node (of a FP-tree) FP 树的节点
Noise 噪声
Nominal Variable 名义变量
Normalisation (of an Attribute) 属性标准化
Normalised Vector Space Model 标准化的向量空间模型

Null Hypothesis　零假设
Numerical Prediction　数值预测
Object　目标
Objective Function　目标函数
Observed Value　观测值
Opportunity Sampling　机会抽样，详见第 15 章
Order of a Rule　规则阶数
Ordinal Variable　序数变量
Outlier　异常值
Overfitting　过拟合
Overheads　开销
Paired t-test　配对 t 检验
Parallel Ensemble Classifier　并行集成分类器
Parallelisation　并行运算
Path　路径
Pessimistic Error Pruning　悲观错误修剪
Piatetsky-Shapiro Criteria　Piatetsky-Shapiro 标准
pima-indians Dataset　pima-indians 数据集
PMCRI　并行模块化分类规则归纳
Portrait-style Dataset　Portrait-style 数据集
Positive Predictive Value　阳性预测准确率,见 Precision 词条
Posterior Probability (Or"a posteriori"Probability)　后验概率
Post-pruning a Decision Tree　决策树的后剪枝
Post-pruning Rules　后剪枝规则
Power Set Precision　布尔值预测
Prediction　预测
Predictive Accuracy　预测精度
Pre-pruning a Decision Tree　决策树的预剪枝
Prior Probability (Or"a priori"Probability)　先验概率
Prism　Prism 算法
Probability　概率
Probability of an Event　事件概率
Probability Theory　概率论
Pruned Tree　剪枝树

Pruning Set　剪枝集
Pseudo-attribute　伪属性
Quality of a Rule　规则质量,见 Rule Interestingness 词条
Quicksort　快速排序
Random Attribute Selection　随机属性选择
Random Decision Forests　随机决策森林
Random Forests　随机森林
Ratio-scaled Variable　比例缩放变量
Reasoning (types of)　推理
Recall　召回率,另见 True Positive Rate of a Classifier 词条
Receiver Operating Characteristics Graph　接收机工作特性曲线图,见 ROC Graph 词条
Record　记录
Recursive Partitioning　递归分割
Reduced Error Pruning　减少错误剪枝
Regression　回归
Reliability of a Rule　规则可靠性, 见 Confidence of a Rule 和 Predictive Accuracy 词条
Representative Sample　代表性样本
RI Measure　RI 度量
ROC Curve　ROC 曲线
ROC Graph　ROC 曲线图
Root Node　根节点
Rule　规则
—— association　关联
—— classification (or decision)　分类
—— exact　精确
Rule Fires　规则触发
Rule Induction　规则归纳,另见 Decision Tree Induction 和 Generalised Rule Induction　词条
Rule Interestingness　规则兴趣度
Rule Post-pruning　后剪枝规则,见 Post-pruning Rules 词条
Rule Pruning　剪枝规则
Ruleset　规则集

Runtime 运行时间
Sample Standard Deviation 样本标准误差
Sample Variance 样本方差
Sampling 抽样
Sampling with Replacement 放回抽样
Scale-up of a Distributed Data Mining System 分布式数据挖掘系统的 Scale-up
Search Engine 搜索引擎
Search Space 搜索空间
Search Strategy 搜索策略
Sensitivity 灵敏度,见 True Positive Rate of aClassifier 词条
Set 集合
Set Notation 集合符号
Set Theory 集合论
sick-euthyroid Dataset sick-euthyroid 数据集
Sigma (Σ) Notation 加和运算符
Significance Level 显著性水平
Significance Test 显著性检验
Simple Majority Voting 简单多数投票,见 Majority Voting 词条
Single-link Clustering 单链路聚类
Size Cutoff 尺寸截止
Size-up of a Distributed Data Mining System 分布式数据挖掘系统的 Size-up
Sorting Algorithms 排序算法
Specialising a Rule 专门化一个规则
Specificity 特异性, 见 True Negative Rate of a Classifier 词条
Speed-up Factor of a Distributed Data Mining System 分布式数据挖掘系统的 Speed-up 因素
Speed-up of a Distributed Data Mining System 分布式数据挖掘系统的 Speed-up
Split Information 分裂信息度量
Split Value 分裂值
Splitting on an Attribute 属性分裂
Standard Deviation of a Sample 样本标准偏差,见 Sample Standard Deviation 词条
Standard Error 标准误差

Static Error Rate Estimate　静态错误率估计
Stemming　词干提取
Stop Words　停用词
Stratified Sampling　分层抽样,详见第 15 章
Streaming Data　数据流
Strict Subset　严格子集
Strict Superset　严格父集
Student's t-test　学生的 t 检验,见 Paired t-test 词条
Subscript Notation　下标符号
Subset　子集
Subtree　子树
Summation　总和
Superset　父集
Supervised Learning　监督学习
Support Count of an Itemset　一个商品集的支持计数
Support of a Rule　规则支持度
Support of an Itemset　一个商品集的支持度
Supported Itemset　支持商品集
Symmetry condition (for a distance measure)　对称条件
TDIDT　TDIDT 算法
Term　项
Term Frequency　频繁项
Test of Significance　显著性检验,见 Significance Test 词条
Test Set　测试集
Text Classification　文本分类
TFIDF (Term Frequency Inverse Document Frequency)　TFIDF 算法(词频-逆文本频率)
Threshold Value　门限值
Tie Breaking　打破平衡
Top Down Induction of Decision Trees　决策树的自上向下归纳 见 TDIDT 词条
Track Record Voting　跟踪记录投票
Train and Test　训练和测试
Training Data　训练数据,见 See Training Set 词条
Training Set　训练集

Transaction　交易
Transaction Database　交易数据库
Transaction Processing　交易处理
Tree　树
Tree Induction　树归纳,见 Decision Tree Induction 词条
Triangle inequality (for a distance measure)　三角不等式
Trigram　三连词
True Negative Classification　真阴性分类
True Negative Rate of a Classifier　一个分类器的真阴性率
True Positive Classification　真阳性分类
True Positive Rate of a Classifier　一个分类器的真阳性率
Two-dimensional Space　二维空间,见 n-dimensional Space 词条
Two-tailed Significance Test　双尾显著性检验,详见第 15 章
Type 1 Error　第 1 类错误,见 False Positive Classification 词条
Type 2 Error　第 2 类错误,见 See False Negative Classification 词条
UCI Repository　UCI 资源库
Unbalanced Classes　不平衡分类
Unconfident Itemset　不可信商品集
Union of Two Sets　并集
Unit Vector　单位向量
Universe of Discourse　论域
Universe of Objects　对象域
Unlabelled Data　未标记数据
Unseen Instance　不可见实例
Unseen Test Set　不可见测试集
Unsupervised Learning　无监督学习
Validation Dataset　验证数据集
Variable　可变的
Variable Length Encoding　可变长编码
Variance of a Sample　样本方差,见 Sample Variance 词条
Vector　向量
Vector Space Model (VSM)　向量空间模型
Venn Diagram　韦恩图
Vertical Partitioning of Data　数据的纵向分割

vote Dataset　vote 数据集
Web page Classification　网页分类
Weighted Euclidean Distance　加权欧氏距离
Weighted Majority Voting　加权多数投票
Weighting　加权
Workload of a Processor　处理器负载
Workload of a System　系统负载
Yahoo　雅虎